华章 IT

HZBOOKS | Information Technology

Natural Language Processing with TensorFlow

# TensorFlow
# 自然语言处理

［澳］图珊·加内格达拉（Thushan Ganegedara） 著

马恩驰 陆健 译

机械工业出版社
China Machine Press

## 图书在版编目（CIP）数据

TensorFlow 自然语言处理 /（澳）图珊·加内格达拉（Thushan Ganegedara）著；马恩驰，陆健译 . 一北京：机械工业出版社，2019.6

（智能系统与技术丛书）

书名原文：Natural Language Processing with TensorFlow

ISBN 978-7-111-62914-6

I. T… II. ①图… ②马… ③陆… III. 人工智能 – 算法 IV. TP18

中国版本图书馆 CIP 数据核字（2019）第 106307 号

本书版权登记号：图字 01-2018-6319

Thushan Ganegedara: Natural Language Processing with TensorFlow (ISBN: 978-1-78847-831-1).

Copyright © 2018 Packt Publishing. First published in the English language under the title "Natural Language Processing with TensorFlow".

All rights reserved.

Chinese simplified language edition published by China Machine Press.

Copyright © 2019 by China Machine Press.

# TensorFlow 自然语言处理

出版发行：机械工业出版社（北京市西城区百万庄大街 22 号　邮政编码：100037）

责任编辑：杨宴蕾　　　　　　　　　　　责任校对：殷　虹

印　　刷：北京诚信伟业印刷有限公司　　版　　次：2019 年 6 月第 1 版第 1 次印刷

开　　本：186mm×240mm　1/16　　　　印　　张：20

书　　号：ISBN 978-7-111-62914-6　　　定　　价：99.00 元

凡购本书，如有缺页、倒页、脱页，由本社发行部调换

客服热线：（010）88379426　88361066　　　投稿热线：（010）88379604

购书热线：（010）68326294　　　　　　　　读者信箱：hzit@hzbook.com

版权所有·侵权必究
封底无防伪标均为盗版
本书法律顾问：北京大成律师事务所　韩光 / 邹晓东

# 译 者 序

　　近几年来，自然语言处理（NLP）技术已经取得了阶段性进展，在电商、金融、翻译、智能硬件、医疗、旅游等行业广泛应用，应用场景涵盖语音交互、文本分类、情感分析、意图分析、图像识别等。在深度学习技术的驱动下，自然语言处理技术应用又上了一个台阶。这其中比较有代表性的是语音交互技术，在深度学习的驱动下，语音识别、声纹识别、语音合成等技术已经大规模应用于工业领域。以天猫精灵为代表的智能音箱也已经走入家庭生活中。根据 Statista 统计数据显示，在 2018 年，全球自然语言处理的市场规模达 5.83 亿美元，到 2024 年预计将达到约 21 亿美元，自然语言处理技术的应用前景广阔。

　　TensorFlow 作为广泛使用的深度学习框架，在自然语言处理领域被广泛使用。比较成熟的应用场景有搜索引擎、个性化推荐、商业化广告、语音识别等。本书主要介绍 NLP 在 TensorFlow 中的实现，内容涉及词嵌入的各种方法、CNN/RNN/LSTM 的 TensorFlow 实现及应用、LSTM 在文本生成及图像标题生成方面的应用以及从统计机器翻译到神经网络翻译的转变，最后探讨自然语言处理的未来。通过结合 TensorFlow 的代码实现，可以让读者更容易理解自然语言处理技术的原理。

　　回顾 2018 年，自然语言处理技术的一个聚焦点是谷歌的 BERT（Bidirectional Encoder Representations from Transformers）。谷歌 AI 团队新发布的 BERT 模型在机器阅读理解顶级水平测试 SQuAD1.1 中表现出惊人的成绩：两项衡量指标上全面超越人类，并且还在 11 种不同 NLP 测试中创出最佳成绩。毋庸置疑，BERT 模型开启了 NLP 的新时代。BERT 是基于 Transformer 的双向编码器表征。与其他语言表征模型不同，BERT 旨在通过联合调节所有层中的上下文来预训练深度双向表征。BERT 的另一个亮点是预训练，在预训练过程中作者随机掩蔽 15% 的标记，随机掩蔽的时候 10% 的单词会被替代成其他单词，10% 的单词不替换，剩下 80% 才被替换为 [MASK]。在预训练语料选取上，作者强调语料的选取很关键，要选用文档级别的语料而不是句子级别的，这样可以具备抽象表达连续长序列特征的能力。

如果说 BERT 是预训练语言模型的代表，那么无监督机器翻译、常识推理、元学习、理解表示、使用大文档的 QA 问答系统和推理等领域在 2018 年一样备受关注。

尽管 NLP 在过去一段时间取得阶段性进展，但仍需要继续突破。比如 BERT 仍然强依赖于训练数据，阅读理解还是在给定问句的情况下从文章中抽取答案，推理进展相对缓慢。当前自然语言处理主要基于 CNN 和 RNN 及各种衍生，问答模型通常会阶段收敛，学习不到语言真正深层的表达。综上所述，当前自然语言处理的水平仍在推理和深层表征上与人类有较大的差距，还有很长一段路要走。

本书是我和陆健利用业余时间合作翻译完成的。第 1 ～ 7 章由陆健翻译，内容涉及 TensorFlow 介绍、词嵌入的各种方法、CNN/RNN/LSTM 的 TensorFlow 实现及应用。第 8 ～ 11 章及附录由我翻译，内容涉及 LSTM 在文本生成及图像标题生成方面的应用、从统计机器翻译到神经网络翻译的转变以及自然语言处理的未来。由于译者水平有限，翻译过程难免会有瑕疵，如有相关问题请发邮件至 maec1208@gmail.com。

感谢华章公司编辑在翻译过程中给予的协助，感谢我的爱人和孩子在本书翻译过程中给予的理解与支持。

马恩驰

人工智能实验室 @ 杭州

2019 年 3 月

# 前　言

在我们所处的数字信息时代，数据量呈指数级增长，在我们阅读本书时，它也正以前所未有的速度增长。此类数据大多数是与语言相关的数据（文本或语言），例如电子邮件、社交媒体帖子、电话和网络文章。自然语言处理（NLP）有效地利用这些数据来帮助人们开展业务或日常工作。NLP已经彻底改变了我们使用数据改善业务和生活的方式，并且这种改变将在未来一直持续。

NLP最普遍的应用案例之一是虚拟助手（VA），例如Apple的Siri、Google的Assistant和Amazon的Alexa。当你向VA询问"瑞士最便宜的酒店价格"时，就会触发一系列复杂的NLP任务。首先，VA需要了解（解析）你的请求（例如，它需要知道你要检索酒店价格，而不是寻找附近的公园）。VA需要做出的另一个决定是"哪家酒店便宜？"接下来，VA需要对瑞士的城市进行排名（可能基于你过去的旅行历史）。然后，VA可能会访问Booking.com和Agoda.com等网站，获取瑞士的酒店价格，并通过分析每家酒店的价格和评论对其进行排名。因此，你在几秒钟内看到的是执行了一系列非常复杂的NLP任务的结果。

那么，是什么使得这些NLP任务在处理我们的日常任务时如此聪明和准确？其底层方法是深度学习算法。深度学习算法本质上是复杂的神经网络，它可以将原始数据映射到所需的输出，而无须针对特定任务执行任何特征工程。这意味着只需提供客户的酒店评论，算法就可以直接回答"客户对这家酒店的评价如何？"这样的问题。此外，深度学习已经在一系列NLP任务（例如，语音识别和机器翻译）中达到甚至超过了人类的表现。

通过阅读本书，你可以学习如何使用深度学习去解决许多有趣的NLP问题。如果你想成为一个改变世界的人，那么研究NLP是至关重要的。这些任务包括学习单词的语义，生成全新的故事，以及通过研究双语句对进行语言翻译。所有技术章节都附有练习，这些练习会指导读者逐步实现这些系统。对于本书中的所有练习，我们都使用基于Python的TensorFlow库，TensorFlow是一种流行的分布式计算库，可以非常方便地实现深度神经网络。

## 本书读者

本书适用于那些有志于利用语言数据改造世界的初学者。本书将为你提供解决 NLP 任务的坚实基础。在本书中，我们将涵盖 NLP 的各个方面，更多地关注实际应用而不是理论基础。等到学习这些方法的更高级理论时，拥有解决各种 NLP 任务的良好实践知识将帮助你实现更平稳的过渡。此外，扎实的实践知识可以帮助你最大限度地将算法从一个特定领域迁移到更多领域。

## 本书内容

第 1 章是对 NLP 的简单介绍。该章将首先讨论我们需要 NLP 的原因。接下来，将讨论 NLP 中一些常见的子任务。之后，将讨论 NLP 的两个主要阶段，即传统阶段和深度学习阶段。通过研究如何使用传统算法解决语言建模任务，我们将了解传统阶段 NLP 的特点。然后，将讨论深度学习阶段，在这一阶段中深度学习算法被大量用于 NLP。我们还将讨论深度学习算法的主要系列。最后，将讨论一种最基本的深度学习算法：全连接神经网络。该章结束时会提供一份路线图，简要介绍后面的内容。

第 2 章介绍 Python TensorFlow 库，这是我们实现解决方案的主要平台。首先在 TensorFlow 中编写一段代码，执行一个简单的计算，并讨论从运行代码到得到结果这一过程中到底发生了什么。我们将详细介绍 TensorFlow 的基础组件。把 Tensorflow 比作丰富的餐厅，了解如何完成订单，以便进一步加强对 TensorFlow 的理解。稍后，将讨论 TensorFlow 的更多技术细节，例如数据结构和操作（主要与神经网络相关）。最后，我们将实现一个全连接的神经网络来识别手写数字。这将帮助我们了解如何使用 TensorFlow 来实现端到端解决方案。

第 3 章首先讨论如何用 TensorFlow 解决 NLP 任务。在该章中，我们将讨论如何用神经网络学习单词向量或单词表示。单词向量也称为词嵌入。单词向量是单词的数字表示，相似单词有相似值，不同单词有不同值。首先，将讨论实现这一目标的几种传统方法，包括使用称为 WordNet 的大型人工构建知识库。然后，将讨论基于现代神经网络的方法，称为 Word2vec，它在没有任何人为干预的情况下学习单词向量。我们将通过一个实例来了解 Word2vec 的机制。接着，将讨论用于实现此目的的两种算法变体：skip-gram 和连续词袋（CBOW）模型。我们将讨论算法的细节，以及如何在 TensorFlow 中实现它们。

第 4 章介绍与单词向量相关的更高级方法。首先，会比较 skip-gram 和 CBOW，讨论其中哪一种有明显优势。接下来,将讨论可用于提高 Word2vec 算法性能的几项改进。然后,将讨论一种更新、更强大的词嵌入学习算法:GloVe(全局向量)算法。最后,将在文档分类任务中实际观察单词向量。在该练习中,我们将看到单词向量十分强大,足以表示文档所属的主题(例如,娱乐和运动)。

第 5 章讨论卷积神经网络(CNN),它是擅长处理诸如图像或句子这样的空间数据的神经网络家族。首先,讨论如何处理数据以及处理数据时涉及哪种操作,以便对 CNN 有较深的理解。接下来,深入研究 CNN 计算中涉及的每个操作,以了解 CNN 背后的数学原理。最后,介绍两个练习。第一个练习使用 CNN 对手写数字图像进行分类,我们将看到 CNN 能够在此任务上很快达到较高的准确率。接下来,我们将探讨如何使用 CNN 对句子进行分类。特别地,我们要求 CNN 预测一个句子是否与对象、人物、位置等相关。

第 6 章介绍递归神经网络。递归神经网络(RNN)是一个可以模拟数据序列的强大的神经网络家族。首先讨论 RNN 背后的数学原理以及在学习期间随时间更新 RNN 的更新规则。然后,讨论 RNN 的不同变体及其应用(例如,一对一 RNN 和一对多 RNN)。最后,用 RNN 执行文本生成任务的练习。我们用童话故事训练 RNN,然后要求 RNN 生成一个新故事。我们将看到在持久的长期记忆方面 RNN 表现不佳。最后,讨论更高级的 RNN 变体,即 RNN-CF,它能够保持更长时间的记忆。

第 7 章介绍长短期记忆网络。RNN 在保持长期记忆方面效果较差,这使我们需要探索能在更长时间内记住信息的更强大技术。我们将在该章讨论一种这样的技术:长短期记忆网络(LSTM)。LSTM 功能更强大,并且在许多时间序列任务中表现得优于其他序列模型。首先通过一个例子,研究潜在的数学原理和 LSTM 的更新规则,以说明每个计算的重要性。然后,将了解为什么 LSTM 能够更长时间地保持记忆。接下来,将讨论如何进一步提高 LSTM 预测能力。最后,将讨论具有更复杂结构的几种 LSTM 变体(具有窥孔连接的 LSTM),以及简化 LSTM 门控循环单元(GRU)的方法。

第 8 章介绍 LSTM 的应用:文本生成。该章广泛评估 LSTM 在文本生成任务中的表现。我们将定性和定量地衡量 LSTM 产生的文本的好坏程度,还将比较 LSTM、窥孔连接 LSTM 和 GRU。最后,将介绍如何将词嵌入应用到模型中来改进 LSTM 生成的文本。

第 9 章转到对多模态数据(即图像和文本)的处理。在该章中,我们将研究如何自动生成给定图像的描述。这涉及将前馈模型(即 CNN)与词嵌入层及顺序模型(即 LSTM)组合,形成一个端到端的机器学习流程。

第 10 章介绍有关神经机器翻译(NMT)模型的应用。机器翻译指的是将句子或短语从源语言翻译成目标语言。首先讨论机器翻译是什么并简单介绍机器翻译历史。然后，将详细讨论现代神经机器翻译模型的体系结构，包括训练和预测的流程。接下来，将了解如何从头开始实现 NMT 系统。最后，会探索改进标准 NMT 系统的方法。

第 11 章重点介绍 NLP 的现状和未来趋势。我们将讨论前面提到的系统的相关最新发现。该章将涵盖大部分令人兴奋的创新，并让你直观地感受其中的一些技术。

附录向读者介绍各种数学数据结构（例如，矩阵）和操作（例如，矩阵的逆），还将讨论概率中的几个重要概念。然后将介绍 Keras，它是在底层使用 TensorFlow 的高级库。Keras 通过隐藏 TensorFlow 中的一些有难度的细节使得神经网络的实现更简单。具体而言，通过使用 Keras 实现 CNN 来介绍如何使用 Keras。接下来，将讨论如何使用 TensorFlow 中的 seq2seq 库来实现一个神经机器翻译系统，所使用的代码比在第 11 章中使用的代码少得多。最后，将向你介绍如何使用 TensorBoard 可视化词嵌入的指南。TensorBoard 是 TensorFlow 附带的便捷可视化工具，可用于可视化和监视 TensorFlow 客户端中的各种变量。

## 如何充分利用本书

为了充分利用本书，读者需要具备以下能力：

- 有强烈的意愿和坚定的意志学习 NLP 的先进技术。
- 熟悉 Python 的基本语法和数据结构（例如，列表和字典）。
- 理解基本的数学原理（例如，矩阵或向量的乘法）。
- （可选）对于一些小节，需要高级的数学知识（例如，微分计算）来理解特定模型是如何在训练时克服潜在的实际问题的。
- （可选）对超出本书的内容，可以阅读相关论文以获取最新进展或细节。

## 下载示例代码及彩色图像

本书的示例代码及所有截图和样图，可以从 http://www.packtpub.com 通过个人账号下载，也可以访问华章图书官网 http://www.hzbook.com，通过注册并登录个人账号下载。

这些代码还可在 GitHub 上获取，网址是：https://github.com/PacktPublishing/Natural-Language-Processing-with-TensorFlow。

ABOUT THE AUTHOR

# 关 于 作 者

　　**图珊·加内格达拉**（Thushan Ganegedara）目前是澳大利亚悉尼大学第三年的博士生。他专注于机器学习和深度学习。他喜欢在未经测试的数据上运行算法。他还是澳大利亚初创公司 AssessThreat 的首席数据科学家。他在斯里兰卡莫拉图瓦大学获得了理学士学位。他经常撰写有关机器学习的技术文章和教程。此外，他经常通过游泳来努力营造健康的生活方式。

　　感谢我的父母、兄弟姐妹和我的妻子，感谢他们对我的信任以及给予我的支持，感谢我所有的老师和博士生导师提供的指导。

# 关于审阅者

　　Motaz Saad 拥有洛林大学计算机科学专业博士学位，他喜欢数据并以此为乐。他在 NLP、计算语言学、数据科学和机器学习领域拥有超过 10 年的专业经验，目前担任 IUG 信息技术学院的助理教授。

　　Joseph O'Connor 博士是一名对深度学习充满热情的数据科学家。他的公司 Deep Learn Analytics 是一家总部位于英国的数据科学咨询公司，旨在与企业合作，开发从概念到部署的机器学习应用程序和基础架构。因为对 MINOS 高能物理实验的数据分析所做的研究，他获得伦敦大学学院授予的博士学位。从那时起，他为许多私营公司开发 ML 产品，主攻 NLP 和时间序列预测。你可以在 http://deeplearnanalytics.com/ 找到他的相关信息。

C O N T E N T S

# 目　　录

第 1 章

# 自然语言处理简介

自然语言处理（NLP）是理解和处理当今世界中大量非结构化数据的重要工具。最近，深度学习已被广泛用于许多 NLP 任务，因为深度学习算法在诸如图像分类、语音识别和现实文本生成等众多具有挑战性的任务中表现出显著的性能。另一方面，TensorFlow 是目前最直观、最有效的深度学习框架之一。本书将向有志于深度学习的开发人员提供帮助，使他们能够使用 NLP 和 TensorFlow 处理大量数据。

在本章中，我们对 NLP 以及本书其余部分的内容提供基本介绍。将回答"什么是自然语言处理？"这个问题。此外，也将介绍一些自然语言处理最重要的用途。还将介绍传统方法和最新的基于深度学习的 NLP 方法，包括全连接神经网络（FCNN）。最后，在概述本书其余部分的内容以后，我们将介绍本书会使用的技术工具。

## 1.1 什么是自然语言处理

根据 IBM 的数据，2017 年每天都会生成 2.5 艾字节（1 艾字节 = 1 000 000 000 千兆字节）的数据，在本书的编写过程中，这个量级还在不断增加。从这个角度来看，如果这些数据全都要被处理，我们每个人每天将要处理大约 300MB。因为人们每天都会产生数量庞大的电子邮件、社交媒体内容以及语音电话，而在所有这些数据中，很大一部分是非结构化的文本和语音。

这些统计数据为我们确定 NLP 是什么提供了良好的基础。简而言之，NLP 的目标是让机器理解我们说的话和书面语言。此外，NLP 无处不在，已经成为人类生活的重要组成部分。比如，Google 智能助理、Cortana 和 Apple Siri 这类虚拟助手（VA）主要是 NLP 系统。当一个人询问 VA 时，会发生许多 NLP 任务，比如有人问："你能告诉我附近有好吃的意大利餐馆吗？"首先，VA 需要将话语转换为文本（即语音到文本）。接下来，它必须理解请求的语义（例如，用户正在寻找一个提供意大利美食的餐厅），并将请求结构化（例如，美食 = 意大利菜，评级 = 3–5，距离 <10 千米）。然后，VA 必须以美食和地点为筛选条件来搜索餐厅，之后，根据收到的评级对餐厅进行排序。为了计算餐馆的整体评级，一个好的 NLP 系统可能会查看每

个用户提供的评级和文字描述。最后，一旦用户到达该餐厅，VA 可能会帮助用户将各种菜名从意大利语翻译成英语。这个例子表明，NLP 已经成为人类生活中不可或缺的一部分。

我们需要明白，NLP 是一个极具挑战性的研究领域，因为单词和语义具有高度复杂的非线性关系，并且将这些信息变为鲁棒的数字表示更加困难。更糟糕的是，每种语言都有自己的语法、句法和词汇。因此，处理文本数据涉及各种复杂的任务，比如文本解析（例如，分词和词干提取）、形态分析、词义消歧以及理解语言的基础语法结构。例如，在"I went to the bank"和"I walked along the river bank"这两句话中，词语 bank 有两个完全不同的含义。为了区分或（弄清楚）这个单词，我们需要理解单词的使用环境。机器学习已成为 NLP 的关键推动因素，它通过各种模型帮助我们完成上述任务。

## 1.2　自然语言处理的任务

在现实世界中，NLP 有很多实际的应用。一个好的 NLP 系统可以执行许多 NLP 任务。当你在 Google 上搜索今天的天气或使用谷歌翻译将"how are you？"翻译成法语时，你依赖 NLP 中的此类任务的一个子集。这里列出一些最普遍的任务，本书涵盖这些任务中的大部分：

- 分词：该任务将文本语料库分隔成原子单元（例如，单词）。虽然看似微不足道，但是分词是一项重要任务。例如，在日语中，词语不以空格或标点符号分隔。
- 词义消歧（WSD）：WSD 是识别单词正确含义的任务。例如，在句子"The dog barked at the mailman"和"Tree bark is sometimes used as a medicine"中，单词 bark 有两种不同的含义。WSD 对于诸如问答之类的任务至关重要。
- 命名实体识别（NER）：NER 尝试从给定的文本主体或文本语料库中提取实体（例如，人物、位置和组织）。例如，句子"John gave Mary two apples at school on Monday"将转换为 [John]$_{name}$ gave [Mary]$_{name}$ [two]$_{number}$ apples at [school]$_{organization}$ on [Monday.]$_{time}$。NER 在诸如信息检索和知识表示等领域不可或缺。
- 词性（PoS）标记：PoS 标记是将单词分配到各自对应词性的任务。它既可以是名词、动词、形容词、副词、介词等基本词、也可以是专有名词、普通名词、短语动词、动词等。
- 句子 / 概要分类：句子或概要（例如，电影评论）分类有许多应用场景，例如垃圾邮件检测、新闻文章分类（例如，政治、科技和运动）和产品评论评级（即正向或负向）。我们可以用标记数据（即人工对评论标上正面或负面的标签）训练一个分类模型来实现这项任务。
- 语言生成：在语言生成中，我们使用文本语料库（包含大量文本文档）来训练学习模型（例如，神经网络），以预测后面的新文本。例如，可以通过使用现有的科幻故事训练语言生成模型，来输出一个全新的科幻故事。

- 问答（QA）：QA 技术具有很高的商业价值，这些技术是聊天机器人和 VA（例如，Google Assistant 和 Apple Siri）的基础。许多公司已经采用聊天机器人来提供客户支持。聊天机器人可用于回答和解决客户的直接问题（例如，更改客户的每月学习计划），这些任务无须人工干预即可解决。QA 涉及 NLP 的许多其他方面，例如信息检索和知识表示。结果，所有这些任务都使得开发 QA 系统变得非常困难。
- 机器翻译（MT）：MT 是将句子 / 短语从源语言（例如，德语）转换为目标语言（例如，英语）的任务。这是一项非常具有挑战性的任务，因为不同的语言具有不同的形态结构，这意味着它不是一对一的转换。此外，语言之间的单词到单词关系可以是一对多、一对一、多对一或多对多，这在 MT 文献中被称为单词对齐问题。

最后，为了开发一个可以帮助人们完成日常任务的系统（例如，VA 或聊天机器人），许多这些任务需要合并执行。正如在前面的例子中看到的那样，当用户问："你能告诉我附近有不错的意大利餐馆吗?"需要完成几个不同的 NLP 任务，比如语音转换到文本、语义和情感分析、问答和机器翻译。在图 1.1 中，我们对不同的 NLP 任务进行层级分类，将它们分为不同的类型。首先有两大类：分析（分析现有文本）和生成（生成新文本）任务。然后将分析分为三个不同的类别：句法（基于语言结构的任务）、语义（基于意义的任务）和实用（难以解决的公开问题）：

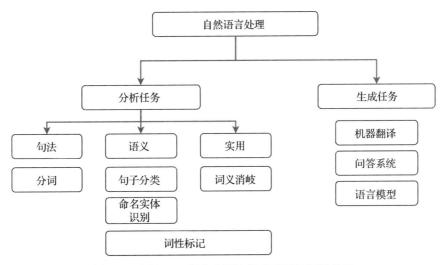

图 1.1   流行 NLP 任务在更广泛意义下的层级分类

了解了 NLP 中的各种任务后，让我们继续了解如何借助机器解决这些任务。

## 1.3   传统的自然语言处理方法

NLP 问题的传统或经典的解决方法是几个关键步骤组成的顺序工作流，它是一种统计方法。当仔细研究传统的 NLP 学习模型时，我们将能够看到一系列明显不同的任务，例如，通过删除不需要的数据来预处理数据，使用特征工程来获得文本数据的良好数值表示，借助于训练数据来使用机器学习算法，以及预测新的不熟悉数据的输出。其中，如果要在给定 NLP 任务上获得良好性能，特征工程是最耗时且最关键的步骤。

### 1.3.1　理解传统方法

解决 NLP 任务的传统方法涉及一组不同的子任务。首先，需要对文本语料库进行预处理，重点是减少词汇量和干扰。所谓干扰，指的是会干扰算法，使其无法捕获完成任务所需的重要语言信息的那些东西（例如，标点符号和停止词被删除）。

接下来，介绍几个特征工程步骤。特征工程的主要目标是使算法的学习更容易，这些特征通常是手工设计的，并且偏向于人类对语言的理解。特征工程对于经典 NLP 算法非常重要，因此，性能最佳的系统通常具有最佳的工程特征。例如，对于情感分类任务，你可以用解析树表示一个句子，并为树中的每个节点 / 子树标上正、负或中性标签，以此将该句子分类为正面或负面。此外，特征工程阶段可以使用外部资源（如词汇数据库 WordNet）来发现更好的特征。我们很快就会看到一种简单的特征工程技术，称为词袋。

接下来，该学习算法将使用所获得的特征和可选的外部资源，来学习如何在给定任务中表现良好。例如，对于文本摘要任务，包含单词同义词的同义词库是很好的外部资源。最后，执行预测。预测非常简单，只需将新的数据输入学习模型，然后获得对应的预测标签。传统方法的整个过程如图 1.2 所示。

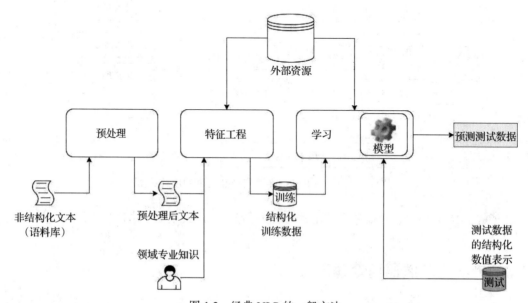

图 1.2　经典 NLP 的一般方法

**传统方法示例：生成足球比赛摘要**

为了深入理解传统的 NLP 方法，让我们从足球比赛的统计数据中考虑自动生成文本的任务。我们有几组游戏统计数据（例如，得分、罚球和黄牌）和记者的比赛报道，将它们作为训练数据。假设对于给定的比赛，有一个从每个统计参数到该参数的摘要中最相关短语的映射。我们的任务是，对于一场新的比赛，我们需要生成一个关于这场比赛的看上去自然的摘要。当然，可以简单地从训练数据中找到与新比赛最匹配的统计数据，并找到相应的摘要，但是，这里采用更智能和更优雅的文本生成方式。

如果要结合机器学习技术来生成自然语言，那么可能会执行一系列诸如预处理文本、分词、特征工程、学习和预测等操作。

预处理文本涉及一系列操作，比如词干化（例如，listened 转化为 listen）和删除标点符号（例如，删除 "!" 和 ";"），以减少词汇量（即特征），从而减少所需的内存。明白词干化不是一项微不足道的操作很重要。词干化看似依赖于一组简单规则的操作，比如从动词中删除 ed（例如，listened 的词干是 listen），然而，开发一个好的词干算法需要的不仅仅是一个简单的规则库，因为某些词的词干可能很棘手（例如，argued 的词干是 argue）。此外，由于不同语言的复杂程度不一样，正确词干化所需的工作量可能各不相同。

分词是可能需要执行的另一个预处理步骤。分词是将语料库划分为小实体（例如，单词）的过程。对于像英语这样的语言来说，这可能很容易，因为单词是孤立的。但是，对于某些语言（如泰语、日语和中文）而言，情况并非如此，因为这些语言的词语界定方式不一样。

特征工程用于将原始文本数据转换为数值形式，以便基于数据训练模型，例如，稍后将讨论把文本转换为词袋表示，或使用 n-gram 表示。但请记住，有良好效果的经典模型依赖于更智能的特征工程技术。

下面是一些特征工程技术：

（1）**词袋**：这是一种根据单词出现频率来创建特征表示的特征工程技术。例如，考虑以下句子：

- Bob went to the market to buy some flowers
- Bob bought the flowers to give to Mary

这两句话的词汇表是：

["Bob", "went", "to", "the", "market", "buy", "some", "flowers", "bought", "give", "Mary"]

接下来，将为每个句子创建一个大小为 $V$（词汇表大小）的特征向量，以表示该词汇表中每个单词出现在句子中的次数。在这个例子中，句子的特征向量分别如下：

[1, 1, 2, 1, 1, 1, 1, 1, 0, 0, 0]

[1, 0, 2, 1, 0, 0, 0, 1, 1, 1, 1]

词袋方法的一个关键缺陷是，由于不再保留单词的顺序，它会丢失上下文信息。

（2）n-gram：这是另一种特征工程技术，它将文本分解为由 *n* 个字母（或单词）组成的较小元素。例如，2-gram 会将文本分成两个字母（或两个单词）的实体。例如，考虑这句话：

*Bob went to the market to buy some flowers*

这句话的字母级别 n-gram 分解如下：

["Bo", "ob", "b ", " w", "we", "en", ..., "me", "e ", " f", "fl", "lo", "ow", "we", "er", "rs"]

这句话的单词级别 n-gram 分解如下：

["Bob went", "went to", "to the", "the market", ..., "to buy", "buy some", "some flowers"]

这种字母级别表示法的优点是，在大型语料上词汇表大小比我们使用单词作为特征的词汇表要小得多。

接下来，需要让我们的数据形成某种结构，以便能够将其输入学习模型。例如，将使用以下形式的数据元组（统计量，是用于解释统计信息的短语）：

Total goals = 4, "The game was tied with 2 goals for each team at the end of the first half"

Team 1 = Manchester United, "The game was between Manchester United and Barcelona"

Team 1 goals = 5, "Manchester United managed to get 5 goals"

学习过程可以包括三个子模块：隐马尔可夫模型（HMM）、句子规划器和话语规划器。在我们的例子中，HMM 可以通过分析相关短语的语料库来学习语言的形态结构和语法属性。更具体地说，我们把数据集中的每个短语连起来形成一个序列，其中，第一个元素是统计量，后跟解释它的短语。然后，我们将根据当前序列，通过要求 HMM 预测下一个单词来训练它。具体地说，首先将统计量输入 HMM，然后得到 HMM 的预测，之后，将最后一个预测与当前序列连接起来，并要求 HMM 给出另一个预测，以此类推。这将使 HMM 能够在给定统计量的情况下输出有意义的短语。

接下来，我们可以用一个句子规划器来纠正可能出现在短语中的任何语言错误（形态或语法错误）。例如，一个句子规划器可以将“I go house”这个短语纠正为“I go home”。它可以使用规则数据库，这个数据库包含使含义得以正确表达的方法（例如，在动词和“house”之间需要有介词）。

现在，可以使用 HMM 为给定的统计数据集生成一组短语，然后，需要把这些短语聚合在一起，使得使用这些短语创作的文章是可阅读的，并且是流畅的。例如，考虑三个短语：“Player 10 of the Barcelona team scored a goal in the second half”、“Barcelona played against Manchester United”和“Player 3 from Manchester United got a yellow card in the firrst half”。按此顺序排列这些句子没有多大意义。我们希望按如下顺序排列：“Barcelona played against Manchester United, Player 3 from Manchester United got a yellow card in the rst half, and Player 10 of the Barcelona team scored a goal in the second half"。为此,我们使用话语规划器,话语规划器可以对需要传达的信息进行排列和结构组织。

现在可以获得一组任意的测试统计数据,并按照前面的处理流程得到一篇解释该统计数据的文章,如图 1.3 所示。

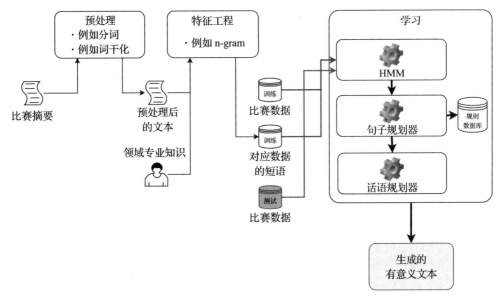

图 1.3 解决语言建模任务的经典方法示例的一个步骤

在这里要注意,这是一个在很高层次上的说明,仅涵盖传统 NLP 方式中最有可能包含的主要的一般性组成部分。取决于我们有兴趣解决的具体应用,细节可能会有很大差异。例如,某些任务可能需要其他特定应用的关键组成部分(机器翻译中的规则库和对齐模型)。然而,在本书中,我们并没有强调这些细节,因为这里的主要目标是讨论更先进的自然语言处理方法。

## 1.3.2 传统方法的缺点

让我们列出传统方法的几个主要缺点,因为这将为讨论为什么需要深度学习奠定良好的基础:

- 传统 NLP 中使用的预处理步骤迫使我们对文本中嵌入的潜在有用信息(例如,标点符号和时态信息)进行取舍权衡,以便通过减少词汇量来使学习成为可能。尽管在现代的基于深度学习的解决方案中我们仍然会使用预处理,但由于深度网络具有较大的表征容量,因此预处理并不像在传统的 NLP 流程中那样重要。
- 需要人工手动设计特征工程。为了设计可靠的系统,需要设计好的特征。由于需要广泛探索不同的特征空间,因此这个过程非常烦琐。此外,为了有效地探索强大的特征，需要领域专业知识，这对于某些 NLP 任务来说是缺乏的。

- 传统方法需要各种外部资源才能表现良好，并且没有多少免费提供的资源。这样的外部资源通常包括存储在大型数据库中的人工创建的信息。为特定任务创建资源可能需要几年时间，具体取决于任务的严格性（例如，机器翻译规则库）。

## 1.4 自然语言处理的深度学习方法

我认为深度学习彻底改变了机器学习，特别是在计算机视觉、语音识别和 NLP 领域。深层模型在机器学习的许多领域掀起了一轮范式转换的波澜，因为深层模型可以从原始数据中学习丰富的特征，而无须使用有限的人工设计特征。这导致令人讨厌且成本昂贵的特征工程被淘汰。这样一来，深层模型使得传统方法更有效，因为深层模型可以同时执行特征学习和任务学习。此外，由于深层模型中有大量参数（即权重），这使得它可以比人工设计拥有更多的特征。然而，由于模型的可解释性差，深层模型被认为是黑盒。例如，对于给定问题，理解深层模型"如何"学习特征和学习"什么"特征仍然是一个悬而未决的问题。

深层模型本质上是一种人工神经网络，它有输入层、位于中间的许多相互连接的隐藏层以及输出层（例如，分类器或回归器）。就像你看到的那样，这构成了从原始数据到最终预测的端到端模型。中间的这些隐藏层为深层模型提供动力，因为它们负责从原始数据中学习"好"的特征，从而最终成功解决手头的任务。

### 1.4.1 深度学习的历史

让我们简单地介绍一下深度学习的根源，以及它是如何演变为一种非常有前景的机器学习技术的。1960 年，Hubel 和 Weisel 进行了一项有趣的实验，发现猫的视觉皮层由简单细胞和复杂细胞组成，并且这些细胞以分层形式组织，而且，这些细胞对不同刺激的反应不同。例如，简单细胞会被不同朝向的边缘外形激活，而复杂细胞则对空间变化（例如，边缘外形的朝向）不敏感。这刺激了人们在机器中复制类似行为，从而产生了深度学习的概念。

在随后的几年中，神经网络引起了许多研究者的关注。1965 年，由 Ivakhnenko 和其他人引入了一种神经网络，该网络以 Rosenblatt 提出的著名的感知器（Perceptron）为基础，并通过一种称为数据处理组方法（GMDH）进行训练。后来，在 1979 年，福岛引入了 Neocognitron，该网络为最著名的深层模型之一（卷积神经网络）奠定了基础。与始终采用一维输入的感知器不同，Neocognitron 能够使用卷积操作处理 2D 输入。

人工神经网络过去通常通过计算当前层和前一层的雅可比矩阵来反向传播误差信号，以优化网络参数。此外，梯度消失的问题严重限制了神经网络的潜在层数（深度）。靠近输入的层的梯度非常小，这被称为梯度消失现象，其原因是应用链式法则来计算较低层权重的梯度（雅可比矩阵），这又限制了经典神经网络的可能的最大深度。

　　然后在 2006 年，人们发现通过最小化网络的每一层的重建误差（通过尝试将输入压缩到较低维度然后将其重建回原始维度而获得该误差）来预训练深度神经网络，可以为神经网络权重提供一个良好的初值。这使得梯度可以从输出层一直保持到输入层。这基本上使神经网络模型可以有更多层，从而避免梯度消失的不利影响。此外，这些更深层的模型能够在许多任务中超越传统的机器学习模型，主要是在计算机视觉领域（例如，MNIST 手写数字数据集的测试准确度）。有了这一突破，深度学习成为机器学习社区的流行语。

　　在 2012 年，由 Alex Krizhevsky（http://www.cs.toronto.edu/~kriz/）、Ilya Sutskever（http://www.cs.toronto.edu/~lya/）和 Geoff Hinton 创建的深度卷积神经网络 AlexNet 赢得了 2012 年大规模视觉识别挑战赛（LSVRC），误差比从之前的最佳值下降了 10%，这为神经网络的进步提供了动力。在此期间，语音识别取得了进展，据报道，良好的语音识别准确度是因为使用了深层神经网络。此外，人们开始意识到图形处理单元（GPU）可以实现更多的并行性，与中央处理单元（CPU）相比，它可以更快地训练更大和更深的神经网络。

　　更好的模型初始化技术（例如，Xavier 初始化）进一步改进了深层模型，使得耗时的预训练变得多余。此外，还引入了更好的非线性激活函数，如 ReLU（Rectied Linear Unit），它减少了深层模型处理梯度消失的不良影响。更好的优化（或学习）技术（如 Adam）可以在神经网络模型所拥有的数百万个参数中自动调整每个参数的学习率，这一技术在许多不同的机器学习领域中刷新了最好的成绩，如物体分类和语音识别。这些进步还允许神经网络模型具有大量隐藏层，而可以增加隐藏层数（从而使神经网络更深）是神经网络模型明显比其他机器学习模型效果更好的主要原因之一。此外，更好的层间归一化（例如，批量归一化层）已经在很多任务中提高了深度网络的性能。

　　后来，人们引入了更深层的模型，如 ResNets、HighwayNets 和 LadderNets，它们有数百层和数十亿个参数。借助各种由经验和理论所激发的技术，神经网络可以具有庞大的层数。例如，ResNets 通过捷径连接技术在相距很远的层之间建立连接，这可以最大限度地减少之前提到的层之间的梯度消失问题。

## 1.4.2　深度学习和 NLP 的当前状况

　　自 2000 年年初以来，许多不同的深层模型已经开始崭露头角。即使它们有相似之处（例如所有这些模型都对输入和参数进行非线性变换），但细节仍然有很大差异。例如，卷积神经网络（CNN）可以从原始二维数据（例如，RGB 图像）中进行学习，而多层感知器模型需要将输入变为一维向量，这会导致损失重要的空间信息。

　　在处理文本时，由于对文本最直观的解释之一是将其视为字符序列，因此，学习模型应该能够对时间序列进行建模，从而需要有过去的记忆。要理解这一点，可以想象有这样一个语言建模任务，单词 cat 的下一个单词应该与单词 climbed 的下一个单词不同。递归神经网络（RNN）是具有这种能力的流行模型中的一种。我们将在第 6 章中看到 RNN 如何通过交互式训练来实现这一点。

应该注意，记忆不是学习模型固有的微不足道的操作，相反，持久记忆的方式是需要仔细设计的。此外，记忆不应与仅关注当前输入的无序深度网络学习到的权重相混淆，序列模型（例如，RNN）将同时关注学习到的权重和序列中前一个元素，以此预测下一个输出。

RNN 的一个突出缺点是它不能记住超过若干（大约为 7 个）时间步长的元素，因此它缺乏长期记忆能力。长短期记忆（LSTM）网络是具有长期记忆的 RNN 扩展模型。因此，如今 LSTM 模型通常优于标准 RNN 模型。我们将在第 7 章深入探讨，以便更好地理解它。

总之，我们可以将深度网络主要分为两类：在训练和预测时每次只处理单个输入的无序模型（例如，图像分类），和处理任意长度序列的输入的顺序模型（例如，在文本生成中，单个单词是一个输入）。然后，可以将无序（也称为前馈）模型分类为深（大约少于 20 层）和非常深（可以大于数百层）的网络。序列模型分为只能记忆短期模式的短期记忆模型（例如，RNN）和可记忆更长模式的长期记忆模型。在图 1.4 中，我们大致描述了以上讨论的分类，你不必完全按照这种方式理解不同的深度模型，它只是说明深度学习模型的多样性。

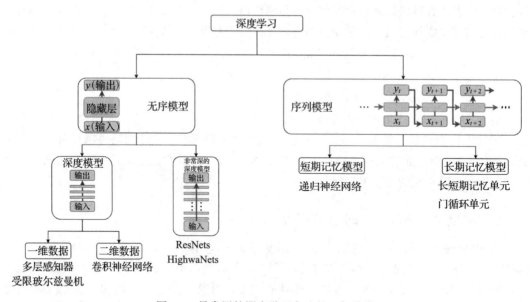

图 1.4　最常用的深度学习方法的一般分类

### 1.4.3　理解一个简单的深层模型——全连接神经网络

现在让我们仔细研究深度神经网络，以便更好地理解它。虽然深层模型有许多不同的变体，但最早的模型之一可追溯到 1950 ～ 1960 年，它被称为全连接神经网络（FCNN），有时也被称为多层感知器，图 1.5 描绘了标准的三层 FCNN。

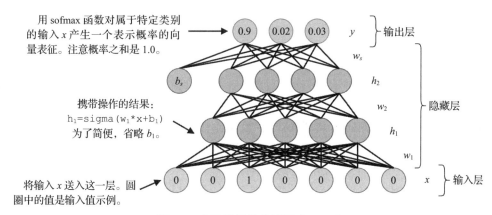

用 sofmax 函数对属于特定类别的输入 x 产生一个表示概率的向量表征。注意概率之和是 1.0。

携带操作的结果：
h₁=sigma(w₁*x+b₁)
为了简便，省略 b₁。

将输入 x 送入这一层。圆圈中的值是输入值示例。

图 1.5　全连接网络的例子（FCNN）

FCNN 的目标是将输入（例如，图像或句子）映射到特定标签或注释（例如，图像的类别）。这可以使用 $h = sigma(W * x + b)$ 之类的变换，通过计算 $x$ 的隐藏表示 $h$ 来实现。这里，$W$ 和 $b$ 分别是 FCNN 的权重和偏差，sigma 是 S 形（sigmoid）激活函数。接下来，将分类器（例如，softmax 分类器）放置在 FCNN 的顶部，该分类器能够利用隐藏层中的学习特征来对输入进行分类。分类器是具有权重 $W_s$ 和偏差 $b_s$ 的另一个隐藏层，它本质上是 FCNN 的一部分。然后，可以用公式 $output = softmax(W_s * h + b_s)$ 计算 FCNN 的输出。例如，softmax 分类器提供分类器层输出分数的归一化表示，该标签被认为是具有最高 softmax 值的输出节点。然后，根据这个结果，我们可以计算预测的输出标签和实际的输出标签之间的差异，将它定义为分类损失。均方损失是这种损失函数的一个例子。你不必担心不理解损失函数的实际细节，我们将在后面的章节中讨论很多损失函数。接下来，使用标准随机优化器（例如，随机梯度下降）来优化神经网络参数 $W$，$b$，$W_s$ 和 $b_s$，以减少所有输入的分类损失。图 1.5 描述了本段中针对三层 FCNN 的解释过程。我们将在第 3 章逐步介绍如何将这种模型用于 NLP 任务的细节。

让我们看一个如何将神经网络用于情感分析任务的示例。想象一下我们有一个数据集，其中，输入是一个表达对电影的正面或负面意见的句子，以及一个相应的标签，说明该句子实际上是正面（1）还是负面（0）。然后，针对一个测试数据集，其中只包含电影评论（没有评论标签），我们的任务是将这些新句子分类为正面或负面的。

按照以下工作流程，可以使用神经网络（深层或浅层，取决于任务的难度）来处理这项任务：

- 对句子进行分词
- 如有必要，使用特殊标记填充句子，使所有句子都是固定长度
- 将句子转换为数值表示（例如，词袋表示）
- 将数值表示输入到神经网络并预测输出（正面或负面）
- 使用所需的损失函数优化神经网络

## 1.5　本章之外的学习路线

本节描述本书其余部分的细节，虽然很简短，但是它囊括了本书各章内容的详细信息。在本书中，我们将研究 NLP 的众多令人兴奋的领域，从在没有任何类型的注释数据情况下寻找单词相似性的算法，到可以自己编写故事的算法，均会涉及。

从下一章开始，我们将深入探讨几个流行且有趣的 NLP 任务的细节。为了更深入地了解获得的知识并增加学习的互动性，我们还提供了各种练习。我们将使用 Python 和 TensorFlow（一个用于分布式数值计算的开源库）来实现所有任务。TensorFlow 封装了先进的技术，例如，使用 CUDA（Compute Unied Device Architecture）优化 GPU 代码，这可能具有挑战性。此外，TensorFlow 提供内置函数来实现深度学习算法，例如激活函数、随机优化方法和卷积，这使得实现过程更轻松。

本书将开始一个涵盖 NLP 的许多热门话题以及它们如何实现的旅程，同时使用 TensorFlow 来了解最先进的算法。下面是我们将在本书中看到的内容：

- 第 2 章介绍如何编写客户端程序并在 TensorFlow 中运行它们。这一点非常重要，特别是在你不熟悉 TensorFlow 的情况下，因为 TensorFlow 与传统的编码语言（如 Python）的运行方式不同。本章首先深入解释 TensorFlow 如何执行客户端程序，这将有助于你了解 TensorFlow 的执行工作流程，并习惯 TensorFlow 的术语。接下来，本章将引导你了解 TensorFlow 客户端程序的各种元素，例如定义变量、定义操作/函数、向算法提供输入以及获取结果。最后将讨论如何用所有这些 TensorFlow 知识实现一个复杂的神经网络以对手写图像进行分类。

- 第 3 章的目的是介绍 Word2vec，这是一种用于学习单词的数值表示的方法，这种表示可以反映单词的语义。但在深入研究 Word2vec 技术之前，我们将首先讨论一些用于表示单词语义的经典方法。早期的方法之一是依赖 WordNet 这个大型词汇数据库，WordNet 可用于衡量不同单词之间的语义相似性。但是，要维护这么大的词汇数据库，其成本是很昂贵的，因此，还有其他更简单的表示技术，例如独热编码表示以及 tf-idf 方法，这些技术不依赖于外部资源。接下来，我们将介绍学习单词向量化的现代方法，称为 Word2vec，在这种方法中，我们使用神经网络来学习单词表示。该章将讨论两种流行的 Word2vec 技术：skip-gram 和连续词袋（CBOW）模型。

- 第 4 章首先比较几个算法（包括 skip-gram 和 CBOW 算法），看看是否有明确的赢家。然后，将讨论在过去几年中对原始 Word2vec 技术的几项扩展。例如，忽略文本中高概率的常见单词（例如"the"和"a"）可以提高 Word2vec 模型的性能。另一方面，Word2vec 模型仅考虑单词的局部上下文，而忽略整个语料库的全局统计信息。因此，将讨论称为 GloVe 的单词嵌入学习技术，它在学习单词向量的过程中会结合全局和局部统计信息。

- 第 5 章介绍卷积神经网络（CNN）。卷积网络是一个强大的深层模型系列，它可以利用输入的空间结构来从数据中进行学习。换句话说，CNN 能够以二维形式处理图像，在此过程中，多层感知器需要将图像展开为一维向量。我们将首先详细讨论 CNN 中的各种操作，例如卷积和池化操作。然后，将通过一个例子介绍如何用 CNN 对手写数字图像进行分类。之后，将过渡到 NLP 中的 CNN 应用。准确地说，我们将研究如何用 CNN 来对涉及人、位置、物体等内容的句子进行分类。

- 第 6 章重点介绍递归神经网络（RNN）和使用 RNN 进行语言生成。RNN 具有记忆功能，因此与前馈神经网络（例如，CNN）不同，它可以将记忆作为持续更新的系统状态进行存储。我们将从前馈神经网络的表示开始，然后修改这种表示，以便可以从数据序列而不是单个数据点进行学习，此过程会将前馈网络转换为 RNN。接下来，我们从技术角度描述 RNN 内部计算的方程式。然后，将讨论用于更新 RNN 权重的 RNN 的优化过程。此后，将逐一介绍不同类型的 RNN，例如一对一 RNN 和一对多 RNN。接着，将介绍一个令人兴奋的 RNN 应用，其中，RNN 通过学习现有故事的语料库，尝试讲述新故事。我们通过训练 RNN 在故事中给定前一个单词序列的情况下预测下一个单词，来实现此目的。最后，将讨论标准 RNN 的变体，我们将其称为 RNN-CF（具有上下文特征的 RNN），并将其与标准 RNN 进行比较，看看哪个更好。

- 第 7 章首先直观地介绍长期短期记忆网络模型是如何工作的，然后逐步深入技术细节，让你可以自己应用它们。标准 RNN 的严重限制在于不能记忆长期信息，其改进模型是可以记住大量时间步长序列的先进的 RNN 模型，例如，长短期记忆网络（LSTM）和门控循环单元（GRU）。我们还将考查 LSTM 如何缓解记忆长期信息的问题（称为梯度消失问题）。然后，将讨论可以进一步提高 LSTM 模型性能的若干改进，例如，一次向前预测几个时间步长，并向前和向后读取序列信息。最后，我们将讨论 LSTM 模型的几种变体，例如，带有窥孔连接的 GRU 和 LSTM。

- 第 8 章解释如何使用第 7 章中讨论的带有窥孔连接的 LSTM、GRU 和 LSTM。此外，将在质量和数量上比较这些扩展的性能。我们还将讨论如何实现第 7 章中提到的一些扩展，例如，预测前面的几个时间步长（称为集束搜索），并使用词向量而非独热编码作为输入。最后，将讨论如何使用 TensorFlow 的子库 RNN API，它简化了模型的实现。

- 第 9 章着眼于另一个激动人心的应用，即让模型学习如何使用 LSTM 和 CNN 生成图像的标题（描述）。这个应用程序很有趣，因为它向我们展示了如何组合两种不同类型的模型，以及如何学习多模态数据（例如，图像和文本）。具体实现方法是，首先利用 CNN 学习图像表示（类似于单词向量），然后把该图像向量和相应的图像描述单词作为序列来训练 LSTM。我们将首先讨论如何使用预训练的 CNN 来获得图像表示，之后讨论如何学习词嵌入。接下来，将讨论如何把图像向量与字词嵌入一起送入网络来训练 LSTM，随后是对评估图像描述系统的不同度量方法的描述。之后，我们将定性和定量地评估模型生成的标题。在本章结束时会介绍如何使用 TensorFlow 的 RNN API 实现相同的系统。

- 第 10 章介绍神经机器翻译。由于翻译自动化的必要性和任务的固有难度，机器翻译已经引起了很多关注。我们将在本章开头简要介绍机器翻译在早期的实现方式，最后会讨论神经机器翻译（NMT）系统。我们将看到当前 NMT 系统与旧系统（如统计机器翻译系统）相比的表现如何，这将激励我们了解 NMT 系统。之后，将讨论 NMT 系统设计背后的灵感，并继续介绍技术细节。然后，将讨论用于评估翻译系统的指标。在此之后，将研究如何从头实现德语到英语的翻译系统。接下来，将了解改进 NMT 系统的方法。会将详细介绍其中一个扩展，称为注意力机制。注意力机制已经成为序列到序列学习问题的必要条件。最后，将比较通过引入注意力机制获得的性能提升，并分析性能提升背后的原因。本章最后一小节将介绍如何把 NMT 系统的概念扩展到聊天机器人，聊天机器人是可以与人交流并解答各种客户请求的系统。
- 第 11 章介绍当前趋势和自然语言处理的未来。自然语言处理已广泛扩展到各种不同任务。本章将讨论 NLP 的一些当前趋势和未来 NLP 发展前景。首先讨论最近出现的各种词嵌入的扩展方法，还将研究一种称为 tv-embedding 的词嵌入学习技术的实现。接下来，将研究神经机器翻译领域的各种趋势。然后，将看看 NLP 如何与其他领域（如计算机视觉和强化学习）相结合，以解决一些有趣的问题，比如教计算机设计自己的语言进行交流。如今，另一个蓬勃发展的领域是泛人工智能，它是用单个系统完成多项任务（分类图像、翻译文本、字幕图像等）的系统。我们将介绍几个这样的系统。之后，将讨论挖掘社交媒体中的 NLP。本章结束时会介绍一些新任务（例如，语言基础 – 开发广义 NLP 系统）和新模型（例如，短语 LSTM）。
- 附录将向读者介绍各种数学数据结构（例如，矩阵）和操作（例如，矩阵的逆），我们还将讨论概率中的几个重要概念，然后介绍 Keras，这是一个底层使用 TensorFlow 的高级库。Keras 通过隐藏 TensorFlow 中的一些具有挑战性的细节，使得神经网络的实现更简单。具体而言，我们将看到如何使用 Keras 实现 CNN，以了解如何使用 Keras。接下来，将讨论如何在 TensorFlow 中使用 seq2seq 库来实现一个神经机器翻译系统，这比我们在第 11 章中使用的代码要少很多。最后，将向你介绍如何使用 TensorBoard 可视化词嵌入的指南。TensorBoard 是 TensorFlow 附带的便捷可视化工具，可用于可视化和监视 TensorFlow 程序中的各种变量。

## 1.6 技术工具简介

在本节中，你将了解在之后章节的练习中会使用的技术工具。首先，将简要介绍所提供的主要工具。接下来，将提供有关如何安装每个工具的粗略指南，以及官方网站提供的详细指南的链接。此外，会有如何确保工具正确安装的提示。

## 1.6.1 工具说明

我们将使用 Python 作为编程 / 脚本语言。Python 是一种非常通用的易于设置的编程语言，它被科学界广泛使用。此外，还有许多围绕 Python 的科学计算库，适用于从深度学习到概率推理，再到数据可视化等各个领域。TensorFlow 就是这样一个在深度学习社区中众所周知的库，它提供许多对深度学习有用的基本和高级操作。接下来，我们将在所有练习中使用 Jupyter Notebook，因为与使用 IDE 相比，它提供了更具交互性的编码环境。我们还将使用 scikit-learn（另一种流行的 Python 机器学习工具包）以实现各种各样的目的，例如数据预处理。另一个将用于各种文本相关操作的库是 NLTK（Python 自然语言工具包）。最后，我们将使用 Matplotlib 进行数据可视化。

## 1.6.2 安装 Python 和 scikit-learn

Python 可以轻松安装在任何常用的操作系统中，如 Windows、macOS 或 Linux。我们将使用 Anaconda 来设置 Python，因为它可以完成设置 Python 以及基本库的所有繁重工作。

按照以下步骤安装 Anaconda：

1. 从 https://www.continuum.io/downloads 下载 Anaconda。

2. 选择合适的操作系统然后下载 Python 3.5。

3. 按照链接 https://docs.continuum.io/anaconda/install/ 中的说明安装 Anaconda。

按照以下步骤查看 Anaconda 是否正确安装：

1. 打开终端窗口（Windows 中的命令提示符）。

2. 运行以下命令：

```
conda --version
```

如果安装正确，当前 Anaconda 发行版的版本号应在终端显示。

接下来，按照 http://scikit-learn.org/stable/install.html 中的指导安装 scikit-learn，安装 NLTK 的指导是 https://www.nltk.org/install.html，安装 Matplotlib 的指导是 https://matplotlib.org/users/installing.html。

## 1.6.3 安装 Jupyter Notebook

可以按照 http://jupyter.readthedocs.io/en/latest/install.html 中的指导安装 Jupyter Notebook。

按照以下步骤查看 Jupyter Notebook 是否安装正确：

1. 打开终端。

2. 运行命令：

```
jupyter notebook
```

你应该看到一个新的浏览器窗口，如图 1.6 所示。

图 1.6　成功安装 Jupyter Notebook

## 1.6.4　安装 TensorFlow

请按照 https://www.tensorflow.org/install/ 中"Installing with Anaconda"部分下的说明安装 TensorFlow，我们将在所有练习中使用 TensorFlow 1.8.x。

在按照说明提供 tfBinaryURL 时，请确保提供 TensorFlow 1.8.x 版本。之所以强调这一点，因为与以前的 TensorFlow 版本相比，API 已有许多变化。

按照以下步骤查看 TensorFlow 是否正确安装：

1. 在 Windows 或 Linux 或 MacOS 中打开命令提示符。

2. 输入 python 进入 Python 运行环境，之后应该可以看到 Python 版本号，请确保你使用的是 Python 3。

3. 接下来输入以下代码：

```
import tensorflow as tf
print(tf.__version__)
```

如果一切顺利，应该没有任何错误（如果你的计算机没有专用 GPU，可能会有警告，但你可以忽略它们），并且应显示 TensorFlow 版本 1.8.x。

---

💡提示　还可以使用许多基于云的计算平台，在那里你可以使用各种自定义选项（操作系统、GPU 卡类型、GPU 卡数量等）配置自己的计算机。许多人正在迁移到这种基于云的服务，因为它有以下好处：

- 更多个性化选项
- 更少的维护成本
- 没有基础设施要求

以下是一些流行的基于云的计算平台：

- Google 云平台（GCP）：https://cloud.google.com/
- Amazon Web 服务（AWS）：https://aws.amazon.com/
- TensorFlow 研究云（TFRC）：https://www.tensorflow.org/tfrc/

---

## 1.7　总结

在本章中，通过广泛探索 NLP，我们了解了构建基于 NLP 的良好系统所涉及的任务类型。首先，我们解释了为什么需要 NLP，然后讨论 NLP 的各种任务，以便大致了解每项任务的目标以及在这些任务中取得成功的难度。接下来，我们研究了解决 NLP 的经典方法，并使用生成足球比赛的摘要作为例子，了解流程的细节。我们看到传统方法通常涉及烦琐乏味的特征工程。例如，为了检查生成的短语的正确性，我们可能需要为该短语生成一个解析树。接下来，我们讨论了深度学习所带来的范式转变，并看到了深度学习如何使特征工程步骤变得过时。我们回顾了深度学习和人工神经网络的历史，然后介绍了有数百个隐藏层的大规模现代网络。之后，我们通过一个简单的例子来阐明一个深层模型（多层感知器模型）来理解在这样一个模型中的数学原理。

有了传统和现代 NLP 方法的良好基础后，我们讨论了本书主题的路线图，从学习词嵌入到强大的 LSTM，从生成图像的标题到神经机器翻译。最后，我们介绍了如何安装 Python、scikit-learn、Jupyter Notebook 和 TensorFlow 来设置我们的环境。

在下一章中，你将学习 TensorFlow 的基础知识，学习结束时，你应该学会编写一个简单算法，它可以接受输入，并通过定义的函数对输入进行转换，最后输出结果。

第 2 章

# 理解 TensorFlow

在本章中，你将深入了解 TensorFlow。这是一个开源分布式数值计算框架，它将成为我们实现所有练习的主要平台。

我们通过定义一个简单的计算并用 TensorFlow 实现它来作为 TensorFlow 的入门。在成功完成此操作后，我们将探讨 TensorFlow 是如何执行这个计算的。这将有助于我们理解该框架如何创建计算图来计算输出 / 并通过称为"会话"的方式执行此图。然后，通过将 TensorFlow 执行操作的方式与餐厅的运作进行类比，我们深入理解 TensorFlow 架构。

在对 TensorFlow 的运行方式有了良好的概念性和技术上的理解之后，我们将介绍该框架提供的一些重要的计算操作。首先，我们将讨论如何在 TensorFlow 中定义各种数据结构，比如变量、占位符和张量，同时我们还将介绍如何读取输入。然后，我们将执行一些与神经网络相关的操作（例如，卷积运算、定义损失函数和优化方法）。接下来，我们将学习如何使用作用域来重用和有效管理 TensorFlow 变量。最后，在练习中应用这些知识，实现一个可以识别手写数字图像的神经网络。

## 2.1 TensorFlow 是什么

在第 1 章中，我们简要讨论了 TensorFlow 是什么。现在让我们更深入地认识它。TensorFlow 是由 Google 发布的开源分布式数值计算框架，主要用于减少在实现神经网络的过程中那些令人感到痛苦的细节（例如，计算神经网络权重的梯度）。TensorFlow 使用计算统一设备架构（CUDA）来进一步有效实现这种数值计算，CUDA 是由 NVIDIA 引入的并行计算平台。在 https://www.tensorflow.org/api_docs/python/ 上有 TensorFlow 的应用程序编程接口（API），可以看到 TensorFlow 提供了数千种操作，这使我们的工作更轻松。

TensorFlow 不是一夜之间开发出来的，它是有才华、善良的人们坚持不懈的成果。他们希望通过将深度学习带给更广泛的用户来使我们的生活发生变化。如果你有兴趣，可以访问 https://github.com/tensorflow/tensorflow 查看 TensorFlow 代码。目前，TensorFlow 拥有大约 1000 名贡献者，并且拥有超过 25 000 次成果提交，它每天都在变得越来越好。

## 2.1.1　TensorFlow 入门

现在让我们通过代码示例了解 TensorFlow 框架中的一些基本组件，让我们编写一个示例来执行以下计算，这对于神经网络非常常见：

```
h = sigmoid(W * x + b)
```

这里 $W$ 和 $x$ 是矩阵，$b$ 是向量。然后，* 表示点积。sigmoid 是一个非线性变换，由以下公式给出：

$$\text{sigmoid}(x) = \frac{1}{1 + e^{-x}}$$

我们将逐步骤讨论如何通过 TensorFlow 进行此计算。

首先，我们需要导入 TensorFlow 和 NumPy。在 Python 中运行与 TensorFlow 或 NumPy 相关的任何类型的操作之前，必须先导入它们：

```
import tensorflow as tf
import numpy as np
```

接下来，我们将定义一个图对象，稍后我们将在这个对象上定义操作和变量：

```
graph = tf.Graph() # Creates a graph
session = tf.InteractiveSession(graph=graph) # Creates a session
```

图形对象包括计算图，计算图可以连接我们在程序中定义的各种输入和输出，以获得最终的所需输出（即它定义了如何根据图连接 $W$、$x$ 和 $b$ 来生成 $h$）。例如，如果你将输出视为蛋糕，那么图就是使用各种成分（即输入）制作蛋糕的配方。此外，我们将定义一个会话对象，该对象将定义的图作为输入，以执行图。我们将在下一节详细讨论这些元素。

---

 提示　你可以用以下方式创建新的图对象，就像我们在上一个的例子里一样：

```
graph = tf.Graph()
```

或者你可以用以下方式获取 TensorFlow 的默认计算图：

```
graph = tf.get_default_graph()
```

这两种方式都会在练习中使用。

---

现在我们定义一些张量，即 $x$、$W$、$b$ 和 $h$。张量在 TensorFlow 中基本上是 $n$ 维数组。例如，一维向量或二维矩阵称为张量。在 TensorFlow 中有几种不同的方法可以定义张量，在这里，我们会讨论三种不同的方法：

1. 首先，$x$ 是占位符。顾名思义，占位符没有初始化值，我们将在图执行时临时提供值。
2. 接下来，我们有变量 $W$ 和 $b$。变量是可变的，这意味着它们的值可以随时间变化。
3. 最后，我们有 $h$，这是一个通过对 $x$、$W$ 和 $b$ 执行一些操作而产生的不可变张量：

```
x = tf.placeholder(shape=[1,10],dtype=tf.float32,name='x')
W = tf.Variable(tf.random_uniform(shape=[10,5], minval=-0.1,
maxval=0.1, dtype=tf.float32),name='W')
b = tf.Variable(tf.zeros(shape=[5],dtype=tf.float32),name='b')
h = tf.nn.sigmoid(tf.matmul(x,W) + b)
```

另外，请注意，对于 $W$ 和 $b$，我们提供了一些重要的参数，如下所示：

```
tf.random_uniform(shape=[10,5], minval=-0.1, maxval=0.1,
dtype=tf.float32)
tf.zeros(shape=[5],dtype=tf.float32)
```

它们称为变量初始化器，是最初赋值给 $W$ 和 $b$ 变量的张量。变量不能像占位符一样在没有初始值的情况下传递，并且我们需要一直为变量指定一些值。这里，tf.random_uniform 意味着我们在 minval（-0.1）和 maxval（0.1）之间均匀地采样，以便将采样值赋给张量，而 tf.zeros 则用零初始化张量。在定义张量时，定义张量的形状也非常重要，shape 属性定义张量的每个维度的大小。例如，如果形状是 [10, 5]，则意味着它将是一个二维结构，在第 0 维上有 10 个元素，在 1 维上有 5 个元素。

接下来，我们将运行初始化操作，初始化图中的变量 $W$ 和 $b$：

```
tf.global_variables_initializer().run()
```

现在，我们执行该图，以获得我们需要的最终输出 $h$。这是通过运行 session.run（…）来完成的，我们提供占位符的值作为 session.run() 命令的参数：

```
h_eval = session.run(h,feed_dict={x: np.random.rand(1,10)})
```

最后，我们关闭会话，释放会话对象占用的资源：

```
session.close()
```

下面是这个 TensorFlow 例子的完整代码。本章所有的示例代码都可以在 ch2 文件夹下的 tensorflow_introduction.ipynb 中找到。

```
import tensorflow as tf
import numpy as np

# Defining the graph and session
graph = tf.Graph() # Creates a graph
session = tf.InteractiveSession(graph=graph) # Creates a session

# Building the graph
# A placeholder is an symbolic input
x = tf.placeholder(shape=[1,10],dtype=tf.float32,name='x')
W = tf.Variable(tf.random_uniform(shape=[10,5], minval=-0.1,
maxval=0.1, dtype=tf.float32),name='W') # Variable
# Variable
b = tf.Variable(tf.zeros(shape=[5],dtype=tf.float32),name='b')

h = tf.nn.sigmoid(tf.matmul(x,W) + b) # Operation to be performed
```

```
# Executing operations and evaluating nodes in the graph
tf.global_variables_initializer().run() # Initialize the variables

# Run the operation by providing a value to the symbolic input x
h_eval = session.run(h,feed_dict={x: np.random.rand(1,10)})
# Closes the session to free any held resources by the session
session.close()
```

当你执行这段代码的时候，可能会遇到下面这样的警告：

```
... tensorflow/core/platform/cpu_feature_guard.cc:137] Your CPU
supports instructions that this TensorFlow binary was not compiled to
use: ...
```

不用担心这个，这个警告说你使用了现成的 TensorFlow 预编译版本，而没有在你的计算机上编译它，这完全没问题。如果你在计算机上进行编译，会获得稍微好一点的性能，因为 TensorFlow 将针对特定硬件进行优化。

在后面的几节中，我们将解释 TensorFlow 如何执行此代码，以生成最终输出。另请注意，接下来的两节可能有些复杂和偏技术。但是，即使你没有完全理解所有内容，也不必担心，因为在此之后，我们将通过一个完全是现实世界中的例子来进一步说明。我们会用在我们自己的餐厅 Café Le TensorFlow 里订单是如何完成的，来解释之前的相同执行过程。

## 2.1.2 TensorFlow 客户端详细介绍

前面的示例程序称为 TensorFlow 客户端。在使用 TensorFlow 编写的任何客户端中，都有两种主要的对象类型：操作和张量。在前面的例子中，tf.nn.sigmoid 是一个操作，$h$ 是张量。

然后我们有一个图对象，它是存储程序数据流的计算图。当我们在代码中依次添加 $x$、$W$、$b$ 和 $h$ 时，TensorFlow 会自动将这些张量和任何操作（例如，tf.matmul()）作为节点添加到图中。该图将存储重要信息，比如张量之间的依赖性以及在哪里执行什么运算。在我们的示例中，图知道要计算 $h$，需要张量 $x$、$W$ 和 $b$。因此，如果在运行时没有正确初始化其中某一个，TensorFlow 会指出需要修复的初始化错误。

接下来，会话扮演执行图的角色，它将图划分为子图，然后划分为更精细的碎片，之后将这些碎片分配给执行任务的 worker。这是通过 session.run（…）函数完成的，我们很快就会谈到它。为了之后引用方便，我们将这个例子称为 sigmoid 示例。

## 2.1.3 TensorFlow 架构：当你执行客户端时发生了什么

我们知道 TensorFlow 非常善于创建一个包含所有依赖关系和操作的计算图，它可以确切地知道数据是如何及什么时候在哪里流转。但是，应该有一个元素可以有效执行定义好的计算图，使 TensorFlow 变得更好，这个元素就是会话。现在让我们来看看会话的内部，了解图的执行方式。

首先，TensorFlow 客户端包含图和会话。创建会话时，它会将计算图作为 tf.GraphDef

协议缓冲区发送到分布式主服务器，tf.GraphDef 是图的标准化表示。分布式主服务器查看图中的所有计算，并将计算切割后分配给不同的设备（例如，不同的 GPU 和 CPU）。我们的 sigmoid 示例中的图如图 2.1 所示，图的单个元素称为节点。

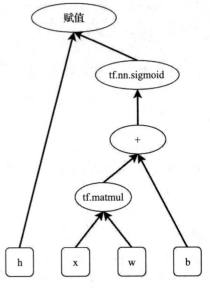

接下来，计算图将由分布式主服务器分解为子图，并进一步分解为更小的任务。虽然在我们的例子中分解计算图似乎很微不足道，但在实际应用中，有多层隐藏层的神经网络解决方案的计算图可能是指数级增长的。此外，将计算图分解为多个部分来并行执行（例如，多个设备）变得越来越重要。执行图（或由这个图划分的子图）称为单个任务，任务会分配给单个 TensorFlow 服务器。

但是，实际上，每个任务都会分解为两个部分来执行，其中每个部分由一个 worker 执行：

- 一个 worker 使用参数的当前值执行 TensorFlow 操作（称为操作执行器）
- 另一个 worker 存储参数并在执行操作后更新它们的值（称为参数服务器）

图 2.1  客户端的计算图

TensorFlow 客户端的常规工作流程如图 2.2 所示。

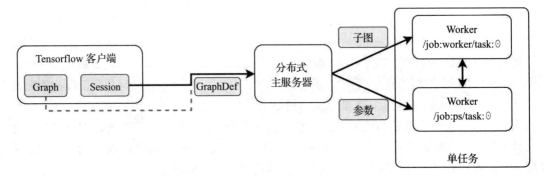

图 2.2  TensorFlow 客户端的执行过程

图 2.3 展示了图的分解过程。除了将图分解以外，TensorFlow 还插入发送和接收节点，以帮助参数服务器和操作执行器相互通信。你可以把发送节点理解为一旦数据可用时发送数据，而接受节点在相应的发送节点发送数据时侦听和捕获数据。

最后，一旦计算完成，会话就会将更新的数据从参数服务器带回客户端。TensorFlow 的体系结构如图 2.4 所示，这一解释基于 https://www.tensorflow.org/extend/architecture 上的官方 TensorFlow 文档。

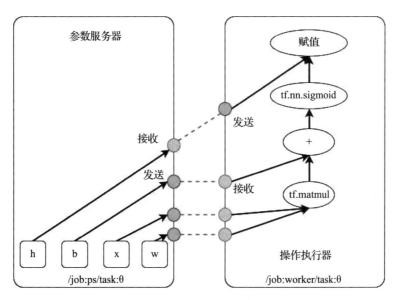

图 2.3　TensorFlow 图分解过程

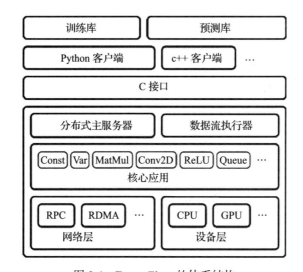

图 2.4　TensorFlow 的体系结构

## 2.1.4　Cafe Le TensorFlow：使用类比理解 TensorFlow

如果你对技术性说明中包含的信息感到不堪重负，下面我们尝试从不同的角度来介绍相关概念。假设有一家新咖啡馆开业了，你一直想去那。然后你去了那家咖啡馆，在靠窗的位置坐下。

接下来，服务员来请你下订单，你点了一个有奶酪没有西红柿的鸡肉汉堡。这里，请将你自己看作客户端，你的订单就是定义的图。该图定义了你需要什么以及相关信息。服务员类似于会话，他的责任是将订单带到厨房，以便执行订单。在接受订单时，服务员使用特定格式来传达你的订单，例如，桌号、菜单项 ID、数量和特殊要求。可以把服务员用的格式化订单想象成 GraphDef。然后，服务员把订单带到厨房，把它交给厨房经理。从这一刻开始，厨房经理负责执行订单。到这里，厨房经理代表分布式主服务器。厨房经理做出决定，例如需要多少厨师来制作菜肴，以及哪些厨师是最适合此工作的人选。我们假设每位厨师都有一位助理，他的职责是为厨师提供合适的食材、设备等。因此，厨房经理将订单交给一位厨师和一位厨师助理（虽然汉堡没有这么难准备），并要求他们准备好菜肴。在这里，厨师是操作执行器，助理是参数服务器。

厨师查看订单，告诉助理需要什么。因此，助理首先找到所需的材料（例如，面团、肉饼和洋葱），并尽快将它们准备在一起以满足厨师的要求。此外，厨师可能会要求暂时保留菜肴的中间结果（例如，切好的蔬菜），直到厨师再次需要它们。

汉堡准备好后，厨房经理会收到厨师和厨师助理做的汉堡，并通知服务员。此时，服务员从厨房经理那里取出汉堡带给你，你终于可以享用根据你的要求制作的美味汉堡，该过程如图 2.5 所示。

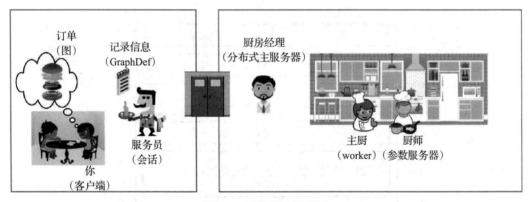

图 2.5    用作类比的餐厅

## 2.2    输入、变量、输出和操作

在了解底层架构之后，我们将介绍构成 TensorFlow 客户端的最常见元素。如果你阅读过网上数百万个 TensorFlow 客户端中的任何一个，那么它们（TensorFlow 相关的代码）都属于下面这些类型之一：

- **输入**：用来训练和测试算法的数据。
- **变量**：可变的张量，大部分用于定义算法的参数。
- **输出**：不可变的张量，用于存储中间和最终的输出。
- **操作**：对输入做不同的变换以产生想要的输出。

在之前的 sigmoid 示例中，我们可以找到所有这些类别的实例，表 2.1 中列出这些元素：

表 2.1　TensorFlow 元素类型

| TensorFlow 元素 | 示例客户端中的值 |
| --- | --- |
| 输入 | $x$ |
| 变量 | $W$ 和 $b$ |
| 输出 | $h$ |
| 操作 | tf.matmul(⋯), th.nn.sigmoid(⋯) |

下面更详细地解释每个 TensorFlow 元素。

## 2.2.1　在 TensorFlow 中定义输入

客户端主要以三种方式接收数据：

- 使用 Python 代码在算法的每个步骤中提供数据
- 将数据预加载并存储为 TensorFlow 张量
- 搭建输入管道

让我们来看看这些方式。

### 2.2.1.1　使用 Python 代码提供数据

在第一种方法中，可以使用传统的 Python 代码将数据馈送到 TensorFlow 客户端。在之前的示例中，$x$ 是这种方法的一个例子。为了从外部数据结构（例如，numpy.ndarray）向客户端提供数据，TensorFlow 库提供了一种优雅的符号数据结构，称为占位符，它被定义为 tf.placeholder(⋯)。顾名思义，占位符在图的构建阶段不需要实际数据，相反，仅在图执行过程中通过 session.run(⋯, feed_dict = {placeholder：value}) 将外部数据以 Python 字典的形式传递给 feed_dict 参数，其中键是 tf .placeholder 变量，相应的值是实际数据（例如，numpy.ndarray）。占位符定义采用以下形式：

```
tf.placeholder(dtype, shape=None, name=None)
```

参数如下：

- dtype：这是送入占位符的数据类型
- shape：这是占位符的形状，以 1 维向量形式给出
- name：这是占位符的名称，这对调试很重要

### 2.2.1.2　将数据预加载并存储为张量

第二种方法类似于第一种方法，但可以少担心一件事。由于数据已预先加载，因此我们无须在图的执行期间提供数据。为了明白这一点，让我们修改我们的 sigmoid 示例。请记住，我们之前将 $x$ 定义为占位符：

```
x = tf.placeholder(shape=[1,10],dtype=tf.float32,name='x')
```

现在，让我们将其定义为包含特定值的张量：

```
x = tf.constant(value=[[0.1,0.2,0.3,0.4,0.5,0.6,0.7,0.8,0.9,1.0]],
dtype=tf.float32,name='x')
```

以下是完整的代码：

```
import tensorflow as tf
# Defining the graph and session
graph = tf.Graph() # Creates a graph
session = tf.InteractiveSession(graph=graph) # Creates a session

# Building the graph

# x - A pre-loaded input
x = tf.constant(value=[[0.1,0.2,0.3,0.4,0.5,0.6,0.7,0.8,0.9,1.0]],
dtype=tf.float32,name='x')

W = tf.Variable(tf.random_uniform(shape=[10,5], minval=-0.1,
maxval=0.1, dtype=tf.float32),name='W') # Variable
# Variable
b = tf.Variable(tf.zeros(shape=[5],dtype=tf.float32),name='b')

h = tf.nn.sigmoid(tf.matmul(x,W) + b) # Operation to be performed

# Executing operations and evaluating nodes in the graph
tf.global_variables_initializer().run() # Initialize the variables

# Run the operation without feed_dict
h_eval = session.run(h)
print(h_eval)
session.close()
```

你会注意到，代码与我们原来的 sigmoid 示例有两个主要区别。首先，我们定义 *x* 的方式不同，我们现在直接指定一个特定的值并将 *x* 定义为张量，而不是使用占位符对象并在图执行时输入实际值。另外，正如你所看到的，我们没有在 session.run（…）中提供任何额外的参数。但缺点是，现在你无法在 session.run（…）中向 *x* 提供不同的值，并看到输出是如何改变的。

### 2.2.1.3 搭建输入管道

输入管道是专门为需要快速处理大量数据的更重型客户端设计的。实际上会创建一个保存数据的队列，直到我们需要它为止。TensorFlow 还提供各种预处理步骤（例如，用于调整图像对比度 / 亮度，或进行标准化），这些步骤可在将数据送到算法之前执行。为了提高效率，可以让多个线程并行读取和处理数据。

一个典型的通道包含以下元素：

- 文件名列表
- 文件名队列，用于为输入（记录）读取器生成文件名
- 记录读取器，用于读取输入（记录）
- 解码器，用于解码读取记录（例如，JPEG 图像解码）
- 预处理步骤（可选）
- 一个示例（即解码输入）队列

让我们使用 TensorFlow 编写一个输入管道的快速示例。在这个例子中，我们有三个 CSV 格式的文本文件（text1.txt、text2.txt 和 text3.txt），每个文件有五行，每行有 10 个用逗号分隔的数字（示例行：0.1, 0.2, 0.3, 0.4, 0.5, 0.6, 0.7, 0.8, 0.9, 1.0）。我们需要从文件一直到表示文件中那些输入的张量，搭建一个输入管道，来分批读取数据（多行数据向量），下面一步一步地介绍这个过程。

---

提示 有关更多信息，请参阅官方 TensorFlow 页面上有关导入数据的内容：https://www.tensorflow.org/programmers_guide/reading_data。

---

首先，像以前一样导入一些重要库：

```
import tensorflow as tf
import numpy as np
```

接着，定义图和会话对象：

```
graph = tf.Graph() # Creates a graph
session = tf.InteractiveSession(graph=graph) # Creates a session
```

然后，定义一个文件名队列，这是一个包含文件名的队列数据结构。它将作为参数传递给读取器（很快将被定义）。队列将根据读取器的请求生成文件名，以便读取器可以用这些文件名访问文件以读取数据：

```
filenames = ['test%d.txt'%i for i in range(1,4)]
filename_queue = tf.train.string_input_producer(filenames, capacity=3,
shuffle=True, name='string_input_producer')
```

这里，capacity 是给定时间队列持有的数据量，shuffle 告诉队列是否应该在吐出数据之前将其打乱。

TensorFlow 有几种不同类型的读取器（https://www.tensorflow.org/api_guides/python/io_ops#Readers 提供了可用读取器列表）。由于我们有一些单独的文本文件，其中一行代表一个单独的数据点，因此 TextLineReader 最适合我们：

```
reader = tf.TextLineReader()
```

定义读取器后，我们可以使用 read() 函数从文件中读取数据，它的输出是键值对，其中，键标识文件和文件中正在读取的记录（即文本行），我们可以省略它，而值返回读取器读取的行的实际值：

```
key, value = reader.read(filename_queue, name='text_read_op')
```

接下来，我们定义 record_defaults，如果发现任何错误记录，将输出它：

```
record_defaults = [[-1.0], [-1.0], [-1.0], [-1.0], [-1.0], [-1.0],
[-1.0], [-1.0], [-1.0], [-1.0]]
```

现在我们将读取到的文本行解码为数字列（因为我们有 CSV 文件），为此，我们使用

decode_csv() 方法。如果使用文本编辑器打开文件（例如，test1.txt），你会看到每一行有 10 列：

```
col1, col2, col3, col4, col5, col6, col7, col8, col9, col10 =
tf.decode_csv(value, record_defaults=record_defaults)
```

然后，我们把这些列拼接起来，形成单个张量（称为特征），这些张量被传给另一个方法 tf.train.shuffle_batch()，该方法的输入是前面定义的张量（特征），然后将张量进行打乱按批次输出：

```
features = tf.stack([col1, col2, col3, col4, col5, col6, col7, col8,
col9, col10])

x = tf.train.shuffle_batch([features], batch_size=3, capacity=5,
name='data_batch', min_after_dequeue=1, num_threads=1)
```

batch_size 参数是在给定的步骤中对数据采样的批次大小，capacity 是数据队列的容量（大队列需要更多内存），min_after_dequeue 表示出队后留在队列中的最小元素数量。最后，num_threads 定义用于生成一批数据的线程数。如果管道中有大量的预处理，则可以增加此线程数。此外，如果需要在不打乱数据（使用 tf.train.shuffle_batch）的情况下读取数据，则可以使用 tf.train.batch 操作。然后，我们将通过调用以下代码启动此管道：

```
coord = tf.train.Coordinator()
threads = tf.train.start_queue_runners(coord=coord, sess=session)
```

可以将类 tf.train.Coordinator() 视为线程管理器，它实现了各种管理线程的机制（例如，启动线程并在任务完成后让线程加入主线程）。我们需要 tf.train.Coordinator() 类，因为输入管道会产生许多线程来执行队列填充（即入队）、队列出队和许多其他任务。接下来，我们将使用之前创建的线程管理器执行 tf.train.start_queue_runners（…）。QueueRunner() 保存队列的入队操作，并在定义输入管道时自动创建它们。因此，要填充已定义的队列，我们需要使用 tf.train.start_queue_runners 函数启动这些队列运行程序。

接下来，在我们感兴趣的任务完成之后，我们需要显式地停止线程，并让它们加入主线程，否则程序将无限期挂起，这是通过 coord.request_stop() 和 coord.join（threads）来实现的。这种输入管道可以与我们的 sigmoid 示例相合，以便它直接从文件中读取数据，如下所示：

```
import tensorflow as tf
import numpy as np
import os

# Defining the graph and session
graph = tf.Graph() # Creates a graph
session = tf.InteractiveSession(graph=graph) # Creates a session

### Building the Input Pipeline ###
# The filename queue
filenames = ['test%d.txt'%i for i in range(1,4)]
filename_queue = tf.train.string_input_producer(filenames, capacity=3,
```

```
shuffle=True,name='string_input_producer')

# check if all files are there
for f in filenames:
    if not tf.gfile.Exists(f):
        raise ValueError('Failed to find file: ' + f)
    else:
        print('File %s found.'%f)

# Reader which takes a filename queue and
# read() which outputs data one by one
reader = tf.TextLineReader()

# ready the data of the file and output as key,value pairs
# We're discarding the key
key, value = reader.read(filename_queue, name='text_read_op')

# if any problems encountered with reading file
# this is the value returned
record_defaults = [[-1.0], [-1.0], [-1.0], [-1.0], [-1.0], [-1.0],
[-1.0], [-1.0], [-1.0], [-1.0]]

# decoding the read value to columns
col1, col2, col3, col4, col5, col6, col7, col8, col9, col10 =
tf.decode_csv(value, record_defaults=record_defaults)
# Now we stack the columns together to form a single tensor containing
# all the columns
features = tf.stack([col1, col2, col3, col4, col5, col6, col7, col8,
col9, col10])

# output x is randomly assigned a batch of data of batch_size
# where the data is read from the .txt files
x = tf.train.shuffle_batch([features], batch_size=3,
                          capacity=5, name='data_batch',
                          min_after_dequeue=1,num_threads=1)

# QueueRunner retrieve data from queues and we need to explicitly
start them
# Coordinator coordinates multiple QueueRunners
# Coordinator coordinates multiple QueueRunners
coord = tf.train.Coordinator()
threads = tf.train.start_queue_runners(coord=coord, sess=session)

# Building the graph by defining the variables and calculations
W = tf.Variable(tf.random_uniform(shape=[10,5], minval=-0.1,
maxval=0.1, dtype=tf.float32),name='W') # Variable
# Variable
b = tf.Variable(tf.zeros(shape=[5],dtype=tf.float32),name='b')

h = tf.nn.sigmoid(tf.matmul(x,W) + b) # Operation to be performed

# Executing operations and evaluating nodes in the graph
tf.global_variables_initializer().run() # Initialize the variables

# Calculate h with x and print the results for 5 steps
for step in range(5):
```

```
x_eval, h_eval = session.run([x,h])
print('========== Step %d =========='%step)
print('Evaluated data (x)')
print(x_eval)
print('Evaluated data (h)')
print(h_eval)
print('')

# We also need to explicitly stop the coordinator
# otherwise the process will hang indefinitely
coord.request_stop()
coord.join(threads)
session.close()
```

## 2.2.2 在 TensorFlow 中定义变量

变量在 TensorFlow 中扮演重要角色。变量本质上是具有特定形状的张量，而形状定义了变量有多少维度以及每个维度的大小。然而，与常规张量不同，变量是可变的，这意味着变量的值在定义后可以改变。这对于需要改变模型参数（例如，神经网络权重）的学习模型来说是理想特性，其权重在每个学习步骤之后会稍微变化。例如，如果使用 $x$ = tf.Variable（0, dtype = tf.int32）定义变量，则可以使用 TensorFlow 操作（比如 tf.assign（$x$，$x+1$））更改该变量的值。

但是，如果像 x = tf.constant（0，dtype = tf.int32）这样定义张量，则无法像对变量一样更改张量的值，它会一直保持为 0，直到程序执行结束。

变量创建非常简单，在我们的例子中，我们已经创建了两个变量 $W$ 和 $b$。在创建变量时，有一些事情非常重要，我们在这里列出它们并在以下段落中详细讨论：
- 变量形状
- 数据类型
- 初始值
- 名称（可选）

变量形状是 [$x$, $y$, $z$, …] 格式的一维向量。列表中的每个值表示相应维度或轴的大小。例如，如果需要具有 50 行和 10 列的二维张量作为变量，则形状是 [50, 10]。

变量的维数（即形状矢量的长度）在 TensorFlow 中被看作张量的秩，不要将它与矩阵的秩混淆。

---

 提示　TensorFlow 中，张量的秩表示张量的维数，对于二维矩阵，秩 = 2。

---

数据类型在决定变量大小方面起着重要作用。有许多不同的数据类型，包括常用的 tf.bool、tf.uint8、tf.float32 和 tf.int32。每种数据类型都需要一定的比特数来表示该类型的值。例如，tf.uint8 需要 8 比特，而 tf.float32 需要 32 比特。通常的做法是使用相同的数据类型进行计算，否则会导致数据类型不匹配。因此，如果你有两个不同数据类型的张量，则需要对它们做数据类型转换，因而必须使用 tf.cast（…）操作将一个张量显式转换为另一个类型

的张量。tf.cast（…）操作就是为了应对这种情况而设计的。例如，如果有一个 tf.int32 类型的 *x* 变量，需要将其转换为 tf.float32，则可以通过 tf.cast（x，dtype = tf.float32）将 *x* 转换为 tf.float32。

接下来，变量需要用初始值进行初始化。为方便起见，TensorFlow 提供了几种不同的初始化器，包括常数初始化器和正态分布初始化器。以下是一些可用于初始化变量的流行 TensorFlow 初始化器：

- `tf.zeros`
- `tf.constant_initializer`
- `tf.random_uniform`
- `tf.truncated_normal`

最后，我们会将变量的名称用作 ID 在图中标识该变量。因此，如果你可视化计算图，那么变量将显示为传递给 name 关键字的参数。如果未指定名称，TensorFlow 将使用默认命名方案。

---

**提示** 请注意，计算图并不知道被 **tf.Variable** 赋值的 Python 变量，该变量不是 TensorFlow 变量命名的一部分。例如，如果定义如下 TensorFlow 变量：

```
a = tf.Variable(tf.zeros([5]),name='b')
```

则 TensorFlow 计算图知道这个变量的名称是 b，而不是 a。

---

## 2.2.3　定义 TensorFlow 输出

TensorFlow 输出通常是张量，并且结果要么转换为输入，要么转换为变量，或两者都有。在我们的例子中，*h* 是一个输出，其中 *h* = tf.nn.sigmoid（tf.matmul（x，W）+ b）。也可以将这些输出提供给其他操作，形成一组链式操作，此外，它不一定必须是 TensorFlow 操作，也可以在 TensorFlow 中使用 Python 算术运算。这是一个例子：

```
x = tf.matmul(w,A)
y = x + B
z = tf.add(y,C)
```

## 2.2.4　定义 TensorFlow 操作

如果看一看 https://www.tensorflow.org/api_docs/python/ 上的 TensorFlow API，会看到 TensorFlow 有数量巨大的可用操作。

在这里，我们选择其中几个进行介绍。

### 2.2.4.1　比较操作

比较操作对于比较两个张量非常有用。以下代码示例包含一些有用的比较操作。你可以在 https://www.tensorflow.org/api_guides/python/control_flow_ops 的比较运算符部分中找到比较运算符的完整列表。此外，为了理解这些操作的工作原理，让我们考虑两个示例张量 *x* 和 *y*：

```
# Let's assume the following values for x and y
# x (2-D tensor) => [[1,2],[3,4]]
# y (2-D tensor) => [[4,3],[3,2]]
x = tf.constant([[1,2],[3,4]], dtype=tf.int32)
y = tf.constant([[4,3],[3,2]], dtype=tf.int32)

# Checks if two tensors are equal element-wise and returns a boolean
tensor
# x_equal_y => [[False,False],[True,False]]
x_equal_y = tf.equal(x, y, name=None)

# Checks if x is less than y element-wise and returns a boolean tensor
# x_less_y => [[True,True],[False,False]]
x_less_y = tf.less(x, y, name=None)

# Checks if x is greater or equal than y element-wise and returns a
boolean tensor
# x_great_equal_y => [[False,False],[True,True]]
x_great_equal_y = tf.greater_equal(x, y, name=None)

# Selects elements from x and y depending on whether,
# the condition is satisfied (select elements from x)
# or the condition failed (select elements from y)
condition = tf.constant([[True,False],[True,False]],dtype=tf.bool)
# x_cond_y => [[1,3],[3,2]]
x_cond_y = tf.where(condition, x, y, name=None)
```

#### 2.2.4.2 数学运算

TensorFlow 允许对从简单到复杂的张量执行数学运算，我们将讨论 TensorFlow 提供的几个数学运算，在 https://www.tensorflow.org/api_guides/python/math_ops 可以看到完整的列表。

```
# Let's assume the following values for x and y
# x (2-D tensor) => [[1,2],[3,4]]
# y (2-D tensor) => [[4,3],[3,2]]
x = tf.constant([[1,2],[3,4]], dtype=tf.float32)
y = tf.constant([[4,3],[3,2]], dtype=tf.float32)

# Add two tensors x and y in an element-wise fashion
# x_add_y => [[5,5],[6,6]]
x_add_y = tf.add(x, y)

# Performs matrix multiplication (not element-wise)
# x_mul_y => [[10,7],[24,17]]
x_mul_y = tf.matmul(x, y)

# Compute natural logarithm of x element-wise
# equivalent to computing ln(x)
# log_x => [[0,0.6931],[1.0986,1.3863]]
```

```
log_x = tf.log(x)

# Performs reduction operation across the specified axis
# x_sum_1 => [3,7]
x_sum_1 = tf.reduce_sum(x, axis=[1], keepdims=False)

# x_sum_2 => [[4],[6]]
x_sum_2 = tf.reduce_sum(x, axis=[0], keepdims=True)
# Segments the tensor according to segment_ids (items with same id in
# the same segment) and computes a segmented sum of the data

data = tf.constant([1,2,3,4,5,6,7,8,9,10], dtype=tf.float32)
segment_ids = tf.constant([0,0,0,1,1,2,2,2,2,2 ], dtype=tf.int32)
# x_seg_sum => [6,9,40]
x_seg_sum = tf.segment_sum(data, segment_ids)
```

### 2.2.4.3　分散和聚合操作

分散和聚合操作在矩阵操作任务中起着至关重要的作用，因为这两种操作的变体是在 TensorFlow 中索引张量的唯一方法（直到最近）。换句话说，你不能像在 NumPy 中那样访问 TensorFlow 中的张量元素（例如，$x [1, 0]$，其中 $x$ 是 2D numpy.ndarray）。分散操作允许你将值分配给给定张量的特定索引，而聚合操作允许你提取给定张量的切片（即个体元素）。以下代码显示分散和聚合操作的几个变体：

```
# 1-D scatter operation
ref = tf.Variable(tf.constant([1,9,3,10,5],dtype=tf.
float32),name='scatter_update')
indices = [1,3]
updates = tf.constant([2,4],dtype=tf.float32)
tf_scatter_update = tf.scatter_update(ref, indices, updates, use_
locking=None, name=None)


# n-D scatter operation
indices = [[1],[3]]
updates = tf.constant([[1,1,1],[2,2,2]])
shape = [4,3]
tf_scatter_nd_1 = tf.scatter_nd(indices, updates, shape, name=None)


# n-D scatter operation
indices = [[1,0],[3,1]] # 2 x 2
updates = tf.constant([1,2]) # 2 x 1
shape = [4,3] # 2
tf_scatter_nd_2 = tf.scatter_nd(indices, updates, shape, name=None)


# 1-D gather operation
params = tf.constant([1,2,3,4,5],dtype=tf.float32)
indices = [1,4]
```

```
tf_gather = tf.gather(params, indices, validate_indices=True,
name=None) #=> [2,5]


# n-D gather operation
params = tf.constant([[0,0,0],[1,1,1],[2,2,2],[3,3,3]],dtype=tf.
float32)
indices = [[0],[2]]
tf_gather_nd = tf.gather_nd(params, indices, name=None) #=>
[[0,0,0],[2,2,2]]


params = tf.constant([[0,0,0],[1,1,1],[2,2,2],[3,3,3]],dtype=tf.
float32)
indices = [[0,1],[2,2]]
tf_gather_nd_2 = tf.gather_nd(params, indices, name=None) #=>
[[0,0,0],[2,2,2]]
```

#### 2.2.4.4 神经网络相关操作

现在让我们看看几个有用的神经网络相关的操作，我们将在后面的章节中大量使用它们。在这里讨论的操作涵盖了从简单的逐元素变换（即激活），到计算一组参数相对于另一个值的偏导数，我们还会实现一个简单的神经网络作为练习。

（1）神经网络中使用的非线性激活

非线性激活使神经网络能够在许多任务中表现良好。通常，在神经网络中的每个层输出之后都会有非线性激活变换（即激活层）（除最后一层之外）。非线性变换有助于神经网络学习数据中存在的各种非线性模式。这对于现实中复杂的问题非常有用，与线性模式相比，数据通常具有更复杂的非线性模式。如果层之间没有非线性激活，深层神经网络将是一堆相互堆叠的线性变换层。而且，一组线性层基本上可以压缩成单个较大的线性层。总之，如果没有非线性激活，我们就无法创建具有多层的神经网络。

---

提示 让我们通过一个例子来观察非线性激活的重要性。首先，回想一下我们在 sigmoid 示例中看到的神经网络的计算。如果我们忽视 b，它将是这样的：

h = sigmoid(W*x)

假设一个三层神经网络（每层的权重为 W1、W2 和 W3），每个层都执行上面的计算，完整的计算如下所示：

h = sigmoid(W3*sigmoid(W2*sigmoid(W1*x)))

但是，如果去掉非线性激活函数（就是 sigmoid），就会是这样：

h = (W3 * (W2 * (W1 *x))) = (W3*W2*W1)*x

因此，在没有非线性激活的情况下，可以将三层减少成单个线性层。

---

现在，我们将列出神经网络中两种常用的非线性激活，以及它们如何在 TensorFlow 中

实现：

```
# Sigmoid activation of x is given by 1 / (1 + exp(-x))
tf.nn.sigmoid(x,name=None)
# ReLU activation of x is given by max(0,x)
tf.nn.relu(x, name=None)
```

（2）卷积操作

卷积运算是一种广泛使用的信号处理技术。对于图像，使用卷积可以产生图像的不同效果。使用卷积进行边缘检测的示例如图 2.6 所示，其实现方法是在图像顶部移动卷积滤波器，从而在每个位置产生不同的输出（参见本节后面的图 2.7）。具体来说，在每个位置，对于与卷积滤波器重叠的图像块（与卷积滤波器大小相同），在卷积滤波器中对其元素进行逐元素相乘相加，并对结果求和：

 * $\begin{bmatrix} -1 & -1 & -1 \\ -1 & 8 & -1 \\ -1 & -1 & -1 \end{bmatrix}$ =

图 2.6　用卷积滤波器对图像做边缘检测
（来源：https://en.wikipedia.org/wiki/Kernel_(image_processing)）

以下是卷积操作的实现：

```
x = tf.constant(
    [[
        [[1],[2],[3],[4]],
        [[4],[3],[2],[1]],
        [[5],[6],[7],[8]],
        [[8],[7],[6],[5]]
    ]],
    dtype=tf.float32)

x_filter = tf.constant(
    [
        [
            [[0.5]],[[1]]
        ],
        [
            [[0.5]],[[1]]
        ]
    ],
    dtype=tf.float32)

x_stride = [1,1,1,1]
x_padding = 'VALID'

x_conv = tf.nn.conv2d(
    input=x, filter=x_filter,
    strides=x_stride, padding=x_padding
)
```

在这里，过多的方括号可能会让你认为去掉这些冗余括号可以很容易地理解这个例子，不幸的是，事实并非如此。对于 tf.conv2d（…）操作，TensorFlow 要求 input、filter 和 strides 具有精确的格式。现在我们将更详细地介绍 tf.conv2d（input, filter, strides, padding）

中的每个参数：

- input：这通常是 4D 张量，其维度应按 [batch_size，height，width，channels] 排序。
  - batch_size：这是单批数据中的数据量（例如，如图像和单词的输入）。我们通常批量处理数据，因为进行学习的数据集很大。在给定的训练步骤，我们随机抽样一小批数据，这些数据近似代表完整的数据集。通过许多次执行此操作，我们可以很好地逼近完整的数据集。这个 batch_size 参数与我们在 TensorFlow 输入管道示例中讨论的参数相同。
  - height 和 width：这是输入的高度和宽度。
  - channels：这是输入的深度（例如，对于 RGB 图像其值为 3，表示有 3 个通道）。
- filter：这是一个 4D 张量，表示卷积运算的卷积窗口，其维度应为 [height，width，in_channels，out_channels]：
  - height 和 width：这是卷积核的高度和宽度（通常小于输入的高度和宽度）
  - in_channels：这是该层的输入的通道数
  - out_channels：这是要在该层的输出中生成的通道数
- strides：这是一个包含四个元素的列表，其中元素是 [batch_stride，height_stride，width_stride，channels_stride]。strides 参数表示卷积窗口在输入上单次滑动期间要跳过的元素数。如果你不完全了解步长是什么，则可以使用默认值 1。
- padding：这可以是 ['SAME'，'VALID'] 之一，它决定如何处理输入边界附近的卷积运算。VALID 操作在没有填充的情况下执行卷积。如果我们用大小为 $h$ 的卷积窗口卷积长度为 $n$ 的输入，则输出大小为 ($n - h + 1 < n$)，输出大小的减小会严重限制神经网络的深度。SAME 将用零填充边界，使输出具有与输入相同的高度和宽度。要更好地了解卷积核大小、步长和填充是什么，请参见图 2.7。

（3）池化操作

池化操作的行为与卷积操作类似，但最终输出不同。池化操作取该位置的图像块的最大值，而不是输出卷积核和图像块的逐元素相乘的总和（参见图 2.8）。

```
x = tf.constant(
    [[
        [[1],[2],[3],[4]],
        [[4],[3],[2],[1]],
        [[5],[6],[7],[8]],
        [[8],[7],[6],[5]]
    ]],
    dtype=tf.float32)
x_ksize = [1,2,2,1]
x_stride = [1,2,2,1]
x_padding = 'VALID'

x_pool = tf.nn.max_pool(
    value=x, ksize=x_ksize,
```

```
        strides=x_stride, padding=x_padding
)
# Returns (out) =>
[[[[ 4.]
   [ 4.]],
  [[ 8.]
   [ 8.]]]]
```

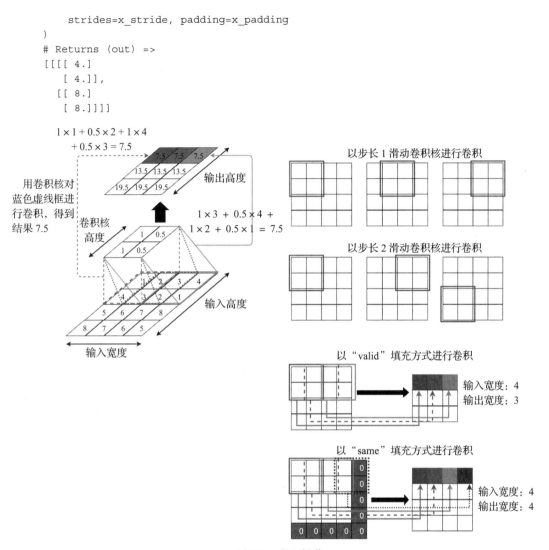

图 2.7　卷积操作

（4）定义损失

我们知道，为了让神经网络学习有用的东西，需要定义一个损失。在 TensorFlow 中有几种可以自动计算损失的函数，其中两种函数如下面的代码所示。tf.nn.l2_loss 函数是均方误差损失，而 tf.nn.softmax_cross_entropy_with_logits_v2 是另一种类型的损失，在分类任务中它有更好的性能。这里的 logits 指的是神经网络的没有归一化的输出（即神经网络最后一层的线性输出）：

```
# Returns half of L2 norm of t given by sum(t**2)/2
x = tf.constant([[2,4],[6,8]],dtype=tf.float32)
x_hat = tf.constant([[1,2],[3,4]],dtype=tf.float32)
```

```
# MSE = (1**2 + 2**2 + 3**2 + 4**2)/2 = 15
MSE = tf.nn.l2_loss(x-x_hat)

# A common loss function used in neural networks to optimize the
network
# Calculating the cross_entropy with logits (unnormalized outputs of
the last layer)
# instead of outputs leads to better numerical stabilities

y = tf.constant([[1,0],[0,1]],dtype=tf.float32)
y_hat = tf.constant([[3,1],[2,5]],dtype=tf.float32)
# This function alone doesnt average the cross entropy losses of all
data points,
# You need to do that manually using reduce_mean function
CE = tf.reduce_mean(tf.nn.softmax_cross_entropy_with_logits_
v2(logits=y_hat,labels=y))
```

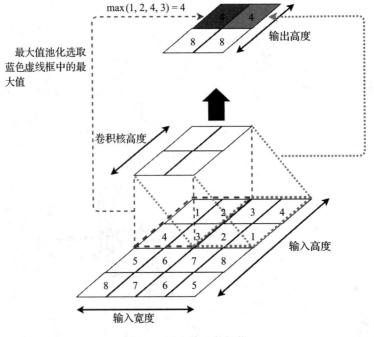

图 2.8　最大值池化操作

（5）优化神经网络

　　在定义了神经网络的损失之后，我们的目标是尽量减少这种损失，优化就是用于此的过程。换句话说，优化器的目标是找到对于所有输入均给出最小损失的神经网络参数（即权重和偏差值）。同样，TensorFlow 提供了几种不同的优化器，因此，我们不必从头开始实现它们。

　　图 2.9 展示一个简单的优化问题，以及优化是如何随时间进行的。曲线可以想象为损失

曲线（对于高维，则是损失曲面），其中 x 可以被认为是神经网络的参数（在这里，是具有单个权重的神经网络），而 y 可以被认为是损失。起点设为 x = 2，从这一点开始，我们使用优化器来达到在 x = 0 时获得的最小值 y（即损失）。更具体地说，我们在给定点的与梯度相反的方向上移动一些小步长，并以这种方式继续走几个步长。然而，在实际问题中，损失曲面不会像图中那样好，它会更复杂：

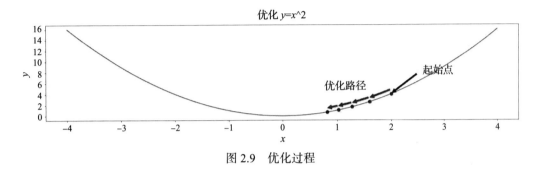

图 2.9    优化过程

在此示例中，我们使用 GradientDescentOptimizer。learning_rate 参数表示在最小化损失方向上的步长（两个点之间的距离）：

```
# Optimizers play the role of tuning neural network parameters so that
# their task error is minimal
# For example task error can be the cross_entropy error
# for a classification task
tf_x = tf.Variable(tf.constant(2.0,dtype=tf.float32),name='x')
tf_y = tf_x**2
minimize_op = tf.train.GradientDescentOptimizer(learning_rate=0.1).
minimize(tf_y)
```

每次使用 session.run（minimize_op）执行最小化损失运算时，都会接近给出最小值 tf_y 的 tf_x 值。

（6）控制流操作

控制流操作，顾名思义，控制图中元素执行的顺序。例如，假设我们需要按顺序执行以下计算：

x = x+5

z = x*2

确切地说，如果 x = 2，我们应该得到 z = 14。让我们首先尝试以最简单的方式实现这一点：

```
session = tf.InteractiveSession()

x = tf.Variable(tf.constant(2.0), name='x')
x_assign_op = tf.assign(x, x+5)
z = x*2
```

```
tf.global_variables_initializer().run()
print('z=',session.run(z))
print('x=',session.run(x))
session.close()
```

理想情况下，我们希望 $x = 7$ 和 $z = 14$，但是，TensorFlow 产生 $x = 2$ 和 $z = 4$。这不是你期待的答案。这是因为除非你明确指定，否则 TensorFlow 不关心事物的执行顺序。控制流操作就是使你能控制执行顺序的操作。要修复上述代码，我们执行以下操作：

```
session = tf.InteractiveSession()

x = tf.Variable(tf.constant(2.0), name='x')
with tf.control_dependencies([tf.assign(x, x+5)]):
  z = x*2

tf.global_variables_initializer().run()
print('z=',session.run(z))
print('x=',session.run(x))
session.close()
```

现在，结果应该是 x = 7 和 z = 14。tf.control_dependencies（…）操作确保在执行嵌套操作之前将执行作为参数传递给它的运算。

## 2.3　使用作用域重用变量

到目前为止，我们已经了解了 TensorFlow 的体系结构，以及实现基本 TensorFlow 客户端所需的基本知识。然而，TensorFlow 还有更多内容。正如我们已经看到的，TensorFlow 的行为与典型的 Python 脚本完全不同。例如，你无法实时调试 TensorFlow 代码（但可以用 Python IDE 执行简单的 Python 脚本），因为在 TensorFlow 中计算不会实时发生（除非你使用的是 Eager 执行方法，它最近出现在 TensorFlow1.7 中：https://research.googleblog.com/2017/10/eager-execution-imperative-define-by.html）。换句话说，TensorFlow 首先定义完整的计算图，再在设备上执行所有计算，最后得到结果。因此，调试 TensorFlow 客户端可能会非常烦琐和痛苦，这强化了在实现 TensorFlow 客户端时注意细节的重要性。因此，建议遵循为 TensorFlow 引入的正确编码规范。一种这样的规范被称为"作用域"，并允许更容易的变量重用。

重用 TensorFlow 变量是 TensorFlow 客户端中经常出现的情况。要理解答案的价值，我们必须首先理解这个问题。此外，错误的代码可以帮助我们更好理解这个问题。

假设我们想要一个执行某种计算的函数：给定 w，需要计算 $x * w + y ** 2$。让我们编写一个 TensorFlow 客户端，它具有执行此操作的函数：

```
import tensorflow as tf
session = tf.InteractiveSession()
```

```
def very_simple_computation(w):
    x = tf.Variable(tf.constant(5.0, shape=None, dtype=tf.float32),
    name='x')
    y = tf.Variable(tf.constant(2.0, shape=None, dtype=tf.float32),
    name='y')
    z = x*w + y**2
    return z
```

假设你想要在某一步计算它，然后，你可以调用 session.run(very_simple_computation(2))（当然，在调用 tf.global_variables_initializer().run() 之后），之后你会得到结果，并对编写实际有效的代码感觉良好。但是，情况可能相反，因为多次运行此函数会出现问题。每次调用此方法时，都会创建两个 TensorFlow 变量。还记得我们讨论过 TensorFlow 与 Python 不同吗？这就是一个这样的例子。多次调用此方法时，图中的 $x$ 和 $y$ 变量不会被替换。相反，将保留旧变量，并在图中创建新变量，直到内存不足为止。但是，结果是正确的。要查看此操作，请在 for 循环中运行 session.run(very_simple_computation(2))，如果打印图中变量的名称，将看到两个以上变量。

这是运行 10 次时的输出：

```
'x:0', 'y:0', 'x_1:0', 'y_1:0', 'x_2:0', 'y_2:0', 'x_3:0', 'y_3:0',
'x_4:0', 'y_4:0', 'x_5:0', 'y_5:0', 'x_6:0', 'y_6:0', 'x_7:0',
'y_7:0', 'x_8:0', 'y_8:0', 'x_9:0', 'y_9:0', 'x_10:0', 'y_10:0'
```

每次运行该函数时，都会创建一对变量。让我们明确一点：如果你运行这个函数 100 次，你的图中将有 198 个过时变量（99 个 $x$ 变量和 99 个 $y$ 变量）。

这是作用域可以解决的问题。作用域允许你重用变量，而不是每次调用函数时都创建一个变量。现在为我们的小例子添加可重用性，我们将代码更改为以下内容：

```
def not_so_simple_computation(w):
    x = tf.get_variable('x', initializer=tf.constant (5.0, shape=None,
                        dtype=tf.float32))
    y = tf.get_variable('y', initializer=tf.constant(2.0, shape=None,
                        dtype=tf.float32))
    z = x*w + y**2
    return z

def another_not_so_simple_computation(w):
    x = tf.get_variable('x', initializer=tf.constant(5.0, shape=None,
                        dtype=tf.float32))
    y = tf.get_variable('y', initializer=tf.constant(2.0, shape=None,
                        dtype=tf.float32))
    z = w*x*y
    return z

# Since this is the first call, the variables will
# be created with following names
# x => scopeA/x, y => scopeA/y
with tf.variable_scope('scopeA'):
```

```
  z1 = not_so_simple_computation(tf.constant(1.0,dtype=tf.float32))
# scopeA/x and scopeA/y alread created we reuse them
with tf.variable_scope('scopeA',reuse=True):
  z2 = another_not_so_simple_computation(z1)

# Since this is the first call, the variables will be created with
# be created with
# following names x => scopeB/x, y => scopeB/y
with tf.variable_scope('scopeB'):
  a1 = not_so_simple_computation(tf.constant(1.0,dtype=tf.float32))
# scopeB/x and scopeB/y alread created we reuse them
with tf.variable_scope('scopeB',reuse=True):
  a2 = another_not_so_simple_computation(a1)

# Say we want to reuse the "scopeA" again, since variables are already
# created we should set "reuse" argument to True when invoking the
scope
with tf.variable_scope('scopeA',reuse=True):
  zz1 = not_so_simple_computation(tf.constant(1.0,dtype=tf.float32))
  zz2 = another_not_so_simple_computation(z1)
```

在这个例子中，如果执行 session.run（[z1，z2，a1，a2，zz1，zz2]），应该看到 z1、z2、a1、a2、zz1、zz2 的值依次为 9.0、90.0、9.0、90.0、9.0、90.0。现在，如果打印变量，你应该只看到四个不同的变量：scopeA/x，scopeA/y，scopeB/x 和 scopeB/y。我们现在可以在循环中多次运行它，而不必担心创建冗余变量和内存不足。

现在，你可能想知道为什么不能在代码的开头创建四个全局变量，并在之后的方法中使用它们。因为这会破坏代码的封装，这样一来，代码将明确依赖于该代码块之外的内容。

总之，作用域允许可重用性，同时保留代码的封装性。此外，作用域使代码更直观，并减少出错的可能性，因为我们可以通过域和名称显式获取变量，而不是使用被 TensorFlow 变量赋值的 Python 变量。

## 2.4 实现我们的第一个神经网络

在了解了 TensorFlow 的架构、基础知识和作用域机制之后，我们现在应该实现比较复杂的东西：一个神经网络。准确地说，我们将实现一个我们在第 1 章自然语言处理简介中讨论过的全连接的神经网络模型。

神经网络能被引入的原因之一是能够用它对数字进行分类。对于此任务，我们使用 http://yann.lecun.com/exdb/mnist/ 上提供的著名的 MNIST 数据集。你可能对我们使用计算机视觉任务而不是 NLP 任务感到有点疑惑，这是因为视觉任务可以通过较少的预处理来实现，并且易于理解。

由于这是我们第一次接触神经网络，我们将详细介绍示例的主要部分。但请注意，我只会介绍练习中的关键部分。要从头到尾运行示例，可以在 ch2 文件夹中的 tensorflow_ introduction.ipynb 文件内找到完整练习。

## 2.4.1　准备数据

首先，我们需要使用 maybe_download（…）函数下载数据集，并使用 read_mnist（…）函数对其进行预处理。这两个函数在练习文件中定义。read_mnist（…）函数主要执行两个步骤：

- 读取数据集的字节流，并将其转变为适当的 numpy.ndarray 对象
- 将图像标准化为均值为 0 和方差为 1（也称为白化）

以下代码显示 read_mnist（…）函数。read_mnist（…）函数将包含图像文件的文件名和包含标签文件的文件名作为输入，然后生成两个包含所有图像及其相应标签的 NumPy 矩阵：

```
def read_mnist(fname_img, fname_lbl):
  print('\nReading files %s and %s'%(fname_img, fname_lbl))

  with gzip.open(fname_img) as fimg:
    magic, num, rows, cols = struct.unpack(">IIII", fimg.read(16))
    print(num,rows,cols)
    img = (np.frombuffer(fimg.read(num*rows*cols), dtype=np.uint8).
           reshape(num, rows * cols)).astype(np.float32)
    print('(Images) Returned a tensor of shape ',img.shape)
    # Standardizing the images
    img = (img - np.mean(img))/np.std(img)

  with gzip.open(fname_lbl) as flbl:
    # flbl.read(8) reads upto 8 bytes
    magic, num = struct.unpack(">II", flbl.read(8))
    lbl = np.frombuffer(flbl.read(num), dtype=np.int8)
  print('(Labels) Returned a tensor of shape: %s'%lbl.shape)
  print('Sample labels: ',lbl[:10])

  return img, lbl
```

## 2.4.2　定义 TensorFLow 图

要定义 TensorFlow 图，我们首先要为输入图像（tf_inputs）和相应的标签（tf_labels）定义占位符：

```
# Defining inputs and outputs
tf_inputs = tf.placeholder(shape=[batch_size, input_size], dtype=tf.
float32, name = 'inputs')
tf_labels = tf.placeholder(shape=[batch_size, num_labels], dtype=tf.
float32, name = 'labels')
```

接下来，我们将编写一个 Python 函数，它将首次创建变量。

请注意，我们使用作用域来确保可重用性，并确保正确命名变量：

```
# Defining the TensorFlow variables
def define_net_parameters():
  with tf.variable_scope('layer1'):
    tf.get_variable(WEIGHTS_STRING,shape=[input_size,500],
    initializer=tf.random_normal_initializer(0,0.02))
    tf.get_variable(BIAS_STRING, shape=[500],
    initializer=tf.random_uniform_initializer(0,0.01))

  with tf.variable_scope('layer2'):
    tf.get_variable(WEIGHTS_STRING,shape=[500,250],
    initializer=tf.random_normal_initializer(0,0.02))
    tf.get_variable(BIAS_STRING, shape=[250],
    initializer=tf.random_uniform_initializer(0,0.01))

  with tf.variable_scope('output'):
    tf.get_variable(WEIGHTS_STRING,shape=[250,10], initializer=tf.
    random_normal_initializer(0,0.02))
    tf.get_variable(BIAS_STRING, shape=[10], initializer=tf.random_
    uniform_initializer(0,0.01))
```

接下来，我们定义神经网络的推理过程。与使用没有作用域的变量相比，请注意作用域是如何为函数中的代码提供非常直观的流程的。这个网络有三层：

- 具有 ReLU 激活的全连接层（第一层）
- 具有 ReLU 激活的全连接层（第二层）
- 完全连接的 softmax 层（输出）

借助于作用域，我们将每个层的变量（权重和偏差）命名为 layer1/weights、layer1/bias、layer2/weights、layer2/bias、output/weights 和 output/bias。注意，在代码中，它们都具有相同的名称，但作用域不同：

```
# Defining calcutations in the neural network
# starting from inputs to logits
# logits are the values before applying softmax to the final output

def inference(x):
  # calculations for layer 1
  with tf.variable_scope('layer1',reuse=True):
    w,b = tf.get_variable(WEIGHTS_STRING),
                          tf.get_variable(BIAS_STRING)
    tf_h1 = tf.nn.relu(tf.matmul(x,w) + b, name = 'hidden1')

  # calculations for layer 2
  with tf.variable_scope('layer2',reuse=True):
    w,b = tf.get_variable(WEIGHTS_STRING),
                          tf.get_variable(BIAS_STRING)
    tf_h2 = tf.nn.relu(tf.matmul(tf_h1,w) + b, name = 'hidden1')

  # calculations for output layer
  with tf.variable_scope('output',reuse=True):
    w,b = tf.get_variable(WEIGHTS_STRING),
```

```
                        tf.get_variable(BIAS_STRING)
    tf_logits = tf.nn.bias_add(tf.matmul(tf_h2,w), b, name = 'logits')

    return tf_logits
```

现在，我们定义一个损失函数，然后定义最小化损失运算。最小化损失运算通过将网络参数推向最小化损失的方向来最小化损失。TensorFlow 中提供了多种优化器，在这里，我们将使用 MomentumOptimizer，它比 GradientDescentOptimizer 有更好的准确率和收敛性：

```
# defining the loss
tf_loss = tf.reduce_mean(tf.nn.softmax_cross_entropy_with_logits_
v2(logits=inference(tf_inputs), labels=tf_labels))
# defining the optimize function
tf_loss_minimize = tf.train.MomentumOptimizer(momentum=0.9,learning_
rate=0.01).minimize(tf_loss)
```

最后，我们定义一个运算来获得给定的一批输入的 softmax 预测概率，它可以用于计算神经网络的准确率：

```
# defining predictions
tf_predictions = tf.nn.softmax(inference(tf_inputs))
```

## 2.4.3 运行神经网络

现在，我们有了运行神经网络所需的所有必要操作，下面我们检查它是否能够成功学习对数字的分类：

```
for epoch in range(NUM_EPOCHS):
  train_loss = []

  # Training Phase
  for step in range(train_inputs.shape[0]//batch_size):
    # Creating one-hot encoded labels with labels
    # One-hot encoding digit 3 for 10-class MNIST dataset
    # will result in
    # [0,0,0,1,0,0,0,0,0,0]
    labels_one_hot = np.zeros((batch_size, num_labels),
                              dtype=np.float32)
    labels_one_hot[np.arange(batch_size),train_labels[
    step*batch_size:(step+1)*batch_size]] = 1.0


    # Running the optimization process
    loss, _ = session.run([tf_loss,tf_loss_minimize],feed_dict={
    tf_inputs: train_inputs[step*batch_size: (step+1)*batch_size,:],
    tf_labels: labels_one_hot})
    train_loss.append(loss)
# Used to average the loss for a single epoch

  test_accuracy = []
```

```
# Testing Phase
for step in range(test_inputs.shape[0]//batch_size):
    test_predictions = session.run(tf_predictions,feed_dict={tf_
inputs: test_inputs[step*batch_size: (step+1)*batch_size,:]})
    batch_test_accuracy = accuracy(test_predictions,test_
labels[step*batch_size: (step+1)*batch_size])
    test_accuracy.append(batch_test_accuracy)

print('Average train loss for the %d epoch: %.3f\n'%(epoch+1,np.
mean(train_loss)))
print('\tAverage test accuracy for the %d epoch:
%.2f\n'%(epoch+1,np.mean(test_accuracy)*100.0))
```

在此代码中，accuracy(test_predictions, test_labels) 是一个函数，它接受预测的结果和标签作为输入，并提供准确率（与实际标签匹配的预测数量），它在练习文件中定义。

如果运行成功，你应该能够看到类似于图 2.10 中所示的结果。50 个迭代周期后，测试准确率应达到约 98%：

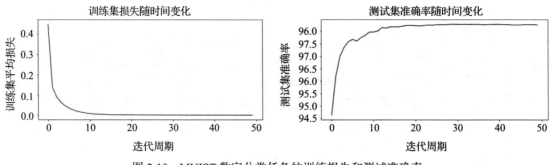

图 2.10　MNIST 数字分类任务的训练损失和测试准确率

## 2.5　总结

在本章中，你通过了解我们实现算法的主要的底层平台（TensorFlow），迈出了解决 NLP 任务的第一步。首先，我们讨论了 TensorFlow 架构的基本细节。接下来，我们讨论了一个有意义 TensorFlow 客户端的基本要素。然后我们讨论了 TensorFlow 中广泛使用的一般编码规范，称为作用域。后来，我们将所有这些元素组合在一起，实现了一个对 MNIST 数据集进行分类的神经网络。

具体来说，我们讨论了 TensorFlow 架构，并使用 TensorFlow 客户端示例进行说明。在 TensorFlow 客户端中，我们定义了 TensorFlow 图。然后，我们创建一个会话，它会查看这个图，创建一个表示图的 GraphDef 对象，并将其发送给分布式主服务器。分布式主服务器查看图，确定用于计算的相关组件，并将其划分为多个子图以使计算速度更快。最后，worker 执行子图并通过会话返回结果。

接下来，我们讨论了构成一个典型 TensorFlow 客户端的各种元素：输入、变量、输出和操作。输入是我们提供给算法的数据，用于训练和测试。我们讨论了三种不同的输入方式：使用占位符，将数据预加载并存储为 TensorFlow 张量，以及使用输入管道。然后我们讨论了 TensorFlow 变量，它们与其他张量如何区别，以及如何创建和初始化它们。在此之后，我们讨论了如何使用变量来创建中间及最终输出。最后，我们讨论了几个可用的 TensorFlow 操作，例如数学运算、矩阵运算、神经网络相关运算和控制流运算，这些运算将在本书后面使用。

然后，我们讨论了在实现 TensorFlow 客户端时如何使用作用域来避免某些陷阱。作用域使我们可以轻松使用变量，同时保持代码的封装性。

最后，我们使用所有之前学过的概念实现了一个神经网络，我们使用三层神经网络对 MNIST 数字数据集进行分类。

在下一章中，将介绍如何使用我们在本章中实现的全连接神经网络来学习单词的语义数值表示。

第 $3$ 章

# Word2vec——学习词嵌入

在本章中，我们将讨论 NLP 中一个至关重要的主题——Word2vec，这是一种学习词嵌入或单词的分布式数字特征表示（即向量）的技术。学习单词表示是许多 NLP 任务的基础，因为许多 NLP 任务依赖于能够保留其语义及其在语言中的上下文的单词的良好特征表示。例如，单词"forest"的特征表示应该与"oven"非常不同，因为这些单词在类似的上下文中很少使用，而"forest"和"jungle"的表示应该非常相似。

---

 提示    Word2vec 被称为分布式表示，因为单词的语义由表征向量的全部元素的激活状态表示，而不是由表征向量的单个元素表示（例如，对于一个单词，将向量中的单个元素设置为 1，其余设为 0）。

---

我们将从解决这一问题的经典方法开始，到在寻找良好的单词表示方面能提供先进性能的基于现代神经网络的方法，逐步介绍词嵌入方法。我们在如图 3.1 所示的 2D 画布上可视化（使用 t-SNE，一种用于高维数据的可视化技术）从一组单词学习到的单词嵌入。如果仔细观察，你会看到相似的单词互相之间距离较近（例如，中间集群的数字）。

---

提示    **t 分布式随机邻域嵌入（t-SNE）**

这是一种降维技术，它可将高维数据投影到二维空间。这使我们能够想象高维数据在空间中的分布情况，它非常有用，因为我们无法轻易地在三维之外进行可视化，你将在下一章中更详细地了解 t-SNE。

---

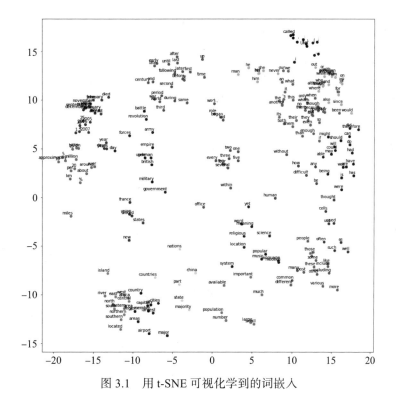

图 3.1 用 t-SNE 可视化学到的词嵌入

## 3.1 单词的表示或含义是什么

"含义"本身是什么意思？这更像是一个哲学问题，而不是技术问题。因此，我们不会试图找出这个问题的最恰当答案，而是接受一个折中的答案，即意义是一个单词所表达的想法或某种表示。由于 NLP 的主要目标是在语言任务中达到和人类一样的表现，因此为机器寻找表示单词的原则性方法是有用的。为了实现这一目标，我们使用可以分析给定文本语料库并给出单词的良好数字表示（即词嵌入）的算法，它可以使属于类似上下文的单词（例如，one 和 two，I和 we）与不相关的单词（例如，cat 和 volcano）相比有更相似的数字表示。

首先，我们将讨论实现这一目标的一些经典方法，然后继续介绍目前采用的更复杂的方法，后者使用神经网络来学习这些特征表示，并具有最好的性能。

## 3.2 学习单词表示的经典方法

在本节中，我们将讨论用数字表示单词的一些经典方法。这些方法主要可以分为两类：使用外部资源表示单词的方法和不使用外部资源的方法。首先，我们将讨论 WordNet：一种基于外部资源表示单词的最流行的方法。然后，我们会讨论更多的本地化方法（即不依赖外部资源的方法），例如，单热编码和词频率 - 逆文档频率（TF-IDF）。

## 3.2.1　WordNet——使用外部词汇知识库来学习单词表示

WordNet 是处理单词表示的最流行的经典方法或统计 NLP 方法之一。它依赖于外部词汇知识库，该知识库对给定单词的定义、同义词、祖先、派生词等信息进行编码。WordNet 允许用户推断给定单词的各种信息，比如前一句中讨论的单词的各种信息和两个单词之间的相似性。

### 3.2.1.1　回顾 WordNet

如前所述，WordNet 是一个词汇数据库，用于对单词之间的词性标签关系（包括名词、动词、形容词和副词）进行编码。WordNet 由美国普林斯顿大学心理学系首创，目前由普林斯顿大学计算机科学系负责。WordNet 考虑单词之间的同义性来评估单词之间的关系。用于英语的 WordNet 目前拥有超过 150 000 个单词和超过 100 000 个同义词组（即 synsets）。此外，WordNet 不仅限于英语。自成立以来，已经建立了许多不同的 WordNet，在 http://globalwordnet.org/wordnets-in-the-world/ 上可以查看。

为了理解如何用 WordNet，需要对 WordNet 中使用的术语有坚实的基础。首先，WordNet 使用术语 synset 来表示一群或一组同义词。接下来，每个 synset 都有一个 definition，用于解释 synset 表示的内容。synset 中包含的同义词称为 lemmas。

在 WordNet 中，单词表示是分层建模的，它在给定的 synset 与另一个 synset 之间进行关联形成一个复杂的图。有两种不同类别的关联方式：is-a 关系或 is-made-of 关系。首先，我们将讨论 is-a 关系。

对于给定的 synset，存在两类关系：上位词和下位词。synset 的上位词是所考虑的 synset 的一般（更高一层）含义的同义词。例如，vehicle 是同义词 car 的上位词。接下来，下位词是比相应的同义词组更具体的同义词。例如，Toyota car 是同义词 car 的下位词。

现在让我们讨论一个 synset 的 is-made-of 关系。一个 synset 的整体词是可以表示所考虑的这个 synset 的全部实体的 synset。例如，tires 的整体词是 cars。部分词是 is-made-of 类别的关系，是整体词的反义词，部分词是组成相应 synset 的一部分或子部分，我们可以在图 3.2 中看到它们。

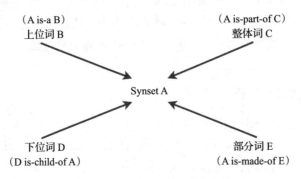

图 3.2　一个 synset 的不同关联

NLTK 库是一个 Python 自然语言处理库，我们可以用它理解 WordNet 及其机制。完整示例可在 ch3 文件夹中的 ch3_wordnet.ipynb 文件中找到。

---

🎯提示 **安装 NLTK 库**

可以用以下 python pip 命令安装 NLTK 库：

**pip install nltk**

或者，可以使用 IDE（例如 **PyCharm**）通过图形用户界面（GUI）安装库。可以在 http://www.nltk.org/install.html 找到更详细的说明。

要将 NLTK 导入 Python 并下载 WordNet 语料库，请首先导入 nltk 库：

import nltk

然后可以运行以下命令下载 WorldNet 语料：

nltk.download('wordnet')

---

安装并导入 nltk 库后，我们需要使用以下命令导入 WordNet 语料库：

from nltk.corpus import wordnet as wn

然后我们按照以下方式查询 WordNet：

```
# retrieves all the available synsets
word = 'car'
car_syns = wn.synsets(word)

# The definition of each synset of car synsets
syns_defs = [car_syns[i].definition() for i in range(len(car_syns))]

# Get the lemmas for the first Synset
car_lemmas = car_syns[0].lemmas()[:3]

# Let's get hypernyms for a Synset (general superclass)
syn = car_syns[0]
print('\t',syn.hypernyms()[0].name(),'\n')

# Let's get hyponyms for a Synset (specific subclass)
syn = car_syns[0]
print('\t',[hypo.name() for hypo in syn.hyponyms()[:3]],'\n')

# Let's get part-holonyms for the third "car"
# Synset (specific subclass)
syn = car_syns[2]
print('\t',[holo.name() for holo in syn.part_holonyms()],'\n')

# Let's get meronyms for a Synset (specific subclass)
```

```
syn = car_syns[0]
print('\t',[mero.name() for mero in syn.part_meronyms()[:3]],'\n')
```

在运行这个示例之后，结果如下：

```
All the available Synsets for car
[Synset('car.n.01'), Synset('car.n.02'), Synset('car.n.03'),
Synset('car.n.04'), Synset('cable_car.n.01')]

Example definitions of available synsets:
car.n.01 :  a motor vehicle with four wheels; usually propelled by an
internal combustion engine
car.n.02 :  a wheeled vehicle adapted to the rails of railroad
car.n.03 :  the compartment that is suspended from an airship and that
carries personnel and the cargo and the power plant

Example lemmas for the Synset  car.n.03
['car', 'auto', 'automobile']

Hypernyms of the Synset  car.n.01
motor_vehicle.n.01
Hyponyms of the Synset  car.n.01
['ambulance.n.01', 'beach_wagon.n.01', 'bus.n.04']

Holonyms (Part) of the Synset  car.n.03
['airship.n.01']

Meronyms (Part) of the Synset  car.n.01
['accelerator.n.01', 'air_bag.n.01', 'auto_accessory.n.01']
```

我们还可以通过以下方式获得两个同义词之间的相似性。在 NLTK 中实现了几种不同的相似性度量，你可以在官方网站（www.nltk.org/howto/wordnet.html）上看到它们的实际应用。在这里，我们使用 Wu-Palmer 相似性，它根据两个 synset 在同义词的层次结构中的深度来测量它们之间的相似性：

```
sim = wn.wup_similarity(w1_syns[0], w2_syns[0])
```

### 3.2.1.2　WordNet 的问题

虽然 WordNet 是一个令人惊叹的资源，任何人都可以在 NLP 任务中用它学习单词的含义，但使用 WordNet 有很多不足之处。

如下所示：

- 缺少细微差别是 WordNet 中的一个关键问题。WordNet 在理论上和实际应用中都有不可行的原因。从理论的角度来看，对两个实体之间微妙差异的定义进行建模并不恰当或直接。实际上，定义细微差别是主观的。例如，单词 want 和 need 具有相似的含义，但其中一个（need）更具有主张性，这被认为是一种细微差别。
- 接下来，WordNet 本身就是主观的，因为 WordNet 是由一个相对较小的社区设计的。因此，取决于你要解决的问题，WordNet 可能是合适的，或者你可以通过更宽松的单词定义来提高性能。

- 维护 WordNet 也存在问题，这是非常需要人力的。维护和添加新的 synsets、defini-tions、lemmas 等可能非常昂贵。这会对 WordNet 的可扩展性产生负面影响，因为人力对更新 WordNet 至关重要。
- 为其他语言开发 WordNet 成本可能很高。有一些人努力为其他语言构建 WordNet 并将其与英语 WordNet 链接为 MultiWordNet（MWN），但它们尚未完成。

接下来，我们将讨论几种不依赖外部资源的单词表示技术。

## 3.2.2　独热编码表示方式

表示单词的更简单方法是使用独热编码表示。这意味着，如果我们有一个 $V$ 大小的词汇表，对于第 $i$ 个词 $w_i$，我们将用一个 $V$ 长度的向量 [0, 0, 0, …, 0, 1, 0, …, 0, 0] 来表示单词 $w_i$，其中第 $i$ 个元素为 1，其他元素为零。举个例子，考虑一下这句话：*Bob and Mary are good friends*。其每个单词的独热表示如下所示：

*Bob: [1,0,0,0,0,0]*

*and: [0,1,0,0,0,0]*

*Mary: [0,0,1,0,0,0]*

*are: [0,0,0,1,0,0]*

*good: [0,0,0,0,1,0]*

*friends: [0,0,0,0,0,1]*

但是，正如你可能已经想到的那样，这种表示有许多缺点。该表示并没有用任何方式对单词之间的相似性编码，并且完全忽略了单词的上下文。让我们考虑单词向量之间的点积作为相似性度量方法，两个矢量越相似，这两个矢量的点积越高。例如，单词 car 和 cars 的单词表示的相似距离是 0，而 car 和 pencil 也有相同的值。

对于大型词汇表，此方法变得非常没有效果。此外，对于典型的 NLP 任务，词汇量很容易超过 50 000 个单词。因此，50 000 单词的单词表示矩阵将导致非常稀疏的 50 000 × 50 000 矩阵。

然而，即使在最先进的词嵌入学习算法中，独热编码也起着重要作用。我们使用独热编码将单词表示为数字向量，并将其送入神经网络，以便神经网络可以学习单词的更好和更短的数字特征表示。

 单热编码也称为局部表示（与分布式表示相反），因为特征表示由向量中的单个元素的激活情况决定。

## 3.2.3　TF-IDF 方法

TF-IDF 是一种基于频率的方法，它考虑了单词在语料库中出现的频率。这是一种表示给定文档中特定单词的重要性的单词表示。直观地说，单词的频率越高，该单词在文档中就越重要。例如，在关于猫的文档中，单词 cats 会出现更多次。然而，仅仅计算频率是行不通的，因为像 this 和 is 这样的词是非常频繁的，但是它们并没有携带很多信息。TF-IDF 将此考虑在内，并把这些常用单词的值置为零。

同样，TF 代表词频率，IDF 代表逆文档频率：

$$TF(w_i) = number\ of\ times\ w_i\ appear\ /\ total\ number\ of\ words$$

$$IDF(w_i) = log(total\ number\ of\ documents\ /\ number\ of\ documents\ with\ w_i\ in\ it)$$

$$TF\text{-}IDF(w_i) = TF(w_i)\ x\ IDF(w_i)$$

下面做个快速练习，考虑两个文件：

- 文件 1：*This is about cats. Cats are great companions.*
- 文件 2：*This is about dogs. Dogs are very loyal.*

现在让我们来处理一些数字：

*TF-IDF (cats, doc1) = (2/8) * log(2/1) = 0.075*

*TF-IDF (this, doc2) = (1/8) * log(2/2) = 0.0*

因此，cat 这个词具有丰富的信息，而 this 这个词不是，这是我们在衡量单词重要性方面所期望的行为。

### 3.2.4 共现矩阵

与独热编码表示不同，共现矩阵对单词的上下文信息进行编码，但是需要维持 $V \times V$ 矩阵。为了理解共现矩阵，请看两个例句：

- *Jerry and Mary are friends.*
- *Jerry buys flowers for Mary.*

共现矩阵看起来像下面的矩阵，我们只显示矩阵的上三角，因为矩阵是对称的如表 3.1 所示：

表 3.1　共现矩阵示列

| | Jerry | and | Mary | are | friends | buys | flowers | for |
|---|---|---|---|---|---|---|---|---|
| **Jerry** | 0 | 1 | 0 | 0 | 0 | 1 | 0 | 0 |
| **and** | | 0 | 1 | 0 | 0 | 0 | 0 | 0 |
| **Mary** | | | 0 | 1 | 0 | 0 | 0 | 1 |
| **are** | | | | 0 | 1 | 0 | 0 | 0 |
| **friends** | | | | | 0 | 0 | 0 | 0 |
| **buys** | | | | | | 0 | 1 | 0 |
| **flowers** | | | | | | | 0 | 1 |
| **for** | | | | | | | | 0 |

然而，不难看出，因为矩阵的大小随着词汇量的大小而多项式地增长，维持这样的共

现矩阵是有代价的。此外，上下文窗口扩展到大小大于 1 并不简单。一种选择是引入加权计数，其中，上下文中的单词的权重随着与中心单词的距离而衰减。

所有这些缺点促使我们研究更有原则、更健壮和更可扩展的推断单词含义的学习方法。

Word2vec 是最近推出的分布式单词表示学习技术，目前被用作许多 NLP 任务的特征工程技术（例如，机器翻译、聊天机器人和图像标题生成）。从本质上讲，Word2vec 通过查看所使用的单词的周围单词（即上下文）来学习单词表示。更具体地说，我们试图通过神经网络根据给定的一些单词来预测上下文单词（反之亦然），这使得神经网络被迫学习良好的词嵌入。我们将在下一节中详细讨论这种方法。Word2vec 方法与先前描述的方法相比具有如下许多优点：

- Word2vec 方法并不像基于 WordNet 的方法那样对于人类语言知识具有主观性。
- 与独热编码表示或单词共现矩阵不同，Word2vec 表示向量大小与词汇量大小无关。
- Word2vec 是一种分布式表示。与表示向量取决于单个元素的激活状态的（例如，独热编码）局部表示不同，分布式表示取决于向量中所有元素的激活状态。这为 Word2vec 提供了比独热编码表示更强的表达能力。

在下一节中，我们将首先通过一个示例来建立对学习词嵌入的直观感受。然后，我们将定义一个损失函数，以便我们可以使用机器学习方法来学习词嵌入。此外，我们将讨论两种 Word2vec 算法，即 skip-gram 和连续词袋（CBOW）算法。

## 3.3　Word2vec——基于神经网络学习单词表示

*"You shall know a word by the company it keeps."*

——*J.R. Firth*

由 J.R.Firth 于 1957 年发表的这一陈述是 Word2vec 的基础，因为 Word2vec 利用给定单词的上下文来学习它的语义。Word2vec 是一种开创性的方法，可以在没有任何人为干预的情况下学习单词的含义。此外，Word2vec 通过查看给定单词周围的单词来学习单词的数字表示。

我们可以想象一个真实世界的场景来测试上述说法的正确性。比如，你正在参加考试，你在第一个问题中找到了这句话：" Mary is a very stubborn child. Her pervicacious nature always gets her in trouble."。现在，除非你非常聪明，否则你可能不知道 *pervicacious* 是什么意思。在这种情况下，你会自动查看在感兴趣的单词周围的短语。在我们的例子中，*pervicacious* 的周围是 *stubborn*、*nature*、和 *trouble*，这三个词就足以说明，*pervicacious* 事实上是指顽固状态。我认为这足以证明语境对于认识一个词的含义的重要性。

现在，让我们讨论 Word2vec 的基础知识。如前所述，Word2vec 通过查看单词上下文并以数字方式表示它，来学习给定单词的含义。所谓"上下文"，指的是在感兴趣的单词的前面和后面的固定数量的单词。假设我们有一个包含 N 个单词的语料库,在数学上,这可以由以 w₀, w₁, …, wᵢ 和 wₙ 表示的一系列单词表示,其中 wᵢ 是语料库中的第 i 个单词。

接下来,如果我们想找到一个能够学习单词含义的好算法,那么,在给定一个单词之后,我们的算法应该能够正确地预测上下文单词。这意味着对于任何给定的单词 wᵢ,以下概率应该较高:

$$P(w_{i-m},...,w_{i-1},w_{i+1},...,w_{i+m}\,|\,w_i)=\prod_{j\neq i\wedge j=i-m}^{i+m} P(w_j\,|\,w_i)$$

为了得到等式右边,我们需要假设给定目标单词(wᵢ)的上下文单词彼此独立(例如,$w_{i-2}$ 和 $w_{i-1}$ 是独立的)。虽然不完全正确,但这种近似使得学习问题切合实际,并且在实际中效果良好。

### 3.3.1　练习:queen = king – he + she 吗

在继续之前,让我们做一个小练习,来了解如何最大化前面提到的概率以找到单词的好的含义(即表示)。考虑以下非常小的语料库:

*There was a very rich king. He had a beautiful queen. She was very kind.*

现在让我们手动做一些预处理并删除标点符号和无信息的单词:

*was rich king he had beautiful queen she was kind*

现在,让我们用其上下文单词为每个单词形成一组元组,其格式为:目标单词→上下文单词 1,上下文单词 2。我们假设两边的上下文窗口大小为 1:

*was → rich*

**rich → was, king**

**king → rich, he**

*he → king, had*

*had → he, beautiful*

*beautiful → had, queen*

**queen → beautiful, she**

**she → queen, was**

*was → she, kind*

*kind → was*

请记住,我们的目标是给出左侧的单词能够预测右侧的单词。要做到这一点,对于给定的单词,右侧上下文中的单词应该与左侧上下文中的单词在数值或几何上具有很高的相似性。换句话说,感兴趣的单词应该可以用周围的词来表达。现在,让我们假定实际的数值向量来理解它是如何工作的。为简单起见,我们只考虑以粗体突出显示的元组。让我们首先假设 rich 这个词有以下数值：

*rich → [0,0]*

为了能够正确地从 rich 中预测 was 和 king，was 和 king 应该与 rich 这个词有很高的相似性。我们假定向量之间的欧几里德距离作为相似性结果。

让我们为单词 king 和 rich 尝试以下值：

*king → [0,1]*

*was → [-1,0]*

得到的结果不错：

*Dist(rich,king) = 1.0*

*Dist(rich,was) = 1.0*

这里，Dist 指的是两个词之间的欧几里德距离，如图 3.3 所示。

现在让我们考虑以下元组：

*king → rich, he*

我们已经建立了 king 与 rich 之间的关系。但是，它还没有完成，我们认为两个词之间的关系越紧密，这两个词就越接近。那么，让我们首先调整 king 的向量，使它更接近 rich：

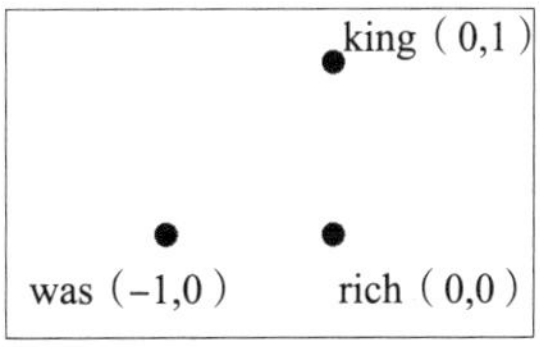

*king → [0,0.8]*

接下来，我们需要在图片中添加单词 he，he 应该更接近 king 这个词，下面是我们现在关于 he 这个单词的所有信息：

*he → [0.5,0.8]*

现在，包含这些单词的图与图 3.4 类似。

现在，让我们继续处理下面两个元组：*queen → beautiful, she* 和 *she→queen, was*。请注意，我已经交换了元组的顺序，因为这使我们更容易理解该示例：

*she → queen, was*

现在，我们将不得不使用我们先前的英语知识。一个合理的决定是，将单词 she 放在与单词 he 同 was 在距离上同样远的地方，因为它们在单词 was 的上下文中的用法是等价的。

因此，让我们用这个：

*she → [0.5,0.6]*

接下来，我们用 queen 接近单词 she：

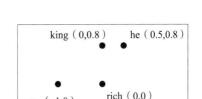

图 3.3　单词 rich、was 和 king 的词向量位置

图 3.4　单词 rich、was、king 和 he 的词向量位置

queen → *[0.0,0.6]*

如图 3.5 所示。

接下来，我们只有如下元组：

queen → *beautiful, she*

在这里，找到了 *beautiful* 这个词。它与 queen 和 she 应该有大致相同的距离。我们使用以下表示：

beautiful → *[0.25,0]*

现在，我们用图表描述单词之间的关系。当我们观察图 3.6 时，词语含义似乎非常直观。

现在，让我们来看看自本练习开始以来潜伏在我们脑海中的问题。这个等式中的数量是等价的吗：queen = king – he + she？好吧，我们现在已经拥有了解决这个谜团所需的所有资源。

让我们先计算方程式的右侧：

= *king – he + she*

= *[0,0.8] – [0.5,0.8] + [0.5,0.6]*

= *[0,0.6]*

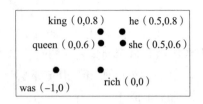

图 3.5　单词 rich、was、king、he、she 和 queen 的词向量位置

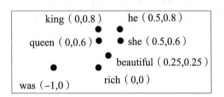

图 3.6　单词 rich、was、king、he、she、queen 和 beautiful 的词向量位置

最后的确是有用的。如果你看一下我们为单词 queen 设置的词向量，就会发现这与我们之前推断出的答案完全一致。请注意，这是一个粗略的工作，目的是说明如何学习词嵌入，如果使用算法进行学习，则一词嵌入的确切位置可能不同。

但请记住，对于现实世界的语料库来说，这是一个不切实际的缩小规模之后的练习。因此，仅仅通过处理十几个数字是无法手工计算出这些词向量的值的。这是复杂的函数逼近方法，如神经网络为我们做的那样。但是，要使用神经网络，我们需要以数学语言的方式来表达我们的问题。

### 3.3.2　为学习词嵌入定义损失函数

即使是简单的现实世界任务，其词汇量也很容易超过 10 000 个单词。因此，我们不能手动为大型文本语料库开发词向量，而需要设计一种方法来使用一些机器学习算法（例如，神经网络）自动找到好的词嵌入，以便有效地执行这项繁重的任务。此外，要在任何类型的任务中使用任何类型的机器学习算法，需要定义损失，这样，完成任务就转化为让损失最小化。让我们为找到好的嵌入向量定义损失。

首先，让我们回想一下在本节开头讨论过的等式：

$$P(w_{i-m},\ldots,w_{i-1},w_{i+1},\ldots,w_{i+m} \mid w_i) = \prod_{j \neq i \wedge j = i-m}^{i+m} P(w_j \mid w_i)$$

有了这个等式之后，我们为神经网络定义成本函数：

$$J(\theta) = -(1/N - 2m) \sum_{i=m+1}^{N-m} \prod_{j\neq i \wedge j=i-m}^{i+m} P(w_j \mid w_i)$$

记住，$J(\theta)$ 是损失（即成本），而不是奖励。另外，我们想要使 $P(w_j \mid w_i)$ 最大化。因此，我们需要在表达式前面加一个减号将其转换为损失函数。

现在，让我们将其转换对数空间，而不是使用点积运算符。将等式转换为对数空间会带来一致性和数值稳定性：

$$J(\theta) = -(1/N - 2m) \sum_{i=m+1}^{N-m} \sum_{j\neq i \wedge j=i-m}^{i+m} logP(w_j \mid w_i)$$

这种形式的成本函数称为"负对数似然"。现在，因为有一个精心设计的成本函数，我们可以用神经网络来优化这个成本函数。这样做会迫使词向量或词嵌入根据单词含义很好地组织起来。现在，是时候介绍能用这个成本函数找到好的词嵌入的现有算法了。

# 3.4 skip-gram 算法

我们将讨论的第一个算法称为 skip-gram 算法，它由 Mikolov 和其他人在 2013 年提出，该算法是一种利用文本单词上下文来学习好的词嵌入的算法。让我们一步一步地了解 skip-gram 算法。

首先，我们将讨论数据准备过程，然后介绍理解算法所需的表示法。最后，我们将讨论算法本身。

正如我们在许多地方所讨论的那样，单词的含义可以从围绕该单词的上下文单词中得到。但是，建立一个利用这种性质来学习单词含义的模型并不是很容易。

## 3.4.1 从原始文本到结构化的数据

首先，我们需要设计一种方法来提取可以送入学习模型的数据集，这样的数据集应该是格式为（输入，输出）这样的一组元组。而且，这需要以无监督的方式创建。也就是说，人们不应该手动设置数据的标签。总之，数据准备过程应该执行以下操作：

- 获取给定单词的周围单词
- 以无监督的方式执行

skip-gram 模型使用以下方法来构建这样的数据集：

1. 对于给定的单词 $w_i$，假设上下文窗口大小为 $m$。上下文窗口大小，指的是单侧被视为上下文的单词数。因此，对于 $w_i$，上下文窗口（包括目标词 $w_i$）的大小为 $2m + 1$，如下所示：$[w_{i-m}, \cdots, w_{i-1}, w_i, w_{i+1}, \cdots, w_{i+m}]$。

2. 接下来，输入输出元组的格式为 $[\cdots, (w_i, w_{i-m}), \cdots, (w_i, w_{i-1}), (w_i, w_{i+1}), \cdots, (w_i, w_{i+m}), \cdots]$；这里，$m + 1 \leq i \leq N - m$，$N$ 是文本中用于获得实际含义的单词数。让我们假设以下

句子和上下文窗口大小 $m$ 为 1：

*The dog barked at the mailman.*

对于此示例，数据集将如下所示：

*[(dog, The), (dog, barked), (barked, dog), (barked, at), …, (the, at), (the, mailman)]*

## 3.4.2　使用神经网络学习词嵌入

一旦数据是（输入，输出）格式，我们就可以使用神经网络来学习词嵌入。首先，让我们确定学习词嵌入所需的变量。为了存储词嵌入，我们需要一个 $V \times D$ 矩阵，其中 $V$ 是词汇量大小，$D$ 是词嵌入的维度（即向量中表示单个单词的元素数量）。$D$ 是用户定义的超参数，$D$ 越大，学习到的词嵌入表达力越强。该矩阵将被称为嵌入空间或嵌入层。

接下来，我们有一个 softmax 层，其权重大小为 $D \times V$，偏置大小为 $V$.

每个词将被表示为大小为 $V$ 的独热编码向量，其中一个元素为 1，所有其他元素为 0。因此，输入单词和相应的输出单词各自的大小为 $V$。让我们把第 $i$ 个输入记为 $x_i$，$x_i$ 的对应嵌入为 $z_i$，对应的输出为 $y_i$。

此时，我们定义了所需的变量。接下来，对于每个输入 $x_i$，我们将从对应于输入的嵌入层中查找嵌入向量。该操作向我们提供 $z_i$，它是大小为 $D$ 的向量（即长度为 $D$ 的嵌入向量）。然后，我们做以下转换以计算 $x_i$ 的预测输出：

$$logit(x_i) = z_i W + b$$
$$\hat{y}_i = softmax(logit(x_i))$$

这里，$logit(x_i)$ 表示非标准化分数（即 logits），$\hat{y}_i$ 是 $V$ 大小的预测输出（表示输出是 $V$ 大小的词汇表的单词的概率），$W$ 是 $D \times V$ 权重矩阵，$b$ 是 $V \times 1$ 偏置矢量，softmax 是 softmax 激活。我们将可视化 skip-gram 模型的概念（图 3.7）和实现（图 3.8）图。以下是符号的总结：

- $V$：这是词汇量的大小
- $D$：这是嵌入层的维度
- $x_i$：这是第 $i$ 个输入单词，表示为独热编码向量
- $z_i$：这是与第 $i$ 个输入单词对应的嵌入（即表示）向量
- $y_i$：这是与 $x_i$ 对应的输出单词的独热编码向量
- $\hat{y}_i$：这是 $x_i$ 的预测输出
- $logit(x_i)$：这是输入 $x_i$ 的非标准化得分
- $Ⅱ_{w_j}$：这是单词 $w_j$ 的独热编码表示
- $W$：这是 softmax 权重矩阵
- $b$：这是 softmax 的偏置

通过使用现有单词和计算得到的实体，我们现在可以使用负对数似然损失函数来计算给定数据点 $(x_i, y_i)$ 的损失。如果你想知道 $P(w_j | w_i)$ 是什么，它可以从已定义的实体派生出来。接下来，让我们讨论如何从 $\hat{y}_i$ 计算 $P(w_j | w_i)$ 并得到一个正式的定义。

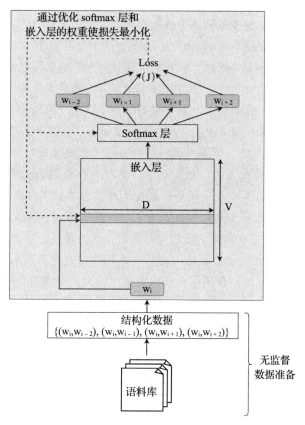

图 3.7 skip-gram 模型的概念图

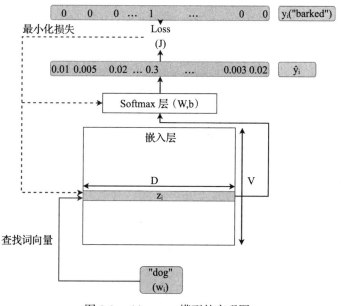

图 3.8 skip-gram 模型的实现图

**提示** **为什么原始的词嵌入论文使用两个嵌入层？**

原始论文（由 Mikolov 和其他人于 2013 年发表）使用两个不同的 $V \times D$ 嵌入空间来表示目标空间中的单词（用作目标时的单词）和上下文空间中的单词（用作上下文的单词）。这样做的一个动机是，同一个单词通常不会出现在自身的上下文中。因此，我们希望尽可能减少此类事件发生的可能性。例如，对于目标单词 dog，在其上下文中不太可能找到单词 dog（P（dog | dog）~0）。直觉上，如果我们将（$x_i = $ dog 和 $y_i = $ dog）数据点提供给神经网络，如果神经网络将 dog 预测为 dog 的上下文单词，我们就要求神经网络给出更高的损失。换句话说，我们要求单词 dog 的词嵌入与单词 dog 的词嵌入距离非常远。这会产生一个强烈的矛盾，因为相同词嵌入之间的距离将为 0。因此，如果我们只有一个嵌入空间，我们就无法实现这一点。但是，为目标词和上下文词提供两个单独的嵌入空间就允许我们拥有此属性，因为这样一来同一个单词就有两个单独的嵌入向量。但是，实际上，只要你避免在输入输出元组中输入和输出是同一个词，便就可以使用单个嵌入空间，并且无须使用两个不同的嵌入层。

### 3.4.2.1 制定实际的损失函数

让我们更仔细地查看我们的损失函数。我们得出的损失应该如下所示：

$$J(\theta) = -(1/N - 2m) \sum_{i=m+1}^{N-m} \sum_{j \neq i \wedge j=i-m}^{i+m} logP(w_j | w_i)$$

但是，根据我们目前掌握的信息，计算这一特定损失并不是很容易。

首先，让我们理解 P（$w_j$ | $w_i$）代表什么。为此，我们将从单个单词表示法转为单个数据点表示法。也就是说，我们会说 P（$w_j$ | $w_i$）由第 $n$ 个数据点给出，其中 $w_i$ 的独热编码向量作为输入（$x_n$），$w_j$ 的独热编码表示作为真实输出（$y_n$）。这由以下等式给出：

$$P(w_j | w_i) = \frac{exp(logit(x_n)_{w_j})}{\sum_{w_k \in vocabulary} exp(logit(x_n)_{w_k})}$$

logit（$x_n$）项表示给定输入 $x_n$ 获得的非标准化预测得分（即 logit）向量（$V$ 大小），而 logit（$x_n$）$_{w_j}$ 是 $w_j$ 的独热编码表示中非零的索引所对应的得分值（从现在开始我们称之为 $w_j$ 的索引）。然后，我们将 $w_j$ 索引处的 logit 值相对于整个词汇表中所有单词所对应的所有 logit 值进行标准化。这种特定类型的归一化称为 softmax 激活（或归一化）。现在，通过将其转换为对数空间，我们得到以下等式：

$$J(\theta) = -(1/N - 2m) \sum_{i=m+1}^{N-m} \sum_{j \neq i}^{i+m} logit(x_n)_{w_j} - log\left( \sum_{w_k \in vocabulary} exp(logit(x_n)_{w_k}) \right)$$

为了有效地计算 logit 函数，我们可以调整变量，得出以下表示法：

$$logit(x_n)_{w_j} = \sum_{l=1}^{V} \mathbb{I}_{w_j} logit(x_n)$$

　　这里，$\mathbb{I}_{w_j}$ 是 $w_j$ 的独热编码向量。现在，*logit* 操作缩减为对乘积求和。由于对应于单词 $w_j$，$\mathbb{I}_{w_j}$ 仅有一个非零元素，因此在计算中将仅使用向量的该索引。这比通过扫描词汇量大小的向量找到对应于非零元素的索引的 logit 向量中的值更有计算效率。

　　现在，通过将我们获得的计算赋给 logit，对于损失函数，我们得到以下结果：

$$J(\theta) = -(1/N - 2m) \sum_{i=m+1}^{N-m} \sum_{j\neq i}^{i+m} \sum_{l=1}^{V} \mathbb{I}_{w_j} logit(x_n) - log\left( \sum_{w_k \in vocabulary} exp\left( \sum_{l=1}^{V} \mathbb{I}_{w_k} logit(x_n) \right) \right)$$

　　让我们考虑一个例子来理解这个计算：

*I like NLP*

　　我们可以如下创建输入输出元组：

*(like, I)*

*(like, NLP)*

　　现在，我们为上面的单词假定以下独热编码表示：

*like – 1,0,0*

*I – 0,1,0*

*NLP – 0,0,1*

　　接下来，让我们考虑输入输出元组（*like*，*I*）。当我们通过 skip-gram 学习模型传播输入 like 时，让我们假设我们按该顺序获得了 *Like*、*I* 和 *NLP* 这些的单词的以下 logit：

2,10,5

　　现在，词汇表中每个单词的 softmax 输出如下所示：

*P(like | like) = exp(2)/(exp(2)+exp(10)+exp(5)) = 0.118*

*P(I | like) = exp(10)/ (exp(2)+exp(10)+exp(5)) = 0.588*

*P(NLP | like) = exp(5)/ (exp(2)+exp(10)+exp(5)) = 0.294*

　　上面的损失函数表明我们需要最大化 $P(I \mid like)$ 以使损失最小化。现在让我们将这个例子应用于这个损失函数：

*=- ( [0,1,0] \* ([2, 10, 5]) - log(exp([1,0,0]\*[2, 10, 5]) + exp([0,1,0]\*[2, 10, 5]) + exp([0,0,1]\*[2, 10, 5])))*

*=- (10 - log(exp(2)+exp(10)+exp(5))) = 0.007*

　　有了这个损失函数，对于减号之前的项，*y* 向量中只有一个非零元素对应于单词 *I*，因此，我们只考虑概率 $P(I \mid like)$，这就是我们要的。

　　但是，这不是我们想要的理想解决方案。从实际角度来看，该损失函数的目标是，使预测给定单词的上下文单词的概率最大化，同时使预测给出单词的"所有"非上下文单词的概率最小化。我们很快就会发现，有一个良好定义的损失函数并不能在实践中有效地解决我们的问题，我们需要设计一个更聪明的近似损失函数，来在可行的时间内学习良好的词嵌入。

### 3.4.2.2 有效的近似损失函数

我们很幸运有一个在数学上和感觉上都很正确的损失函数，但是，困难并没有就此结束。如果我们像前面讨论的那样尝试以封闭形式计算损失函数，我们将不可避免地面对算法执行得非常缓慢的问题，这种缓慢是由于词汇量大而导致的性能瓶颈。我们来看看我们的损失函数：

$$J(\theta) = -(1/N - 2m)\sum_{i=m+1}^{N-m}\sum_{j \neq i\ j=i-m}^{i+m}logit(x_n)_{w_j} - log\left(\sum_{w_k \in vocabulary}exp(logit(x_n)_{w_k})\right)$$

你会看到计算单个示例的损失需要计算词汇表中所有单词的 logit。与通过数百个输出类别就足以解决大多数现有的真实问题的计算机视觉问题不同，skip-gram 并不具备这些特性。因此，我们需要在不失去模型效果的前提下寻找有效的损失近似方案。

我们将讨论两种主流的近似选择：

- 负采样
- 分层 softmax

（1）对 softmax 层进行负采样

在这里，我们将讨论第一种方法：对 softmax 层进行负采样。负采样是对噪声对比估计（NCE）方法的近似。NCE 要求，一个好的模型应该通过逻辑回归来区分数据和噪声。

考虑到这个属性，让我们重新设计学习词嵌入的目标。我们不需要完全概率模型，该模型对给定单词给出词汇表中所有单词的确切概率。我们需要的是高质量的词向量。因此，我们可以简化我们的问题，将其变为区分实际数据（即输入输出对）与噪声（即 K 个虚拟噪声输入输出对）。噪声指的是使用不属于给定单词的上下文的单词所创建的错误输入输出对。我们还将摆脱 softmax 激活，并将其替换为 sigmoid 激活（也称为逻辑函数）。这使得我们能够在使输出保持在 [0,1] 之间的同时，消除损失函数对完整词汇表的依赖。我们可以可视化图 3.9 中的负采样过程。

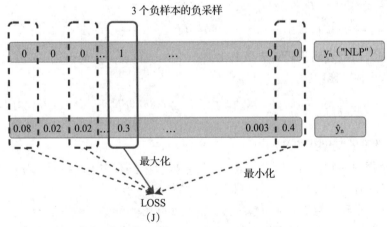

这里，实线框表示正确的数据样本，虚线框表示负样本（即噪声）

图 3.9　负采样处理

确切地说，我们的原始损失函数由以下等式给出：

$$J(\theta) = -(1/N - 2m) \sum_{i=m+1}^{N-m} \sum_{j \neq i, j=i-m}^{i+m} log\left(exp(logit(x_n)_{w_j})\right) - log\left(\sum_{w_k \in vocabulary} exp(logit(x_n)_{w_k})\right)$$

之前的等式变为：

$$J(\theta) = -(1/N - 2m) \sum_{i=m+1}^{N-m} \sum_{j \neq i, j=i-m}^{i+m} log\left(\sigma(logit(x_n)_{w_j})\right) + \sum_{q=1}^{k} \mathbb{E}_{w_q \sim vocabulary - (w_i, w_j)} log\left(1 - \sigma(logit(x_n)_{w_q})\right)$$

这里，$\sigma$ 表示 sigmoid 激活，其中 $\sigma(x) = 1/(1 + exp(-x))$。请注意，为了清楚起见，我在原始损失函数中用 $log(exp(logit(x_n)w_j))$ 替换了 $logit(x_n)w_j$。你可以看到新的损失函数仅取决于与词汇表中的 $k$ 项相关的计算。

经过一些简化后，我们得出以下等式：

$$J(\theta) = -(1/N - 2m) \sum_{i=m+1}^{N-m} \sum_{j \neq i, j=i-m}^{i+m} log\left(\sigma(logit(x_n)_{w_j})\right) + \sum_{q=1}^{k} \mathbb{E}_{w_q \sim vocabulary - (w_i, w_j)} log\left(\sigma(-logit(x_n)_{w_q})\right)$$

我们花一点时间来理解这个等式所说的内容。为简化起见，我们假设 $k = 1$，这样得到以下等式：

$$J(\theta) = -(1/N - 2m) \sum_{i=m+1}^{N-m} \sum_{j \neq i, j=i-m}^{i+m} log\left(\sigma(logit(x_n)_{w_j})\right) + log\left(\sigma(-logit(x_n)_{w_q})\right)$$

这里，$w_j$ 表示 $w_i$ 的上下文单词，$w_q$ 表示其非上下文单词。这个等式基本上说的是，为了使 $J(\theta)$ 最小化，我们应该使 $\sigma(logit(x_n)w_i) \approx 1$，这意味着 $logit(x_n)w_j$ 需要是一个大的正值。然后，$\sigma(-logit(x_n)w_q) \approx 1$ 意味着 $logit(x_n)w_q$ 需要是一个大的负值。换句话说，对于表示真实目标单词和上下文单词的真实数据点应该获得大的正值，而表示目标单词和噪声的伪数据点应该获得大的负值。这与使用 softmax 函数获得的效果相同，但具有更高的计算效率。

这里 $\sigma$ 表示 sigmoid 激活函数。直观地看，在计算损失的时候，我们做了如下 2 步：

- 计算 $w_j$ 的非零列的损失（推向正值）
- 计算 $K$ 个噪声样本的损失（拉向负值）

（2）分层 softmax

分层 softmax 比负采样略复杂，但与负采样的目标相同，也就是说，近似 softmax 而不必计算所有训练样本的词汇表中所有单词的激活状态。但是，与负采样不同，分层 softmax 仅使用实际数据，并且不需要噪声采样。图 3.10 是可视化的分层 softmax 模型。

要了解分层 softmax，让我们考虑一个例子：

*I like NLP. Deep learning is amazing.*

其词汇表如下：

*I, like, NLP, Deep, learning, is, amazing*

使用这个词汇表，我们构建一个二叉树，其中，词汇表中所有单词都以叶节点的形式出现。我们还将添加一个特殊的标记 PAD，以确保所有叶节点都有两个成员。

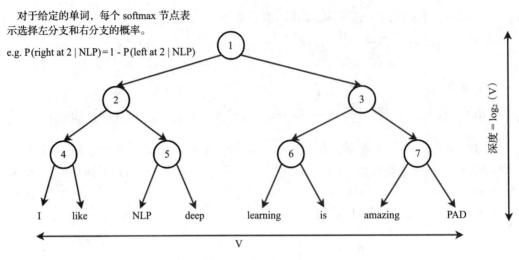

对于给定的单词，每个 softmax 节点表示选择左分支和右分支的概率。

e.g. P(right at 2 | NLP)=1 - P(left at 2 | NLP)

图 3.10    分层 softmax

然后，最后一个隐藏层将完全连接到分层结构中的所有节点（参见图 3.11）。注意，与经典的 softmax 层相比，该模型具有相似的总权重，但是，对于给定的计算，它仅使用其中一部分。

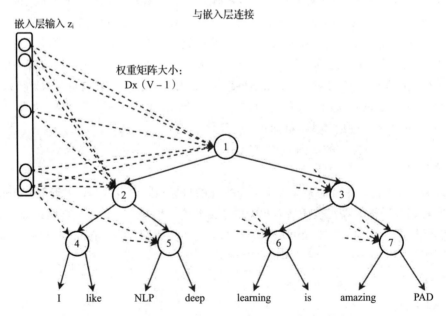

图 3.11    分层 softmax 是如何连接到嵌入层的

假设我们需要推断 $P(NLP \mid like)$ 的概率，其中 *like* 是输入词，那么我们只需要权重的子集即可计算概率，如图 3.12 所示。

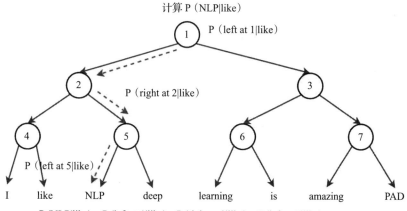

$$P(NLP|like) = P(left\ at\ 1|like) \times P(right\ at\ 2|like) \times P(left\ at\ 5|like)$$

图 3.12　用分层 softmax 计算概率

具体地，以下是概率计算的过程。

$$(NLP\,|\,like) = P(left\,at\,1\,|\,like)\,x\,P(right\,at\,2\,|\,like)\,x\,P(left\,at\,5\,|\,like)$$

现在我们知道如何计算 $P(w_j\,|\,w_i)$，我们可以使用原始的损失函数。

注意，该方法仅使用连接到路径中的节点的权重进行计算，从而提高了计算效率。

（3）学习分层结构

虽然分层 softmax 是有效的，但一个重要的问题仍然没有答案。

我们如何确定树的分支？更准确地说，哪个词会跟随哪个分支？有几种方法可以实现这一目标：

- 随机初始化层次结构：此方法确实存在一些性能下降，因为随机分配无法保证在单词之间是最佳分支。
- 使用 WordNet 确定层次结构：WordNet 可用于确定树中单词的合适顺序，该方法明显比随机初始化有更好的性能。

（4）优化学习模型

由于我们有了一个精心设计的损失函数，因此优化就是从 TensorFlow 库调用正确函数。要使用的优化过程是随机优化过程，这意味着我们不会一次输入完整数据集，而只是在许多步中随机提供批量数据。

## 3.4.3　使用 TensorFlow 实现 skip-gram

我们现在将介绍使用 TensorFlow 实现 skip-gram 算法。在这里，我们仅讨论学习嵌入所需的 TensorFlow 操作的定义，而不是执行操作。完整练习可在 ch3 练习目录的 ch3_word2vec.ipynb 中找到。

首先，让我们定义模型的超参数。你可以自由更改这些超参数，以查看它们如何影响最终性能（例如，batch_size = 16 或 batch_size = 256）。但是，相比于更复杂的实际问题，这是一个简单的问题，你可能看不到任何显著差异（除非你将它们更改为极端值，例如，batch_size = 1 或 num_sampled = 1）：

```
batch_size = 128
embedding_size = 128 # Dimension of the embedding vector.
window_size = 4 # How many words to consider left and right.
valid_size = 16 # Random set of words to evaluate similarity on.
# Only pick dev samples in the head of the distribution.
valid_window = 100
valid_examples = get_common_and_rare_word_ids(valid_size//2,valid_size//2)
num_sampled = 32 # Number of negative examples to sample.
```

接着，为训练集输入、标签和验证集输入定义 TensorFlow 占位符：

```
train_dataset = tf.placeholder(tf.int32, shape=[batch_size])
train_labels = tf.placeholder(tf.int32, shape=[batch_size, 1])
valid_dataset = tf.constant(valid_examples, dtype=tf.int32)
```

然后，定义 TensorFlow 嵌入层的变量以及 softmax 层的权重和偏置：

```
embeddings = tf.Variable(
  tf.random_uniform([vocabulary_size, embedding_size], -1.0, 1.0))
softmax_weights = tf.Variable(
  tf.truncated_normal([vocabulary_size, embedding_size],
stddev=0.5 / math.sqrt(embedding_size)))
softmax_biases =
  tf.Variable(tf.random_uniform([vocabulary_size],0.0,0.01))
```

接下来，我们将定义一个嵌入查找操作，用于对给定批次的训练输入收集相应的嵌入：

```
embed = tf.nn.embedding_lookup(embeddings, train_dataset)
```

之后，使用负采样定义 softmax 损失：

```
loss = tf.reduce_mean(
  tf.nn.sampled_softmax_loss(weights=softmax_weights,
  biases=softmax_biases, inputs=embed,
  labels=train_labels, num_sampled=num_sampled,
  num_classes=vocabulary_size))
```

在这里，我们定义一个优化器来优化（最小化）前面定义的损失函数。你可以尝试使用 https://www.tensorflow.org/api_guides/python/train 中列出的其他优化器进行试验：

```
optimizer = tf.train.AdagradOptimizer(1.0).minimize(loss)
```

使用余弦距离，计算验证集输入示例和所有嵌入之间的相似性：

```
norm = tf.sqrt(tf.reduce_sum(tf.square(embeddings), 1, keepdims=True))
normalized_embeddings = embeddings / norm
valid_embeddings = tf.nn.embedding_lookup(
  normalized_embeddings, valid_dataset)
similarity = tf.matmul(valid_embeddings,
  tf.transpose(normalized_embeddings))
```

在定义了所有 TensorFlow 变量和操作后，我们现在可以执行操作以获得一些结果。这里我们将概述执行这些操作的基本过程，你可以参考练习文件来得到执行操作的完整概念。

- 首先使用 tf.global_variables_initializer().run() 初始化 TensorFlow 变量
- 对于预先定义的总步骤数中的每个步骤，请执行以下操作：
  - 使用数据生成器生成一批数据（batch_data - 输入，batch_labels- 输出）
  - 创建一个名为 feed_dict 的字典，将训练输入 / 输出占位符映射到数据生成器生成的数据：

    ```
    feed_dict = {train_dataset : batch_data, train_labels :
    batch_labels}
    ```

  - 执行优化步骤并得到损失值，如下所示：

    ```
    _, l = session.run([optimizer, loss], feed_dict=feed_dict)
    ```

下面将讨论另一种主流的 Word2vec 算法，称为连续词袋（CBOW）模型。

## 3.5　连续词袋算法

CBOW 模型的原理类似于 skip-gram 算法，但是在对问题建模的公式中有一个重大变化。在 skip-gram 模型中，我们从目标单词预测上下文单词。但是，在 CBOW 模型中，我们将从上下文单词预测目标单词。让我们通过前面的例句来比较 skipgram 和 CBOW 的数：

*The dog barked at the mailman.*

对于 skip-gram，数据元组（即（输入词，输出词））可能如下所示：

(*dog, the*), (*dog, barked*), (*barked, dog*)，等等。

对于 CBOW，数据元组如下所示：

(*[the, barked], dog*), (*[dog, at], barked*)，等等。

因此，CBOW 的输入具有 $2 \times m \times D$ 的维度，其中 $m$ 是上下文窗口大小，$D$ 是嵌入的维度。CBOW 的概念模型如图 3.13 所示。

我们不会详细介绍 CBOW 的细节，因为它与 skip-gram 非常相似。但是，我们会讨论其算法实现（虽然不深入，因为它与 skip-gram 有许多相似之处），以便清楚地了解如何正确实现 CBOW。CBOW 的完整实现可以在 ch3 练习文件夹的 ch3_word2vec.ipynb 中找到。

### 在 TensorFlow 中实现 CBOW

首先，我们定义变量，这与 skip-gram 模型一样：

```
embeddings = tf.Variable(tf.random_uniform([vocabulary_size,
  embedding_size], -1.0, 1.0, dtype=tf.float32))
softmax_weights = tf.Variable(
  tf.truncated_normal([vocabulary_size, embedding_size],
```

```
    stddev=1.0 / math.sqrt(embedding_size),
    dtype=tf.float32))
softmax_biases =
    tf.Variable(tf.zeros([vocabulary_size],dtype=tf.float32))
```

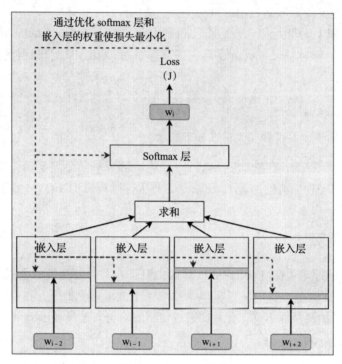

图 3.13　CBOW 模型

在这里，我们创建了一组堆叠的嵌入，代表每个上下文单词的位置，所以，我们将有一个大小为 [batch_size, embeddings_size, 2 * context_window_size] 的矩阵。然后，我们使用降维运算符，通过平均最后一个轴上的堆叠嵌入，将堆叠矩阵大小减小到 [batch_size, embeddings_size]:

```
stacked_embedings = None
for i in range(2*window_size):
  embedding_i = tf.nn.embedding_lookup(embeddings,
  train_dataset[:,i])
  x_size,y_size = embedding_i.get_shape().as_list()
  if stacked_embeddings is None:
    stacked_embeddings = tf.reshape(embedding_i,[x_size,y_size,1])
  else:
    stacked_embedings =
    tf.concat(axis=2,
      values=[stacked_embeddings,
      tf.reshape(embedding_i,[x_size,y_size,1])]
    )

assert stacked_embeddings.get_shape().as_list()[2]==2*window_size
mean_embeddings = tf.reduce_mean(stacked_embeddings,2,keepdims=False)
```

之后，损失和优化的定义与在 skip-gram 模型中一样：

```
loss = tf.reduce_mean(
    tf.nn.sampled_softmax_loss(weights=softmax_weights,
        biases=softmax_biases,
        inputs=mean_embeddings,
        labels=train_labels,
        num_sampled=num_sampled,
        num_classes=vocabulary_size))
optimizer = tf.train.AdagradOptimizer(1.0).minimize(loss)
```

## 3.6　总结

词嵌入已成为许多 NLP 任务不可或缺的一部分，并广泛用于机器翻译、聊天机器人、图像标题生成和语言建模等任务。词嵌入不仅可以作为降维技术（与独热编码相比），而且与其他现有技术相比，它们还提供了更丰富的特征表示。在本章中，我们讨论了两种主流的基于神经网络的学习单词表示的方法，即 skip-gram 模型和 CBOW 模型。

首先，我们讨论了经典方法，了解过去如何学习单词表示，例如使用 WordNet、构建单词的共现矩阵以及计算 TF-IDF。后来，我们讨论了这些方法的局限性。

这促使我们探索基于神经网络的单词表示学习方法。首先，我们手动设计了一个例子来理解如何计算词嵌入或词向量，然后用一个词向量的例子来了解可以用词向量完成的有趣事情。

接下来，我们讨论了第一个词嵌入学习算法：skip-gram 模型。之后，我们学习了如何准备用于学习的数据。后来，我们研究了如何设计一个可以让我们根据给定单词的上下文单词来获得词嵌入的损失函数。之后，我们讨论了我们所设计的封闭形式损失函数的一个关键的限制。对于大型词汇表，损失函数无法扩展。后来，我们分析了两种主流的近似损失，它们使我们能够有效地计算损失：负采样和分层 softmax。最后，我们讨论了如何使用 TensorFlow 实现 skip-gram 算法。

然后，我们介绍了学习单词嵌入的下一个选择：CBOW 模型。我们还讨论了 CBOW 与 skip-gram 模型的不同之处。最后，我们讨论了 CBOW 的 TensorFlow 实现。

在下一章中，我们将分析我们学习过的 Word2vec 技术的性能，并学习几个可显著提高其性能的扩展方法。此外，我们将学习另一个词嵌入学习技术，称为 Global Vectors 或 GloVe。

第 $4$ 章

# 高级 Word2vec

在第 3 章中，我们介绍了 Word2vec、学习词嵌入的基础知识以及两种常见的 Word2vec 算法（skip-gram 和 CBOW）。在本章中，我们将讨论与 Word2vec 相关的几个主题，重点介绍这两种算法和扩展。

首先，我们将探讨原始的 skip-gram 算法是如何实现的，以及它与其更现代的变体词嵌入相比较有什么不同。我们将研究 skip-gram 和 CBOW 之间的差异，并观察两种方法随时间的损失变化。我们还将基于我们的观察和现有文献讨论哪种方法更好。

我们还会讨论现有 Word2vec 方法的几个提高性能的扩展。这些扩展包括使用更有效的采样技术来采样负样本进行负采样，以及忽略学习过程中的无信息词汇等。你还将学习一种名为 Global Vectors（GloVe）的新嵌入式学习技术，以及 GloVe 对 skip-gram 和 CBOW 的特有优势。

最后，你将学习如何使用 Word2vec 解决实际问题：文档分类。通过用一个简单的技巧从词嵌入获取文档嵌入，我们可以完成这个任务。

## 4.1 原始 skip-gram 算法

本书到目前为止讨论的 skip-gram 算法实际上是对 Mikolov 等人在 2013 年发表的原始论文中提出的原始 skip-gram 算法的改进。在那篇论文中，算法没有使用中间隐藏层来学习词的表示。相比之下，原始算法使用了两个不同的嵌入或投影层（图 4.1 中的输入和输出嵌入），并定义了一个从嵌入本身产生的成本函数：

原始的负采样损失定义如下：

$$J(\theta) = -\left(\frac{1}{N-2m}\right)\sum_{i=m+1}^{N-m}\sum_{j \neq i \wedge j=i-m}^{i+m} log\left(\sigma({v'_{w_j}}^T v_{w_i})\right) + kE_{w_q \sim P_n(w)}\left[log\sigma(-{v'_{w_q}}^T v_{w_i})\right]$$

这里，$v$ 是输入嵌入层，$v'$ 是输出词嵌入层，$v_{w_i}$ 是输入嵌入层中单词 $w_i$ 的嵌入向量，$v'_{w_i}$ 是输出嵌入层中单词 $w_i$ 的词向量。$P_n(w)$ 是噪声分布，我们从中采样噪声样本（例如，采样的方式可以像从词汇表 $\{w_i, w_j\}$ 中均匀采样一样简单，正如我们在第 3 章中看到的那样）。

最后，$E$ 表示从 k- 负样本获得的损失的期望值（平均值）。可以看到，除了词嵌入本身之外，这个等式中没有权重和偏置。

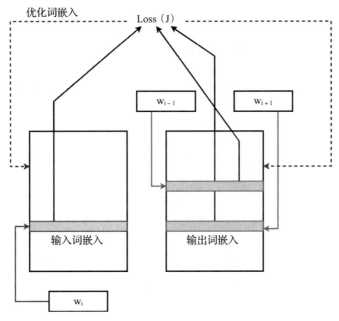

图 4.1　没有隐藏层的原始 skip-gram 算法

## 4.1.1　实现原始 skip-gram 算法

实现原始的 skip-gram 算法并不像我们已经实现的版本那么简单，这是因为损失函数需要使用 TensorFlow 函数手工设计，因为没有像其他算法那样的内置函数来计算损失。

首先，让我们为以下内容定义占位符：

- **输入数据**：这是一个包含大小为 [batch_size] 的一批目标词的占位符
- **输出数据**：这是一个包含一批目标词对应的上下文单词的占位符，大小为 [batch_size, 1]。

```
train_dataset = tf.placeholder(tf.int32, shape=[batch_size])
train_labels = tf.placeholder(tf.int64, shape=[batch_size, 1])
```

有了输入和输出的占位符，我们可以用 TensorFlow 内置的 candidate_sampler 对负样本进行采样，代码如下所示：

```
negative_samples, _, _ = tf.nn.log_uniform_candidate_sampler(
                            train_labels, num_true=1,
                            num_sampled=num_sampled,
                            unique=True,
                            range_max=vocabulary_size)
```

在这里，我们均匀地对负样本进行采样，对不同的词没有任何特殊偏好。train_labels

代表真实的样本，这样 TensorFlow 可以避免将它们生成为负样本。然后我们有 num_true，它表示给定数据点的正样本（即 1）数量。接下来是我们想要的一批数据的负样本数（num_sampled）。unique 定义负样本是否应该是唯一的。最后，range 定义一个单词具有的最大 ID，以便采样函数不会产生任何无效的单词 ID。

我们没有使用 softmax 权重和偏置。然后，我们引入两个嵌入层，一个用于输入数据，另一个用于输出数据。

需要两个嵌入层是因为（如第 3 章中所讨论的那样），如果我们只有一个嵌入层，那么成本函数将不起作用。

让我们为输入数据、输出数据和负样本进行词向量映射：

```
in_embed = tf.nn.embedding_lookup(in_embeddings, train_dataset)
out_embed = tf.nn.embedding_lookup(out_embeddings, tf.reshape(
                                        train_labels,[-1]))
negative_embed = tf.nn.embedding_lookup(out_embeddings,
                                            negative_samples)
```

接下来，我们将定义损失函数，它是代码中最重要的部分。这段代码实现了我们之前讨论过的损失函数。但是，正如我们在损失函数 J（θ）中定义的那样，我们不会一次计算文档中所有单词的损失。这是因为文档可能太大，以至于不能完全读入内存中。因此，我们在单个时间步长计算小批量数据的损失。完整代码位于 ch4 文件夹中的 ch4_word2vec_improvements.ipynb 练习册内：

```
# Computing the loss for the positive sample
loss = tf.reduce_mean(
    tf.log(
        tf.nn.sigmoid(
            tf.reduce_sum(
                tf.diag([1.0 for _ in range(batch_size)])*
                tf.matmul(out_embed,tf.transpose(in_embed)),
            axis=0)
        )
    )
)

# Computing loss for the negative samples
loss += tf.reduce_mean(
    tf.reduce_sum(
        tf.log(tf.nn.sigmoid(
            -tf.matmul(negative_embed,tf.transpose(in_embed)))),
        axis=0
    )
)
```

🐭提示　Tensorflow 从全部的 softmax 权重和偏置中定义其中一个处理当前批次的数据仅需要的小子集来实现 sampled_softmax_loss。此后，TensorFlow 计算类似于标准 softmax

交叉熵的损失。但是，由于没有 softmax 权重和偏置，我们无法直接用该方法计算原始的 skip-gram 损失。

## 4.1.2　比较原始 skip-gram 算法和改进的 skip-gram 算法

对比没有使用隐藏层的原始 skip-gram 算法，我们应该有充分的理由使用隐藏层，因此，我们可以从图 4.2 中看到原始 skip-gram 算法和包含隐藏层的 skip-gram 算法的损失函数的收敛情况：

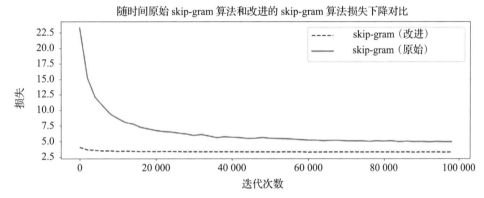

图 4.2　原始的 skip-gram 算法与改进的 skip-gram 算法

我们可以清楚地看到，与没有隐藏层相比，拥有隐藏层会带来更好的性能，这也表明更深的 Word2vec 模型往往表现更好。

## 4.2　比较 skip-gram 算法和 CBOW 算法

在查看两种算法性能差异和调查原因之前，让我们自己回顾一下 skip-gram 和 CBOW 方法之间的根本区别。

如图 4.3 和图 4.4 所示，在给定上下文和目标单词的情况下，skip-gram 在单个输入 / 输出元组中只会观察目标单词和上下文的单个单词。但是，CBOW 在单个样本中会观察目标单词和上下文中的所有单词。例如，如果我们假设有一个短语" *dog barked at the mailman* "，则 skip-gram 在单个时间步长看到诸如 *["dog", "at"]* 这样的输入输出元组，而 CBOW 看到 *[["dog", "barked", "the", "mailman"], "at"]* 这样的输入输出元组。因此，在给定的一批数据中，对于给定单词的上下文，CBOW 接收的信息多于 skip-gram。接下来看看这种差异会如何影响两种算法的性能。

如图 4.3 和图 4.4 所示，与 skip-gram 算法相比，CBOW 模型在给定时间可以访问更多信息（输入），从而允许 CBOW 在某些条件下执行得更好。

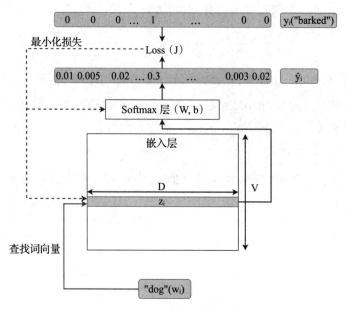

图 4.3    skip-gram 算法的实现视图

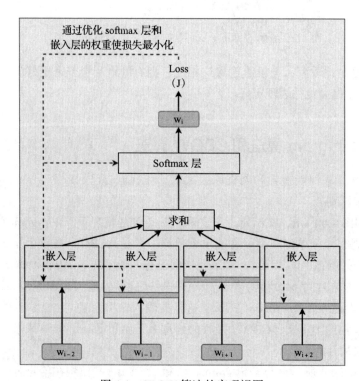

图 4.4    CBOW 算法的实现视图

## 4.2.1  性能比较

现在让我们绘制 skip-gram 和 CBOW 在之前第 3 章的模型训练任务中随时间变化的损失图（参见图 4.5）。

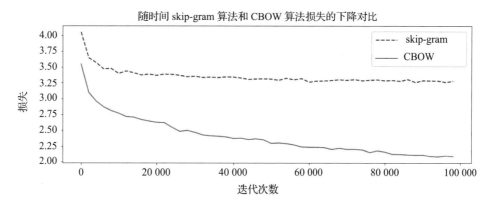

图 4.5  skip-gram 和 CBOW 损失下降情况

我们讨论过，与 skip-gram 算法相比，CBOW 可以获得给定输入输出元组的给定目标单词的上下文的更多信息。我们可以看到，与 skip-gram 模型相比，CBOW 的损失快速下降。但是，损失本身并不足以衡量算法性能，因为损失的快速下降可能是由于训练数据过度拟合所致。虽然有一些评估单词嵌入质量的基准测试任务（例如，单词类比任务），但我们将使用更简单的检验方法。我们将对学习到的嵌入进行可视化，以确认 skip-gram 和 CBOW 之间有显著的语义差异。为此，我们使用一种称为 t- 分布式随机邻居嵌入（t-SNE）的流行可视化技术。

---

 应该注意的是，损失的下降并不是评估词嵌入系统的性能的非常有说服力的指标，因为我们用来衡量损失的采样 softmax 远小于完全的 softmax 损失。词嵌入的性能通常根据单词类比任务进行评估。典型的单词类比任务可能会问：

Aware to unaware is like impressive to _____.

因此，一个好的嵌入集应该回答 *unimpressive*。这可以通过计算由 embedding(impressive) – [embedding(aware) – embedding(unaware)] 给出的简单算术运算来得到。如果得到的向量最近邻居中有 unimpressive 这个词嵌入，那么，就得到了正确的答案。

有几个可用的单词类比测试数据集，如下所示：

- **Google 类比数据集：** http://download.tensorflow.org/data/questions-words.txt
- **更大类比测试集 (BATS)：** http://vsm.blackbird.pw/bats

---

在图 4.6 中，我们可以看到 CBOW 更倾向于将单词聚类在一起，而 skip-gram 的单词

似乎稀疏地分布在整个向量空间中。因此，在这个特定的例子中，我们可以说在视觉上 CBOW 比 skip-gram 更好。

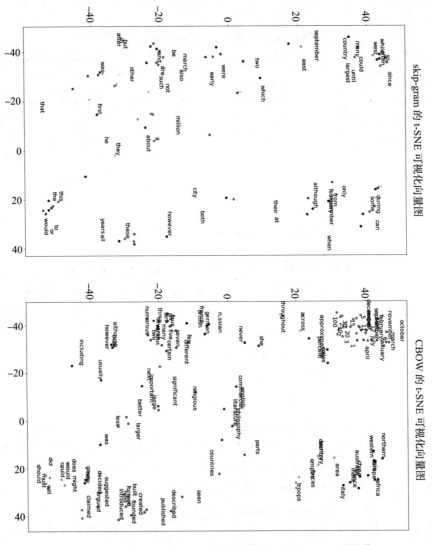

图 4.6　skip-gram 和 CBOW 获得的单词向量的 t-SNE 可视化

我们将使用 scikit-learn 提供的 t-SNE 算法来计算低维表示，然后通过 Matplotlib 对其进行可视化。但是，TensorFlow 通过其可视化框架 TensorBoard 提供了更方便的嵌入式可视化选项。你可以在附录文件夹中的 tensorboard_word_embeddings.ipynb 中找到它的一个练习。

---

💡提示 t-SNE：简单介绍

t-SNE 是一种可以在较低的二维空间中可视化高维数据（例如，图像和单词嵌入）的可视化技术。我们不会深入研究该技术背后的所有复杂的数学原理，而只是在更直观的层面上了解其算法是如何起作用的。

我们先来定义一些符号。$x_i \in R^D$ 表示一个 $D$ 维的数据点，$X = \{x_i\}$ 是输入空间。例如，这可以是一个类似于我们在第 3 章中介绍的词嵌入向量，并且 $D$ 是嵌入大小。

接下来，让我们设想一个二维空间 $Y = \{y_i\}$，其中 $y_i$ 表示对应于数据点 $x_i$ 的二维向量，$X$ 和 $Y$ 具有一对一的映射。我们将 $Y$ 称为映射空间，$y_i$ 称为映射点。

现在，让我们定义条件概率 $P_{j|i}$，它表示数据点 $x_i$ 选择 $x_j$ 作为其相邻点的概率。当 $x_j$ 远离 $x_i$ 时，$P_{j|i}$ 需要降低，反之亦然。$P_{j|i}$ 的直观选择是以 $x_i$ 数据点为中心，以 $\sigma_i^2$ 为方差的高斯分布。对于相邻点密集的数据点，方差为低，对于相邻点是稀疏的数据点，方差为高。

具体地说，条件概率的公式由下式给出：

$$p_{j|i} = \frac{exp\left(-\left\|x_i - x_j\right\|^2 / 2\sigma_i^2\right)}{\sum_{k \neq i} exp\left(-\left\|x_i - x_k\right\|^2 / 2\sigma_i^2\right)}$$

类似地，我们可以对在空间 $Y$ 中的映射点 $y_i$ 定义类似的条件概率 $q_{j|i}$。

现在，为了得到高维空间 $X$ 的良好的低维表示 $Y$，$p_{j|i}$ 和 $q_{j|i}$ 应该表现出类似的行为。也就是说，如果两个数据点在 $X$ 空间中相似，那么它们在空间 $Y$ 中也应该相似，反之亦然。因此，获得数据的良好二维表示的问题归结为对于所有 $i = 1, \cdots, N$ 最小化 $p_{j|i}$ 和 $q_{j|i}$ 之间的不匹配程度。

该问题可以形式化地表示为 $p_{j|i}$ 和 $q_{j|i}$ 之间的 Kullback-Leibler 散度，记为 $KL\left(p_{ji} \| q_{ji}\right)$。因此，我们的问题的成本函数是：

$$C = \sum_{i=1}^{N} KL\left(p_{j|i} \| q_{j|i}\right) = \sum_{i=1}^{N} \sum_{j \neq i} p_{j|i} log\left(\frac{p_{j|i}}{q_{j|i}}\right)$$

此外，通过随机梯度下降最小化该成本，我们可以找到与 $X$ 紧密匹配的最佳表示 $Y$。直观地说，这个过程可以看作是由弹簧连接的数据点之间达到了平衡。$p_{j|i}$ 是 $x_i$ 和 $x_j$ 数据点之间的弹簧的韧度。因此，当 $x_i$ 和 $x_j$ 相似时，它们会互相靠近，而当它们不相似时，距离很远。特定数据点的 $C$ 充当作用于该数据点的合力，并且会使该数据点根据合力吸引或排斥所有其他数据点。

---

## 4.2.2 哪个更胜一筹：skip-gram 还是 CBOW

在性能方面，skip-gram 和 CBOW 之间没有明确的赢家。例如，论文"Distributed Representations of Words and Phrases and their Compositionality"（Mikolov 等人，2013 年）提到，

skip-gram 在语义任务中的表现更好，而 CBOW 在句法任务中的表现更好。但是，在大多数任务中，skip-gram 似乎比 CBOW 表现更好，这与我们的发现相矛盾。

各种实验证据表明，与 CBOW 相比，skip-gram 更适用于大型数据集，这在论文"Distributed Representations of Words and Phrases and their Compositionality"（Mikolov 等人，2013 年）和"GloVe: Global Vectors for Word Representation"（Pennington 等人，2014 年）中也有所提及。这些论文通常使用数十亿单词的语料库。但是，我们的任务只涉及相对较小的数十万字，因此，CBOW 可能表现更好。

现在，让我解释为什么我认为这是原因。考虑以下两句话：

- *It is a nice day*
- *It is a brilliant day*

对于 CBOW，输入输出元组如下：

*[[It, is, nice, day], a]*

*[[It, is, brilliant, day],a]*

对于 skip-gram，输入输出元组如下：

*[It, a], [is, a], [nice, a], [day, a]*

*[It, a], [is, a], [brilliant, a], [day, a]*

我们希望我们的模型能够理解 nice 和 brilliant 有细微差别（也就是说，brilliant 比 nice 更好），这些在意义上有细微差别的词语称为 *nuances*。我们可以看到，对于 CBOW 来说，很有可能它会认为 nice 和 brilliant 是一样的，因为它们的语义被周围单词（It、is 和 day）平均，这是由于这些单词也是输入的一部分。相比之下，对于 skip-gram，单词 nice 和 brilliant 与 It、is 和 day 分开，这使得 skip-gram 可以更多地关注单词（例如，brilliant 和 nice）之间的细微差别。

但请注意，我们的模型中有数百万个参数，要训练这些模型，需要大量数据。CBOW 会尝试不关注单词间的细微差别，而是对给定上下文中的所有单词进行平均（例如，对"It is nice day"或者"It is brilliant day"的语义进行平均），从而避免了这个问题。但是，skip-gram 会学习更细致的表示，因为它没有像 CBOW 那样的平均效应。要学习细致的表示，skip-gram 需要更多数据。但是，一旦我们提供更多数据，skip-gram 很可能会胜过 CBOW 算法。

另请注意，CBOW 模型的单个输入大小大约等于 skip-gram 模型的 $2 \times m$ 的输入大小，其中 $m$ 是上下文窗口大小。这是因为 skip-gram 的单个输入仅包含单个单词，而 CBOW 的单个输入具有 $2 \times m$ 个单词。因此，为了更公平地进行比较，如果我们执行 $L$ 步 CBOW，则应该训练 $2m \times L$ 步 skip-gram 算法。

到目前为止，你已经了解了 skip-gram 最初是如何实现的：它有两个嵌入层（一个用于查找输入单词，另一个用于查找输出单词）。我们讨论了第 3 章中讨论的 skip-gram 算法实际上是对原始 skip-gram 算法的改进。我们看到改进的 skip-gram 实际上优于原始算法。然后，我们比较了 skip-gram 和 CBOW 的性能，并且看到在我们的例子中 CBOW 表现更好。最后，我们讨论了为什么 CBOW 可能比 skip-gram 表现得更好。

## 4.3　词嵌入算法的扩展

Mikolov 等人在 2013 年发表的论文讨论了几种可以进一步提高词嵌入学习算法性能的扩展方法，虽然这些方法最初被用于 skip-gram，但它们也可以扩展到 CBOW。此外，我们已经看到在我们的示例中，CBOW 优于 skip-gram，我们将使用 CBOW 来理解所有扩展方法。

### 4.3.1　使用 unigram 分布进行负采样

人们已经发现，当从某些分布而不是从均匀分布进行采样时，负采样的性能结果更好。一种这样的分布是 unigram 分布。单词 $w_i$ 的 unigram 概率由以下等式给出：

$$U(w_i) = \frac{count(w_i)}{\sum_{j \in Corpus} count(w_j)}$$

这里，$count(w_i)$ 是 $w_i$ 出现在文档中的次数。对于某个常数 $Z$，当 unigram 分布变形为 $U(w_i)^{(3/4)} / Z$，可以比均匀分布或标准 unigram 分布有更好的性能。

让我们用一个例子来更好地理解 unigram 分布。考虑以下句子：

*Bob is a football fan. He is on the school football team.*

这里，football 的 unigram 分布如下

$$U(football) = 2/12 = 1/6$$

可以看出，常用词的 uingram 概率会更高。这些常用词往往是无信息的词，例如，the、a 和 is。因此，在成本优化时，这种频繁出现的单词将被更多地负采样，从而让带有更多信息的单词更少地被负采样。结果就是，在优化时，常用词和罕见词之间建立一种平衡，这可以使得模型有更好的性能。

### 4.3.2　实现基于 unigram 的负采样

在这里，我们将看到如何使用 TensorFlow 实现基于 unigram 的负采样：

```
unigrams = [0 for _ in range(vocabulary_size)]
for word,w_count in count:
    w_idx = dictionary[word]
    unigrams[w_idx] = w_count*1.0/token_count
    word_count_dictionary[w_idx] = w_count
```

这里，count 是一个元组列表，其中每个元组由（单词 ID，频率）组成。该算法计算

每个单词的 unigram 概率，并按单词索引顺序以列表的形式返回（这是 Tensor-Flow 规定的 unigram 特定格式）。这个代码位于 ch4 文件夹内的 ch4_word2vec_improvements.ipynb 练习文件中。

接下来，计算查找的嵌入向量，就像我们通常为 CBOW 做的那样：

```
train_dataset = tf.placeholder(tf.int32, shape=[batch_size,
    window_size*2])
train_labels = tf.placeholder(tf.int32, shape=[batch_size, 1])
valid_dataset = tf.constant(valid_examples, dtype=tf.int32)

# Variables.
# embedding, vector for each word in the vocabulary
embeddings = tf.Variable(tf.random_uniform([vocabulary_size,
    embedding_size], -1.0, 1.0, dtype=tf.float32))
softmax_weights =
    tf.Variable(tf.truncated_normal([vocabulary_size,
    embedding_size],
    stddev=1.0 / math.sqrt(embedding_size), dtype=tf.float32))
softmax_biases =
    tf.Variable(tf.zeros([vocabulary_size], dtype=tf.float32))

stacked_embedings = None

for i in range(2*window_size):
    embedding_i = tf.nn.embedding_lookup(embeddings,
    train_dataset[:,i])
    x_size,y_size = embedding_i.get_shape().as_list()
    if stacked_embedings is None:
        stacked_embedings =
            tf.reshape(embedding_i,[x_size,y_size,1])
    else:
        stacked_embedings =
            tf.concat(axis=2,values=[stacked_embedings,
            tf.reshape(embedding_i,[x_size,y_size,1])])
mean_embeddings = tf.reduce_mean(stacked_embedings,2,keepdims=False)
```

接下来，基于 unigram 分布对样本进行负采样，我们用 TensorFlow 的内置函数 tf.nn.fixed_unigram_candidate_sampler 来实现：

```
candidate_sampler = tf.nn.fixed_unigram_candidate_sampler(
    true_classes = tf.cast(train_labels, dtype=tf.int64),
    num_true = 1, num_sampled = num_sampled, unique = True,
    range_max = vocabulary_size, distortion=0.75,
    num_reserved_ids=0, unigrams=unigrams, name='unigram_sampler')

loss = tf.reduce_mean(
    tf.nn.sampled_softmax_loss(weights=softmax_weights,
    biases=softmax_biases, inputs=mean_embeddings,
    labels=train_labels, num_sampled=num_sampled,
    num_classes=vocabulary_size, sampled_values=candidate_sampler))
```

此代码段给出了用基于 unigram 的负采样实现词嵌入学习的一般流程。通常，执行以下步骤：

1. 定义变量、占位符和超参数。

2. 对于每批数据，执行以下操作：

1）通过查找上下文窗口的每个索引的嵌入向量并对它们求平均，计算平均输入嵌入矩阵。

2）通过根据 unigram 分布进行采样的负采样计算损失。

3）使用随机梯度下降优化神经网络。

从上面的代码片段中提取的以下单行代码在此算法中起着最重要的作用，它根据变形的 unigram 分布生成负样本：

```
candidate_sampler = tf.nn.fixed_unigram_candidate_sampler(
    true_classes = tf.cast(train_labels,dtype=tf.int64),
    num_true = 1, num_sampled = num_sampled, unique = True,
    range_max = vocabulary_size, distortion=0.75,
    num_reserved_ids=0, unigrams=unigrams, name='unigram_sampler')
```

下面详细介绍该函数中的每个参数：

- true_classes：这是 batch_size 大小的向量，它提供给定批次的上下文单词对应的目标单词 ID（整数）。
- num_true：这是给定单词的真实元素的数量（通常是 1）。
- num_sampled：这是对单个输入进行负样本采样的个数。
- unique：这是指对唯一负样本进行采样（没有重复）。
- range_max：这是词汇表的大小。
- distortion：这是指将 unigram 样本值按给定变形值的幂进行缩放。在我们的例子中，它是 3/4 =（0.75）。
- num_reserved_ids：这是词汇表中单词的索引列表。在 num_reserved_ids 中的 ID 不会被作为负样本采样。
- unigrams：这些是按单词 ID 顺序排列的 unigram 概率。

### 4.3.3 降采样：从概率上忽视常用词

降采样（即忽略常用词）被证明也可以提供更好的性能。可以这样直观地理解——从有限上下文（"*The*", "*France*"）提取的输入输出单词提供的信息少于元组（"*Paris*", "*France*"），因此，相比于直接采样，忽略像 the 这种从语料库中会被频繁采样的无信息词（即停用词）是更好的选择。

在数学上，可以使用概率实现忽略语料库的单词序列中的单词 $w_i$：

$$1 - \sqrt{\frac{t}{f(w_i)}}$$

这里，$t$ 是一个常数，它控制忽略单词的词频阈值，$f(w_i)$ 是语料库中 $w_i$ 的词频。这么做可以有效地降低停用词的频率（例如，"the""a""of""."和","），从而在数据集中创建更多平衡。

### 4.3.4　实现降采样

如以下示例代码段所示，实现降采样非常简单，只需用我们刚刚看到的概率从原始序列中删除具有此概率的单词，从而创建一个新的单词序列，并使用这个新的单词序列来学习词嵌入。这里我们选择 $t$ 为 10 000：

```
subsampled_data = []
for w_i in data:
    p_w_i = 1 - np.sqrt(1e5/word_count_dictionary[w_i])

    if np.random.random() < p_w_i:
        drop_count += 1
        drop_examples.append(reverse_dictionary[w_i])
    else:
        subsampled_data.append(w_i)
```

### 4.3.5　比较 CBOW 及其扩展算法

在图 4.7 中，可以看到不同 CBO 算法的损失下降情况：原始的 CBOW、基于 unigram 的负采样 CBOW 和基于负采样和降采样的 unigram CBOW。

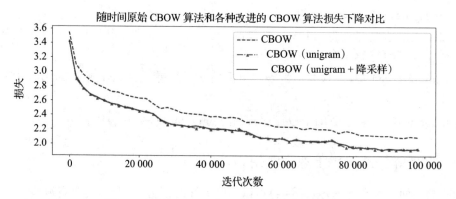

图 4.7　原始 CBOW 和 CBOW 扩展算法的损失

非常有趣的是，同时基于 unigram 和降采样的改进算法在损失方面与仅基于 unigram 的负采样相比很相似，但是，我们不应该错误地认为降采样在学习问题上没有用。我们可以这样理解这一特定行为：降采样让我们去除了许多无信息的单词，因此文本的质量提高了（就信息质量而言），这反过来又使学习问题变得更加困难。在之前的问题中，单词向量有机会在优化过程中利用大量无信息的单词，而在新的问题中，这种机会很少。这会导致更高的损失，但是单词向量在语义上会更好。

## 4.4 最近的 skip-gram 和 CBOW 的扩展算法

我们已经看到，Word2vec 技术在捕获单词语义方面非常强大，但是，它并非没有限制，例如，它不关注上下文单词与目标单词之间的距离。然而，如果上下文单词离目标单词比较远，那么它对目标单词的影响应该更小。因此，我们将讨论在上下文中单独关注单词不同位置的技术。Word2vec 的另一个限制是它在计算单词向量时，只关注给定单词周围一个非常小的窗口。然而，实际上，我们应该考虑用单词在整个语料库中重复出现的方式来计算好的词向量。因此，我们将讨论一种技术，它不仅可以查看单词的上下文，还可以查看单词的全局重复信息。

### 4.4.1 skip-gram 算法的限制

先前讨论的 skip-gram 算法及其所有变体忽略了给定上下文中的上下文单词的局部信息，换句话说，skip-gram 没有使用上下文中上下文单词的确切位置，而是对给定上下文中的所有单词进行同等处理。例如，让我们考虑一个句子：

*The dog barked at the mailman.*

假设窗口大小为 2，目标词是 bark。barked 这个词的上下文将是 the、dog、at 和 the。此外，我们将组成四个数据点（*"barked"*, *"the"*)、（*"barked"*, *"dog"*)、（*"barked"*, *"at"*）和（*"barked"*, *"the"*），其中元组的第一个元素是输入单词，第二个元素是输出单词。如果我们考虑这个集合中的两个数据点（*"barked"*, *"the"*）和（*"barked"*, *"dog"*），则原始的 skip-gram 算法将在优化期间平等对待这两个元组。换句话说，skip-gram 会忽略上下文中上下文单词的实际位置。但是，从语言学的角度来看，显然元组（*"barked"*, *"dog"*）携带的信息多于（*"barked"*, *"the"*）。结构化的 skip-gram 算法试图解决这个限制，让我们在下一节中看看如何解决这个问题。

### 4.4.2 结构化 skip-gram 算法

结构化的 skip-gram 算法使用图 4.8 中所示的体系结构，来解决上一节中讨论的原始 skip-gram 算法的限制。

如图 4.8 所示，结构化 skip-gram 在优化时保留上下文单词的结构或局部信息，但是，它对内存有更高的要求，因为参数的数量与窗口大小呈线性关系。

更确切地说，对于窗口大小 $m$（单侧），如果原始 skip-gram 模型在 softmax 层中有 $P$ 个参数，则结构化 skip-gram 算法将有 $2mP$ 个参数，因为对于上下文窗口中每个位置，都会有一组 $P$ 个参数。

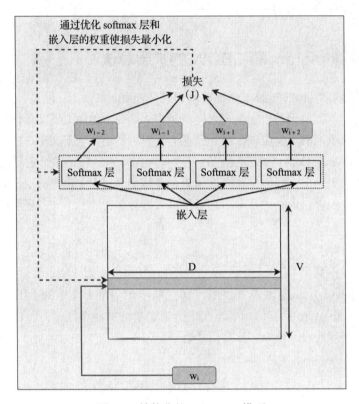

图 4.8　结构化的 skip-gram 模型

### 4.4.3　损失函数

skip-gram 模型的原始负采样 softmax 损失函数如下：

$$J(\theta) = -(1/N-2m)\sum_{i=m+1}^{N-m}\sum_{j\neq i\, j=i-m}^{i+m} log(\sigma(logit(x_n)_{w_j})) + \sum_{q=1}^{k}\mathbb{E}_{w_q\sim vocabulary-\{w_i,w_j\}} log(\sigma(-logit(x_n)_{w_q}))$$

对于结构化 skip-gram 算法，使用如下损失函数：

$$J(\theta) = \sum_{p=1}^{2m} -(1/N-2m)\sum_{i=m+1}^{N-m}\sum_{j\neq i\, j=i-m}^{i+m} log(\sigma(logit_k(x_n)_{w_j})) + \sum_{q=1}^{k}\mathbb{E}_{w_q\sim vocabulary-\{w_i,w_j\}} log(\sigma(-logit_p(x_n)_{w_q}))$$

这里，$logit_p(x_n)_{w_j}$ 由与 $w_j$ 位置的索引对应的第 $p$ 组 softmax 权重和偏置来计算。

这是由以下代码实现的，该代码位于 ch4 文件夹内的 ch4_word2vec_extended.ipynb 中。

可以看到，我们现在有 $2\times m$ 个 softmax 权重和偏差，并且对应于每个上下文位置的嵌入向量通过其相应的 softmax 权重和偏置进行正向和反向传播。

首先，我们将定义输入和输出占位符：

```
train_dataset = tf.placeholder(tf.int32, shape=[batch_size])
train_labels = [tf.placeholder(tf.int32, shape=[batch_size, 1]) for _
in range(2*window_size)]
```

然后，从训练输入和标签开始，定义计算损失所需要的计算。

```
# Variables.
embeddings = tf.Variable(
    tf.random_uniform([vocabulary_size, embedding_size],
    -1.0, 1.0))
softmax_weights = [tf.Variable(
    tf.truncated_normal([vocabulary_size, embedding_size],
    stddev=0.5 / math.sqrt(embedding_size))) for _ in range(2*window_
size)]
softmax_biases =
    [tf.Variable(tf.random_uniform([vocabulary_size],0.0,0.01)) for _
in range(2*window_size)]

# Model.
# Look up embeddings for inputs.
embed = tf.nn.embedding_lookup(embeddings, train_dataset)
# Compute the softmax loss, using a sample of
# the negative labels each time.
loss = tf.reduce_sum(
    [
        tf.reduce_mean(tf.nn.sampled_softmax_loss(
            weights=softmax_weights[wi],
            biases=softmax_biases[wi], inputs=embed,
            labels=train_labels[wi], num_sampled=num_sampled,
            num_classes=vocabulary_size))
        for wi in range(window_size*2)
    ]
)
```

结构化 skip-gram 解决了标准 skip-gram 算法的一个重要限制，即在学习过程中注意上下文单词的位置，这是通过为上下文的每个位置引入一组单独的 softmax 权重和偏差来实现的。这会改进性能，但是，由于参数增加，它对内存有更高的要求。

接下来，我们将看到 CBOW 模型的类似扩展。

## 4.4.4 连续窗口模型

连续窗口模型扩展 CBOW 算法的方式与结构化 skip-gram 算法很类似。在原始 CBOW 算法中，所有上下文单词的嵌入向量被平均之后再通过 softmax 层传播。然而，在连续窗口模型中，不是对嵌入向量进行平均，而是将它们拼接起来，得到长度为 $m \times D_{emb}$ 的嵌入向量，其中 $D_{emb}$ 是 CBOW 算法的原始嵌入向量大小。图 4.9 说明了连续窗口模型。

在本节中，我们讨论了 skip-gram 和 CBOW 的两种扩展算法。这两个变体基本上利用上下文中单词的位置信息，而不是平等地处理给定上下文中的所有单词。接下来，我们将讨论一种新引入的名为 GloVe 的词嵌入学习算法，我们将看到 GloVe 克服了 skip-gram 和 CBOW 的某些限制。

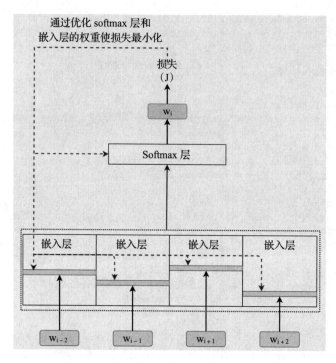

图 4.9    连续窗口模型

## 4.5    GloVe：全局向量表示

学习词向量的方法分为两类：基于全局矩阵分解的方法或基于局部上下文窗口的方法。潜在语义分析（LSA）是基于全局矩阵分解方法的例子，而 skip-gram 和 CBOW 是基于局部上下文窗口的方法。LSA 用作文档分析技术，它将文档中的单词映射到被称为概念的对象上，这是一种文档中出现的常见单词模式。基于全局矩阵分解的方法有效地利用了语料库的全局统计信息（例如，全局范围内的单词的重复出现），但它在单词类比任务中表现不佳。另一方面，已经证明基于上下文窗口的方法在单词类比任务中表现良好，但是，因为没有利用语料库的全局统计信息，所以留下了改进的空间。GloVe 试图充分利用这两个方面，该方法试图有效利用全局语料库统计数据，同时以类似于 skip-gram 或 CBOW 这种基于上下文窗口的方式来优化学习模型。

### 4.5.1    理解 GloVe

在认识 GloVe 的实现细节之前，让我们花点时间了解 GloVe 背后的基本思想。为此，让我们考虑一个例子：

1. 考虑单词 $i$ = "*dog*" 和 $j$ = "*cat*"。
2. 定义任意一个探测单词 $k$。

3. 将 $P_{ik}$ 定义为单词 $i$ 和单词 $k$ 一起出现的概率，$P_{jk}$ 为单词 $j$ 和单词 $k$ 一起出现的概率。现在，让我们看看对不同的 $k$，$p_{ik}/p_{jk}$ 的值如何变化。

对于 $k$ = "*bark*"，很可能与单词 $i$ 一起出现，因此，$P_{ik}$ 将很高。然而，单词 $k$ 不会经常与单词 $j$ 一起出现，导致低 $P_{jk}$。因此，我们得到以下表达式：

$$P_{ik}/P_{jk} \gg 1$$

接下来，对于 $k$ = "*purr*"，它不太可能出现在单词 $i$ 的附近，因此将具有低的 $P_{ik}$，然而，由于 $k$ 与 $j$ 高度相关，因此 $P_{jk}$ 的值将很高。这导致以下结果：

$$P_{ik}/P_{jk} \approx 0$$

现在，对于像 $k$ = "*pet*" 这样的单词，它与 $i$ 和 $j$ 都有很强的关系，或者 $k$ = "*politics*"，其中 $i$ 和 $j$ 两者的相关性都很小，我们得到如下结果：

$$P_{ik}/P_{jk} \approx 1$$

可以看出，通过测量两个单词出现在彼此附近的频率来计算的 $P_{ik}/P_{jk}$，是测量单词之间关系的好方法。因此，它成为学习单词向量的好方法。如下所示是定义损失函数的良好起点：

$$F(w_i, w_j, \tilde{w}_k) = P_{ik}/P_{jk}$$

这里 $F$ 是某个函数。从这一点来看，原始论文经过细致的推导，得到以下损失函数：

$$J = \sum_{i,j=1}^{V} f(X_{ij})(w_i^T \tilde{w}_j + b_i + \tilde{b}_j - log(X_{ij}))^2$$

这里，若 $x < x_{max}$，则 $f(x) = (x/x_{max})^{(3/4)}$，反之 $f(x) = 1$，$X_{ij}$ 是单词 $j$ 出现在单词 $i$ 的上下文中的频率。此外，$w_i$ 和 $b_i$ 分别表示从输入嵌入获得的单词 $i$ 的单词嵌入和偏置嵌入。而 $\tilde{w}_j$ 和 $\tilde{b}_j$ 分别表示从输出嵌入获得的单词 $j$ 的单词嵌入和偏置嵌入。$x_{max}$ 是我们设置的超参数。除了初始化时的随机以外，这两种嵌入的表现都很相似。在评估阶段，这两个嵌入向量被加在一起，从而提高了性能。

## 4.5.2　实现 GloVe

在本节中，我们将讨论实现 GloVe 的步骤。完整代码位于 ch4 文件夹内的 ch4_glove. ipynb 练习文件中。

首先，我们将定义输入和输出：

```
train_dataset = tf.placeholder(tf.int32, shape=[batch_
size],name='train_dataset')
train_labels = tf.placeholder(tf.int32, shape=[batch_
size],name='train_labels')
```

接下来，我们将定义嵌入层。我们有两个不同的嵌入层，一个用于查找输入单词，另一个用于查找输出单词。另外，我们将定义偏置嵌入，就像 softmax 层的偏置一样：

```
in_embeddings = tf.Variable(
    tf.random_uniform([vocabulary_size, embedding_size],
    -1.0, 1.0), name='embeddings')
```

```
in_bias_embeddings = tf.Variable(
    tf.random_uniform([vocabulary_size],0.0,0.01,
    dtype=tf.float32), name='embeddings_bias')

out_embeddings = tf.Variable(
    tf.random_uniform([vocabulary_size, embedding_size],
    -1.0, 1.0), name='embeddings')
out_bias_embeddings = tf.Variable(
    tf.random_uniform([vocabulary_size],0.0,0.01,
    dtype=tf.float32), name='embeddings_bias')
```

现在，我们为给定的输入和输出（标签）查找相应的嵌入向量：

```
embed_in = tf.nn.embedding_lookup(in_embeddings, train_dataset)
embed_out = tf.nn.embedding_lookup(out_embeddings, train_labels)
embed_bias_in = tf.nn.embedding_lookup(in_bias_embeddings, train_
dataset)
embed_bias_out = tf.nn.embedding_lookup(out_bias_embeddings, train_
labels)
```

同样，我们为损失函数中的 $f(X_{ij})$ (weights_x) 和 $X_{ij}$ (x_ij) 定义占位符：

```
weights_x = tf.placeholder(tf.float32, shape=[batch_size],
name='weights_x')
x_ij = tf.placeholder(tf.float32, shape=[batch_size], name='x_ij')
```

最后，我们将使用前面定义的实体定义完整的损失函数，如下所示：

```
loss = tf.reduce_mean(
    weights_x * (tf.reduce_sum(embed_in*embed_out,axis=1) +
    embed_bias_in + embed_bias_out - tf.log(epsilon+x_ij))**2)
```

在本节中，我们讨论了 GloVe，这是另一个词嵌入学习技术。相对于之前描述的 Word2vec 技术，GloVe 的主要优点是：它同时利用语料库的全局和局部统计数据来学习词嵌入。由于 GloVe 能够捕获有关单词的全局信息，因此往往会提供更好的性能，尤其是当语料库大小增大的时候。另一个优点是，与 Word2vec 技术不同，GloVe 不对损失函数做近似运算（例如，Word2vec 使用的负采样），而是计算真正的损失，这可以更好和更容易地优化损失。

## 4.6   使用 Word2vec 进行文档分类

尽管 Word2vec 提供了一种非常优雅的方法来学习单词的数字表示，我们可以定量（损失值）和定性（t-SNE 嵌入）地看到这一点，但是仅仅学习单词数字表示并不足以让人信服单词向量的在现实应用中的作用。词嵌入被用作许多任务的单词特征表示，比如图像标题生成和机器翻译，而这些任务涉及将不同的学习模型（例如卷积神经网络（CNN）和长短期记忆（LSTM）模型或两个 LSTM 模型）组合在一起，这些内容将在后面的章节中讨论。这里，我们用更简单的文档分类任务来理解词嵌入的实际用法。

文档分类是 NLP 中最流行的任务之一，文档分类对于需要为诸如新闻网站、出版商和大学这些地方处理大量数据集的人员非常有用。因此，理解如何通过嵌入整个文档而不是单词将学习词向量技术改进并应用到诸如文档分类这种实际任务中，是很有趣的事。

这一练习可以在 ch4 文件夹（ch4_document_embedding.ipynb）中找到。

### 4.6.1  数据集

对于此任务，我们使用已组织的一些文本文件，它们是 BBC 的新闻文章。在这些文件中，每个文档都属于以下类别之一：商业、娱乐、政治、体育或技术。每个类别有 250 个文档，词汇表中有 25 000 个单词。

此外，为了可视化，每个文档将由"< 文档类型 > - <id>"标记表示。例如，娱乐部分的第 50 个文档将表示为"娱乐 -50"。应该注意的是，与在实际应用中分析的大型文本语料库相比，这是一个非常小的数据集，但是，目前这个小例子足以说明嵌入词向量的力量。

以下是来自实际数据的几个简短片段：

*Business*

*Japan narrowly escapes recession*

*Japan's economy teetered on the brink of a technical recession in the three months to September, figures show.*

*Revised figures indicated growth of just 0.1% - and a similar-sized contraction in the previous quarter. On an annual basis, the data suggests annual growth of just 0.2%,...*

*Technology*

*UK net users leading TV downloads*

*British TV viewers lead the trend of illegally downloading US shows from the net, according to research.*

*New episodes of 24, Desperate Housewives and Six Feet Under, appear on the web hours after they are shown in the US, said a report. Web tracking company Envisional said 18% of downloaders were from within the UK and that downloads of TV programmers had increased by 150% in the last year....*

### 4.6.2  用词向量进行文档分类

从广义上说，这个问题是探讨是否可以将诸如 skip-gram 或 CBOW 这样的词嵌入方法扩展应用到文档分类或文档聚类。在这个例子中，我们使用 CBOW 算法，因为它已被证明在小数据集上的表现比 skip-gram 更好。

我们将执行以下过程：

1. 像之前一样，从所有文本文件中提取数据并学习词嵌入。

2. 从已经训练过的文档中提取一组随机文档。

3. 用学习到的词嵌入对这些选定的文档进行向量映射。更具体地说，我们将用文档中找到的词嵌入向量的平均值来表示文档。

4. 使用 t-SNE 可视化技术可视化找到的文档嵌入，确定词嵌入是否可用于文档聚类或分类。

5. 使用诸如 K-means 这样的聚类算法来为每个文档分配标签，我们将在讨论实现时简要讨论 K-means 的含义。

### 4.6.3 实现：学习词嵌入

首先，我们将为训练数据、训练标签和验证数据（用于监控词嵌入）和测试数据（用于计算测试文档中的平均嵌入向量）定义多个占位符：

```
# Input data.
train_dataset = tf.placeholder(tf.int32,
    shape=[batch_size, 2*window_size])
train_labels = tf.placeholder(tf.int32, shape=[batch_size, 1])
valid_dataset = tf.constant(valid_examples, dtype=tf.int32)

test_labels = tf.placeholder(tf.int32,
    shape=[batch_size], name='test_dataset')
```

接下来，我们为词汇表定义嵌入层的变量，为 softmax 层定义权重和偏置（用于计算测试文档的平均嵌入）：

```
# Variables.
# embedding, vector for each word in the vocabulary
embeddings = tf.Variable(tf.random_uniform([vocabulary_size,
    embedding_size], -1.0, 1.0, dtype=tf.float32))
softmax_weights = tf.Variable(
    tf.truncated_normal([vocabulary_size, embedding_size],
    stddev=1.0 / math.sqrt(embedding_size), dtype=tf.float32))
softmax_biases = tf.Variable(
    tf.zeros([vocabulary_size], dtype=tf.float32))
```

然后，我们像之前一样定义负采样的 softmax 损失函数：

```
loss = tf.reduce_mean(
    tf.nn.sampled_softmax_loss(weights=softmax_weights,
    biases=softmax_biases, inputs=mean_embeddings,
    labels=train_labels, num_sampled=num_sampled,
    num_classes=vocabulary_size))
```

### 4.6.4 实现：词嵌入到文档嵌入

为了从词嵌入中获得良好的文档嵌入，我们将对文档中找到的所有单词的嵌入向量取平均，作为文档嵌入。我们将按以下步骤分批处理数据。

对于每个文档，执行以下操作：

1. 创建数据集，数据集中每个数据点是属于该文档的单词。

2. 对于从数据集中采样的每一个小批次，通过对该批次中所有单词的嵌入向量求平均，来返回平均嵌入向量。

3. 分批遍历测试文档，并通过平均每个批次的平均嵌入向量获取文档嵌入。

我们按照如下代码得到每一批次的平均嵌入向量：

```
mean_batch_embedding = tf.reduce_mean(tf.nn.embedding_
lookup(embeddings, test_labels), axis=0)
mean_embeddings = tf.reduce_mean(stacked_embeddings, 2,
keepdims=False)
```

然后，我们将文档中所有批次的平均嵌入向量放到一个列表中，获得平均嵌入向量作为文档嵌入。这是获取文档嵌入的一种非常简单的方法，但我们很快就会看到，这非常有用。

## 4.6.5　文本聚类以及用 t-SNE 可视化文档嵌入

在图 4.10 中，我们可以可视化通过 CBOW 算法学习的文档嵌入，可以看到该算法已经很好地学习到了有相同主题的文档。我们根据文档的前缀（不同类别文档的颜色不同）为数据点添加颜色，这样区分更明显。正如我们之前讨论的那样，这种简单的方法被证明是对文档进行分类 / 聚类的一种非常有效的无监督方法。

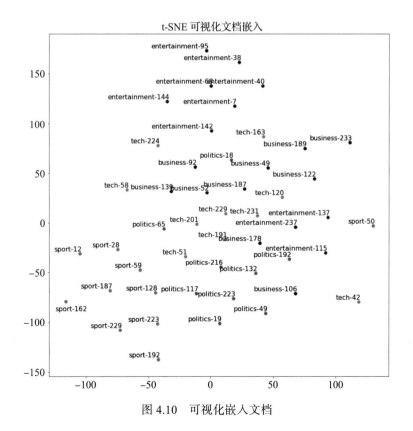

图 4.10　可视化嵌入文档

### 4.6.6 查看一些特异点

从图 4.9 可以看出，异常值的文档很少（例如，tech-42 和 sport-50）。通过查看这些文档的内容，我们可以发现产生这种行为的可能原因。

以下是 tech-42 文档的片段：

*Tech-42*

*Hotspot users gain free net calls*

*People using wireless net hotspots will soon be able to make free phone calls as well as surf the net.*

*Users of the system can also make calls to landlines and mobiles for a fee. The system is gaining in popularity and now has 28 million users around the world. Its paid service - dubbed Skype Out - has so far attracted 940,000 users....*

该文档的编写方式强调 Skype 对人们的价值，而不是深入介绍 Skype 的技术细节。这使文档聚集在更接近与人有关的主题上，例如，娱乐或政治。

以下是 sport-50 文档的片段：

*Sport-50*

*IAAF awaits Greek pair's response*

*Kostas Kenteris and Katerina Thanou are yet to respond to doping charges from the International Association of Athletics Federations (IAAF).*

*The Greek pair were charged after missing a series of routine drugs tests in Tel Aviv, Chicago and Athens. They have until midnight on 16 December and an IAAF spokesman said: "We're sure their responses are on their way." If they do not respond or their explanations are rejected, they will be provisionally banned from competition. They will then face a hearing in front of the Greek Federation,...*

我们可以解释为什么 sport-50 会被聚类到与体育相关的文章很远的区域。让我们仔细看看另一个距离 sport-50 很近的文档，即 entertainment-115：

*Entertainment-115*

*Rapper Snoop Dogg sued for 'rape'*

*US rapper Snoop Dogg has been sued for $25m (£13m) by a make-up artist who claimed he and his entourage drugged and raped her two years ago.*

*The woman said she was assaulted after a recording of the Jimmy Kimmel Live TV show on the ABC network in 2003. The rapper's spokesman said the allegations were "untrue" and the woman was "misusing the legal system as a means of extracting financial gain". ABC said the claims had "no merit". The star has not been charged by police.*

可以看到，该区域的文章似乎与各种犯罪或非法指控有关，而不是与体育或娱乐有关，这使得这些文档被聚类到与典型的体育或娱乐相关的文章很远的区域。

### 4.6.7 实现：用 K-means 对文档进行分类 / 聚类

到目前为止，我们已经能够直观地查看文档聚类的结果，但是，这还不够，因为如果我们有 1000 个文档需要聚类 / 分类，我们就必须可视化 1000 次来查看它们。所以我们需要更自动化的方法来实现这一目标，为此，我们可以使用 K-means 对这些文档进行聚类。K-means 是一种简单但功能强大的技术，它根据数据的相似性将数据分成组（簇），因此，类似的数据将位于同一组中，不同的数据将位于不同的组中。K-means 的工作方式如下：

1. 定义 $K$，即要形成的簇的数量。我们设置为 5，因为我们已经知道有五个类别。

2. 形成 $K$ 个随机质心，它们是簇的中心。

3. 将每个数据点分配给最近的聚类质心。

4. 在将所有数据点分配给某个簇后，我们将重新计算簇的质心（即数据点的平均值）。

5. 将以这种方式继续，直到质心运动小于某个阈值。

我们使用 scikit-learn 库来实现 K-means 算法，代码如下：

```
kmeans = KMeans(n_clusters=5, random_state=43643, max_iter=10000,
                n_init=100, algorithm='elkan')
```

最重要的超参数是 n_clusters，这是我们希望聚类的数目。你可以更改其他超参数来查看它们对性能的影响。有关超参数的说明，请访问 http://scikit-learn.org/stable/modules/generated/sklearn.cluster.KMeans.html。

然后，我们可以将用于训练（或任何其他文档）的文档分类到不同类别，并得到下表：

| 标签 | 文 档 |
|---|---|
| 0 | 'entertainment-207', 'entertainment-14', 'entertainment-232', 'entertainment-49', 'entertainment-191', 'entertainment-243', 'entertainment-240' |
| 1 | 'sport-145', 'sport-228', 'sport-141', 'sport-249' |
| 2 | 'sport-4', 'sport-43', 'entertainment-54', 'politics-214', 'politics-12', 'politics-165', 'sport-42', 'politics-203', 'politics-87', 'sport-33', 'politics-81', 'politics-247', 'entertainment-245', 'entertainment-22', 'tech-102', 'sport-50', 'politics-33', 'politics-28' |
| 3 | 'business-220', 'business-208', 'business-51', 'business-30', 'business-130', 'business-190', 'business-34', 'business-206' |
| 4 | 'business-185', 'business-238', 'tech-105', 'tech-99', 'tech-239', 'tech-227', 'tech-31', 'tech-131', 'tech-118', 'politics-10', 'tech-150', 'tech-165' |

结果并不完美，但它可以很好地将属于不同类别的文档分类到不同的标签。我们可以看到娱乐相关文档的标签是 0，体育相关文档的标签是 1，商业相关文档的标签是 3，等等。

在本节中，你学习了如何将词嵌入扩展到文档分类 / 聚类问题。首先，像我们通常所做的那样学习词嵌入。然后，通过对文档中找到的所有单词的嵌入向量进行平均来创建文档嵌入。最后，我们使用这些文档嵌入来对 BBC 新闻文章进行聚类 / 分类，这些文章的类别标签有：娱乐、科技、政治、商业和体育。在对文档进行聚类之后，我们看到属于同一个类别的文档聚集在一起，但是，仍然有一些异常文件。在分析了这些文档的文本内容之后，我们发现这些文档被这样分类背后有某些合理理由。

## 4.7　总结

在本章中，我们研究了 skip-gram 和 CBOW 算法之间的性能差异。我们使用了一种流行的二维可视化技术 t-SNE 进行比较，我们也简要介绍了这种技术，涉及了该技术的直观解释和背后的基本数学原理。

接下来，我们向你介绍了提高 Word2vec 性能的几个扩展算法，这之后是几个基于 skip-gram 和 CBOW 算法的新算法。结构化 skip-gram 通过在优化时保留上下文词的位置信息来扩展 skip-gram 算法，这使得算法可以根据目标单词和上下文单词之间的距离来处理输入输出。相同的扩展可以应用于 CBOW 算法，这就是连续窗口算法。

然后我们讨论了另一个学习词嵌入的技术 GloVe，GloVe 将全局统计数据加入到优化中，使当前的 Word2vec 算法更进一步，从而提高了性能。最后，我们讨论了词嵌入的实际应用：文档聚类 / 分类。我们发现词嵌入非常强大，可以让我们将相关文档合理地聚类在一起。

在下一章中，我们将讨论一个不同的深度网络系列，这些网络被称为卷积神经网络（CNN），它们在利用数据中的空间信息方面更为强大。准确地说，我们会看到如何用 CNN 挖掘句子的空间结构，以便将它们划分为不同的类别。

第 5 章

# 用卷积神经网络进行句子分类

在本章中，我们将讨论一种称为卷积神经网络（CNN）的神经网络。CNN 与全连接的神经网络完全不同，并且它在许多任务中实现了最先进的性能，这些任务包括图像分类、物体检测、语音识别和句子分类。与全连接的层相比，CNN 的主要优点之一是 CNN 中的卷积层的参数更少，这使我们可以构建更深层的模型，而不必担心内存溢出。此外，更深层的模型通常会带来更好的性能。

我们将通过讨论 CNN 中的不同组成部分，以及 CNN 与全连接网络的不同之处，来详细介绍 CNN。然后，我们会讨论 CNN 中使用的各种操作（例如，卷积和池化操作），以及与这些操作相关的某些超参数，比如卷积核大小、填充和步幅。我们还将介绍实际操作背后的一些数学原理。在对 CNN 有了良好理解之后，我们会介绍用 TensorFlow 实现 CNN 的实际用处。

首先，我们将实现对物体进行分类的 CNN，然后使用该 CNN 进行句子分类。

## 5.1 介绍卷积神经网络

在本节中，你将了解 CNN。具体来说，首先你会了解 CNN 中的操作类型，例如卷积层、池化层和全连接层。接下来，我们将简要介绍所有这些操作是如何连接以形成端到端模型的。然后，我们将深入探讨每个操作的细节，并用数学方式定义它们，之后了解这些操作所涉及的各种超参数如何改变操作的输出。

### 5.1.1 CNN 基础

现在，让我们探讨 CNN 背后的基本思想，但不会深入研究太多的技术细节。如前所述，CNN 由一系列的层组成，例如卷积层、池化层和全连接层。我们将讨论其中的每一层，了解它们在 CNN 中的作用。

一开始，输入连接到一组卷积层，这些卷积层在输入上滑动一块带权重的窗口（有时称为卷积窗口或卷积核），并通过卷积运算产生输出。与全连接的神经网络不同，卷积层使用少量经过组织的权重来覆盖每层中仅一小块输入，并且这些权重在某些维度（例如，图像的宽度和高度维度）上共享。而且，CNN 使用卷积运算，沿所需维度滑动这一小块窗口来共享权重。我们最终从卷积运算中得到的结果如图 5.1 所示。如果图像块中有卷积核中的模式，则卷积将在该位置输出高值，如果没有，它将输出一个低值。而且，通过对完整的图像进行卷积，可以得到一个矩阵，以指示在给定位置是否存在图案模式。最后，我们将得到一个矩阵作为卷积输出。

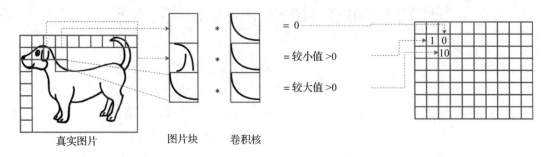

图 5.1　卷积操作处理图像

而且，可以选择让这些卷积层与池化层 / 降采样层互相连接在一起，以降低输入的维度。在降低维度的同时，我们使 CNN 的转换具有不变性，并使 CNN 用更少的信息学习，从而使模型有更好的泛化性和健壮性。通过将输入分成几个块，并将每一块转换为单个元素，可以降低维度。例如，这种转换包括选择每一块中的最大元素或对每一块中的所有元素取平均值。在图 5.2 中，我们将说明池化如何使 CNN 的转换具有不变性。

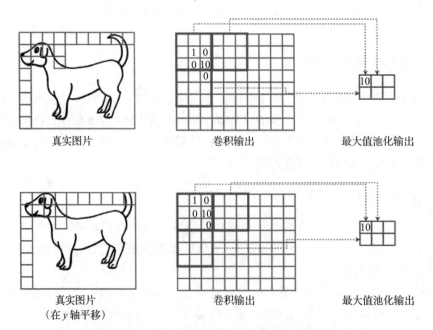

图 5.2　池化操作是如何使数据转换保持不变性的

在这里，我们有原始图像和在 $y$ 轴上略微平移后的图像，还有两个图像的卷积输出，可以看到值 10 出现在卷积输出中稍微不同的位置。但是，通过使用最大池化（取每个窗口的最大值），可以在最后获得相同的输出，我们稍后将详细讨论这些操作。

最后，输出被输入一组全连接层，然后将输出转发到最终的分类 / 回归层（例如，句子 / 图像分类）。全连接层包含 CNN 的权重总数中的很大一部分，因为卷积层的权重很少。然而，人们已经发现有全连接层的 CNN 比没有它们时表现更好。这可能是因为卷积层由于尺寸小而学习更局部的特征，而全连接层可以将这些局部特征连接在一起，以产生期望最终输出的全局图像。图 5.3 展示了用于图像分类的典型 CNN 架构。

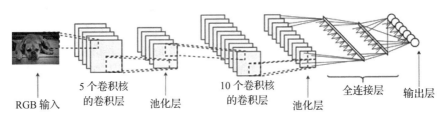

RGB 输入　　5 个卷积核　　池化层　　10 个卷积核　　池化层　　全连接层　　输出层
　　　　　　的卷积层　　　　　　　的卷积层

图 5.3　一个典型的 CNN 架构

从图中可以明显看出，CNN 被设计成在学习期间保留输入的空间结构。换句话说，对于二维输入，CNN 的多数层都是二维的，而靠近输出层则只有全连接层。保留空间结构使得 CNN 可以利用输入的有价值的空间信息，并以较少的参数认识输入。空间信息的价值如图 5.4 所示。

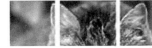

图 5.4　将图片分解成一维向量会损失一些重要的空间信息

正如你所看到的，当猫的二维图像被分解成一维向量时，耳朵不再靠近眼睛，鼻子也远离眼睛。这意味着我们在分解过程中破坏了一些有用的空间信息。

## 5.1.2    卷积神经网络的力量

CNN 是一个非常通用的模型系列,并且在许多类型的任务中表现出卓越的性能。这种多功能性归因于 CNN 同时具有特征提取和学习的能力,从而有更高的效率和多用性。让我们介绍几个应用 CNN 的例子。

在涉及图像分类、物体检测和图像定位的 ImageNet 大规模视觉识别挑战赛(ILSVRC)2016 中,使用 CNN 实现了令人难以置信的测试准确度。例如,对于图像分类任务,其 1000 个不同对象类的测试准确度约为 98%,这意味着 CNN 能够正确识别大约 980 个不同对象。

CNN 也已用于图像分割,图像分割涉及将图像分割成不同的区域。例如,在包括建筑物、道路、车辆和乘客的城市景观图像中,将道路与建筑物隔离是分割任务。此外,在诸如句子分类、文本生成和机器翻译等 NLP 任务中,CNN 取得了令人难以置信的进步,展示了出色的性能。

## 5.2    理解卷积神经网络

现在,让我们来看看 CNN 的技术细节。首先,我们将讨论卷积操作并介绍一些术语,比如卷积核大小、步幅和填充。简而言之,卷积核大小是指卷积操作的窗口大小,步幅是指卷积窗口两次移动之间的距离,而填充是指处理输入边界的方式。我们还将讨论一种称为反卷积或转置卷积的操作,然后,我们将讨论池化操作的细节,最后,我们会讨论如何将卷积层和池化层产生的二维输出连接到全连接层,以及如何使用输出进行分类或回归。

### 5.2.1    卷积操作

在本节中,我们将详细讨论卷积操作。首先,我们讨论没有步幅和填充的卷积运算,接下来,我们讨论有步幅的卷积运算,然后讨论有填充的卷积运算,最后,我们讨论称为转置卷积的操作。对于本章中的所有操作,我们认为索引从 1 开始,而不是从 0 开始。

#### 5.2.1.1    标准卷积操作

卷积操作是 CNN 的核心部分。对于大小为 $n \times n$ 的输入和 $m \times m$ 的权重块(也称为卷积核),其中 $n \geqslant m$,卷积运算在输入上滑动权重块。让我们用 $X$ 表示输入,用 $W$ 表示权重块,用 $H$ 表示卷积后的输出。在每个位置 $i, j$,输出计算过程如下:

$$h_{i,j} = \sum_{k=1}^{m} \sum_{l=1}^{m} w_{k,l} x_{i+k-1, j+l-1} \; where \; 1 \leqslant i, j \leqslant n-m+1$$

这里,$x_{i,j}$、$w_{i,j}$ 和 $h_{i,j}$ 分别表示 $X$、$W$ 和 $H$ 在 $(i, j)^{th}$ 位置的值。如公式所示,尽管输入大小为 $n \times n$,但在这里的输出将为 $n - m + 1 \times n - m + 1$。$m$ 称为卷积核大小。

让我们可视化这一操作(见图 5.5)。

提示  卷积运算产生的输出（图 5.5 顶部的矩形）有时称为特征映射。

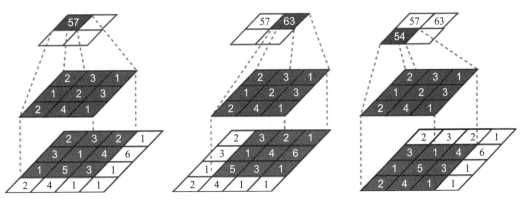

图 5.5  卷积核大小 =3，步幅 =1，没有填充的卷积操作

### 5.2.1.2  有步幅的卷积操作

在前面的示例中，我们将卷积核移动了一个步长。但是，这不是强制性的，我们可以在对输入进行卷积时移动若干个步长。这里，步长的大小称为步幅。我们修改前面的等式来引入步幅 $s_i$ 和 $s_j$：

$$h_{i,j} = \sum_{k=1}^{m}\sum_{l=1}^{m} w_{k,l} x_{(i-1)\times s_i+k,(j-1)\times s_j+l} \quad where\, 1\leq i\leq floor\left[(n-m)/s_i\right]+1\, and\, floor\left[(n-m)/s_j\right]+1$$

在这种情况下，随着 $s_i$ 和 $s_j$ 的大小增加，输出将变小。比较图 5.5（步幅 = 1）和图 5.6（步幅 = 2），可以看到不同步幅对输出的影响。

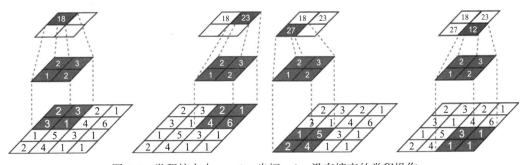

图 5.6  卷积核大小 m = 2，步幅 = 2，没有填充的卷积操作

提示  就像你看到的那样，与池化层类似，有步幅的卷积有助于减少输入的维度。因此，有时用有步幅的卷积代替 CNN 中的池化操作，因为它降低了计算复杂度。

### 5.2.1.3  有填充的卷积

每次卷积（没有步幅）之后都会不可避免地导致输出大小减小，这一特点是我们不希望的，因为这极大地限制了网络可以拥有的层数，而深层网络比浅网络表现更好。我们不应该把这种情况与采用步幅导致的大小减小相混淆，因为我们可以选择步幅的大小，如果有必要，我们可以决定步幅为 1。因此，人们使用填充来规避这一问题。该技术是通过在输入的边界填充 0 来实现的，这样可以使得输出和输入大小相等。

让我们假设步幅为 1：

$$h_{i,j} = \sum_{k=1}^{m}\sum_{l=1}^{m} w_{k,l}x_{i+k-(m-1),j+l-(m-1)} \ where \ 1 \leq i,j \leq n$$

这里：

$$x_{i,j} = 0 \ if \ i,j < 1 \ or \ i,j > n$$

图 5.7 展示了填充之后的结果。

### 5.2.1.4　转置卷积

尽管卷积运算在数学上看起来很复杂，但它可以简化为矩阵乘法。出于这个原因，我们可以定义卷积运算的转置，或者有时候将它称为反卷积。但我们将使用术语"转置卷积"，因为它听起来更自然。而且，反卷积是指不同的数学概念。在反向传播时，转置卷积运算在 CNN 的反向累积梯度中起重要作用，我们来看下面这个例子。

对于大小为 $n \times n$ 的输入和大小为 $m \times m$ 的权重块或卷积核，其中 $n \geq m$，卷积运算在输入上滑动权重块。我们用 $X$ 表示输入，$W$ 表示权重，$H$ 表示输出。可以用矩阵乘法计算输出 $H$，如下所示。

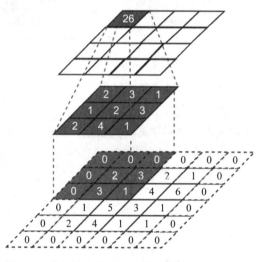

图 5.7　卷积核大小为 3，步幅为 1，用 0 填充的卷积操作

假设 $n=4$ 且 $m=3$，为了清晰起见，从左到右，从上到下展开输入 $X$，结果如下：

$$x^{(16,1)} = x_{1,1},x_{1,2},x_{1,3},x_{1,4},x_{2,1},x_{2,2},x_{2,3},x_{2,4},\ldots,x_{4,1},x_{4,2},x_{4,3},x_{4,4}$$

让我们用 $W$ 定义一个新的矩阵 $A$：

$$A^{(4,16)} = \begin{bmatrix} w_{1,1} & w_{1,2} & w_{1,3} & 0 & w_{2,1} & w_{2,2} & w_{2,3} & 0 & w_{3,1} & w_{3,2} & w_{3,3} & 0 & 0 & 0 & 0 & 0 \\ 0 & w_{1,1} & w_{1,2} & w_{1,3} & 0 & w_{2,1} & w_{2,2} & w_{2,3} & 0 & w_{3,1} & w_{3,2} & w_{3,3} & 0 & 0 & 0 & 0 \\ 0 & 0 & 0 & 0 & w_{1,1} & w_{1,2} & w_{1,3} & 0 & w_{2,1} & w_{2,2} & w_{2,3} & 0 & w_{3,1} & w_{3,2} & w_{3,3} & 0 \\ 0 & 0 & 0 & 0 & 0 & w_{1,1} & w_{1,2} & w_{1,3} & 0 & w_{2,1} & w_{2,2} & w_{2,3} & 0 & w_{3,1} & w_{3,2} & w_{3,3} \end{bmatrix}$$

然后，我们执行以下矩阵乘法，得到 $H$：

$$H^{(4,1)} = A^{(4,16)}X^{(16,1)}$$

现在，将输出 $H^{(4,1)}$ 调整大小为 $H^{(2,2)}$，得到卷积输出。现在让我们将这个结果映射回 $n$ 和 $m$。

通过将输入 $X^{(n,n)}$ 展开为 $X^{(n^2,1)}$，然后用 $w$ 创建矩阵 $A^{((n-m+1)^2, n^2)}$，像之前那样，我们得到 $H^{((n-m+1)^2,1)}$，然后将其调整大小为 $H^{(n-m+1, n-m+1)}$。

接下来，为了得到转置卷积，我们只需对 $A$ 进行转置，得到以下结果：

$$\hat{X}^{(n^2,1)} = (A^T)^{(n^2,(n-m+1)^2)} H^{((n-m+1)^2,1)}$$

这里，$\hat{X}$ 是转置卷积的结果输出。

我们将在这里结束关于卷积运算的讨论。我们讨论了卷积运算、有步幅的卷积运算、有填充的卷积运算以及如何计算转置卷积。接下来，我们将更详细地讨论池化操作。

## 5.2.2 池化操作

之所以将池化操作（有时称为降采样操作）引入 CNN，主要是为了减少中间输出的大小，以及使 CNN 具有平移不变性。相比于没有填充的卷积导致的自然维数减少，我们更倾向于采用这种方式，因为我们可以决定在哪里减少输出大小，而不是每次强制它发生。用无填充的方式强制降维将严格限制 CNN 模型可以拥有的层数。

我们随后将以数学方式定义池化操作。更确切地说，我们将讨论两种类型的池：最大值池化和均值池化。首先，我们将定义符号。对于大小为 $n \times n$ 的输入和大小为 $m \times m$ 的内核（类似于卷积层的卷积核），其中 $n \geqslant m$，卷积操作在输入上滑动权重块。让我们用 $x$ 表示输入，用 $w$ 表示权重，$h$ 表示输出。

### 5.2.2.1 最大值池化

最大值池化操作在定义的输入内核中选择最大元素作为输出。最大值池化操作在输入上移动窗口（图 5.8 中的中间方块），并且每次取窗口内的最大值。

数学上，我们这样定义池化方程：

$$h_{i,j} = \max(\{x_{i,j}, x_{i,j+1}, \ldots, x_{i,j+m-1}, x_{i+1,j}, \ldots, x_{i+1,j+m-1}, \ldots, x_{i+m-1,j}, \ldots, x_{i+m-1,j+m-1}\}) \, where \, 1 \leqslant i, j \leqslant n-m+1$$

图 5.8 展示了这一操作。

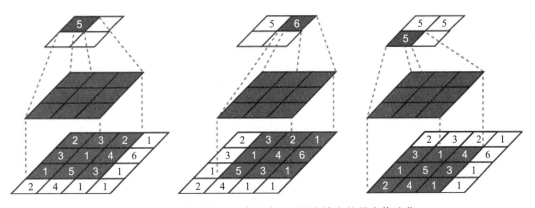

图 5.8 窗口大小为 3，步幅为 1，没有填充的最大值池化

#### 5.2.2.2 有步幅的最大值池化

有步幅的最大值池化与有步幅的卷积操作类似，这里是公式：

$$h_{i,j} = max(\{x_{(i-1)\times s_i+1,(j-1)\times s_j+1}, x_{(i-1)\times s_j+1,(j-1)\times s_j+2}, \ldots, x_{(i-1)\times s_i+1,(j-1)\times s_j+m}, x_{(i-1)\times s_i+2,(j-1)\times s_j+1}, \ldots,$$

$$x_{(i-1)\times s_i+2,(j-1)\times s_j+m}, \ldots, x_{(i-1)\times s_i+m,(j-1)\times s_j+1}, \ldots, x_{(i-1)\times s_i+m,(j-1)\times s_j+m}\})$$

其中，$1 \leqslant i \leqslant floor[(n-m)/s_i]+1$ 并且 $1 \leqslant j \leqslant floor[(n-m)/s_i]+1$

图 5.9 显示了输出结果。

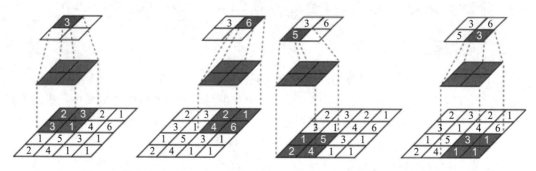

图 5.9　输入大小为 4，窗口大小为 2，步幅为 2，没有填充的最大值池化

#### 5.2.2.3 均值池化

均值池化的工作方式类似于最大值池化，但不取最大值，而是取窗口中所有输入的平均值。考虑以下等式：

$$h_{i,j} = \frac{x_{i,j}, x_{i,j+1}, \ldots, x_{i,j+m-1}, x_{i+1,j}, \ldots, x_{i+1,j+m-1}, \ldots, x_{i+m-1,j}, \ldots, x_{i+m-1,j+m-1}}{m \times m} \forall i \geqslant 1, j \leqslant n-m+1$$

均值池化操作如图 5.10 所示。

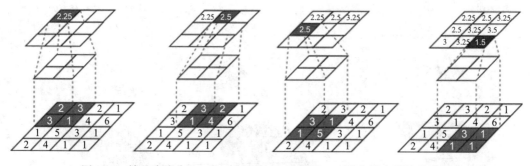

图 5.10　输入大小为 4，窗口大小为 2，步幅为 1，没有填充的均值池化

### 5.2.3　全连接层

全连接层是从输入到输出的完全连接的权重的集合。这些全连接的权重能够学习全局信息，因为它们将每个输入都连接到每个输出。此外，全连层允许将全连接层之前的卷积层

所学习的特征进行全局组合，以产生有意义的输出。

假如定义最后一个卷积或池化层的输出大小为 $p \times o \times d$，其中 $p$ 是输入的高度，$o$ 是输入的宽度，$d$ 是输入的深度。现在有一个 RGB 图像，它具有固定的高度，固定的宽度并且深度为 3（每个 RGB 分量对应一个深度通道）。

然后，对于在最后一个卷积池化层之后的第一个全连接层，权重矩阵将是 $w^{(m, \ p \times o \times d)}$，其中，层输出的长宽高的乘积是之前最后一层产生的输出单元数，$m$ 是全连接层中隐藏单元的数量。然后，在推理（或预测）期间，我们将最后一个卷积 / 池化层的输出重新调整为大小（$p \times o \times d$, 1）并执行以下矩阵乘法得到 $h$：

$$h^{(m \times 1)} = w^{(m, p \times o \times d)} x^{(p \times o \times d, 1)}$$

得到的全连接层的行为与在全连接的神经网络中一样，其中有几个全连接层和一个输出层。输出层可以是用于处理分类问题的 softmax 分类层，或用于回归问题的线性层。

### 5.2.4　组合成完整的 CNN

现在，我们讨论如何将卷积层、池化层和全连接层组合在一起形成一个完整的 CNN。

如图 5.11 所示，卷积层、池化层和全连接层组合在一起，形成一个端到端的学习模型，该模型的输入是原始数据，并最终产生有意义的输出（例如，物体的分类），而输入数据可以是高维数据（例如，RGB 图像）。首先，卷积层学习图像的空间特征。较低的卷积层学习低级特征，比如图像中不同方向的边缘，较高层学习更高级的特征，比如图像中的形状（例如，圆形和三角形）或物体的较大部分（例如，狗的脸、狗的尾巴和汽车的前部）。中间的池化层使这些学习到的特征都具有轻微的平移不变性。这意味着，在新图像中即使其特征与已学习的图像中出现的特征在位置上出现一点偏移，CNN 仍能识别该特征。最后，全连接层将 CNN 学习的高级特征组合在一起生成全局表示，由最后的输出层使用这些表示来确定物体所属的类别。

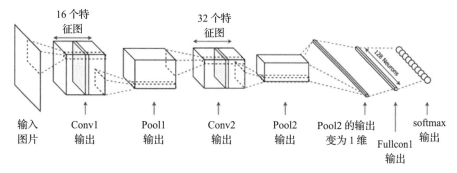

图 5.11　由卷积层、池化层、全连接层组成 CNN

## 5.3　练习：在 MNIST 数据集上用 CNN 进行图片分类

这是我们使用 CNN 执行实际机器学习任务的第一个例子，我们将使用 CNN 对图像进行分类。之所以没有一开始就执行 NLP 任务，原因是将 CNN 应用于 NLP 任务（例如，句子分类）并不是非常简单，它涉及几个技巧。然而，最初 CNN 被设计用于处理图像数据，因此，让我们就从图像处理开始，然后再进一步了解如何将 CNN 应用于 NLP 任务。

## 5.3.1 关于数据

在本练习中，我们将使用计算机视觉社区众所周知的数据集：MNIST 数据集。MNIST 数据集是从 0 到 9 的手写数字标记图像数据集，它包含三个不同的子数据集：训练集、验证集和测试集。我们将在训练集上进行训练，在未知的测试数据集上评估模型的性能，然后使用验证集来提高模型的性能，并用它来观察我们的模型。稍后我们会讨论细节。手写数字分类是图像分类中最简单的任务之一，可以通过简单的 CNN 很好地解决。我们会看到，在没有任何特殊的正则化或技巧的情况下，可以达到大约 98% 的测试准确度。

## 5.3.2 实现 CNN

在本小节中，我们将看到 CNN 的 TensorFlow 实现的一些重要代码片段，完整代码位于 ch5 文件夹中的 image_classification_mnist.ipynb 内。首先，我们定义用于输入（图像）和输出（标签）的 TensorFlow 占位符。然后，定义一个全局变量 step，用于衰减学习速率：

```
# Inputs and Outputs Placeholders
tf_inputs = tf.placeholder(shape=[batch_size, image_size, image_size,
n_channels],dtype=tf.float32,name='tf_mnist_images')
tf_labels = tf.placeholder(shape=[batch_size, n_classes],dtype=tf.
float32,name='tf_mnist_labels')

# Global step for decaying the learning rate
global_step = tf.Variable(0,trainable=False)
```

接下来，我们定义 TensorFlow 变量，它们是卷积层的权重和偏置以及全连接层的权重。我们在称为 layer_hyperparameters 的 Python 字典中为每个卷积层定义卷积核大小、步幅和填充；为每个池化层定义内窗口大小、步幅和填充；为每个全连接层定义输出单元数：

```
# Initializing the variables
layer_weights = {}
layer_biases = {}
for layer_id in cnn_layer_ids:
    if 'pool' not in layer_id:
        layer_weights[layer_id] =
tf.Variable(initial_value=tf.random_normal(shape=layer_
hyperparameters[layer_id]['weight_shape'],
stddev=0.02,dtype=tf.float32),name=layer_id+'_weights')
```

```
layer_biases[layer_id] = tf.Variable(initial_value=tf.random_
normal(shape=[layer_hyperparameters[layer_id]['weight_shape'][-1]],
stddev=0.01,dtype=tf.float32), name=layer_id+'_bias')
```

我们还将定义 logit 计算，Logit 是应用 softmax 激活之前输出层的值。为了计算这个值，我们将遍历每一层。

对于每个卷积层，我们将使用以下方法对输入进行卷积：

```
h = tf.nn.conv2d(h,layer_weights[layer_id],layer_
hyperparameters[layer_id]['stride'],
layer_hyperparameters[layer_id]['padding']) + layer_biases[layer_id]
```

这里，对于第一个卷积层，用 tf_inputs 替换 h 作为 tf.nn.conv2d 的输入。回想一下我们在第二章中详细讨论过 tf.nn.conv2d 的每个参数。这里，我们将简要地重新介绍 tf.nn.conv2d 的参数。tf.nn.conv2d（input, filter, strides, padding）按以下顺序接受如下参数值：

- input：这是进行卷积操作的输入，大小为 [batch size, input height, input width, input depth]
- filter：这是我们对输入进行卷积的卷积核，大小为 [filter height, filter width, input depth, output depth]
- strides：这是在输入的每一维度上的步幅，大小为 [batch stride, height stride, width stride, depth stride]
- padding：这是填充的类型，可以是 'SAME' 或者 'VALID'

我们也会应用一个非线性变换，如下所示：

```
h = tf.nn.relu(h)
```

然后，对于每个池化层，我们对输入进行降采样：

```
h = tf.nn.max_pool(h, layer_hyperparameters[layer_id]['kernel_
shape'],layer_hyperparameters[layer_id]['stride'],
layer_hyperparameters[layer_id]['padding'])
```

tf.nn.max_pool(input, ksize, strides, padding) 函数按以下顺序接受如下参数值：

- input：这是进行降采样的输入，大小为 [batch size, input height, input width, input depth]
- ksize：这是最大值池化在每一维度上的内核大小，大小为 [batch kernel size, height kernel size, width kernel, size, depth kernel size]
- strides：这是在输入的每一维度上的步幅，大小为 [batch stride, height stride, width stride, depth stride]
- padding：这可以是 'SAME' 或者 'VALID'

接着，对于第一个全连接层，我们调整输出的大小：

```
h = tf.reshape(h,[batch_size,-1])
```

然后，我们将输入乘以权重再加上偏置，之后进行非线性激活：

```
h = tf.matmul(h,layer_weights[layer_id]) + layer_biases[layer_id]
h = tf.nn.relu(h)
```

现在，我们计算 logits：

```
h = tf.matmul(h,layer_weights[layer_id]) + layer_biases[layer_id]
```

我们按照如下方式将 $h$ 的最后一个值（最后一层的输出）赋值给 tf_logits：

```
tf_logits = h
```

接下来，我们定义 softmax 交叉熵损失，这是有监督分类任务很常用的损失函数：

```
tf_loss = tf.nn.softmax_cross_entropy_with_logits_v2(logits=tf_
logits,labels=tf_labels)
```

我们还需要定义一个学习率，每当验证准确率在预定义的迭代周期（一个迭代时期是遍历一次整个数据集）次数后没有增加时，我们就将学习率降低一半。这称为学习率衰减：

```
tf_learning_rate = tf.train.exponential_decay(learning_
rate=0.001,global_step=global_step,decay_rate=0.5,decay_
steps=1,staircase=True)
```

接下来，我们使用称为 RMSPropOptimizer 的优化方法最小化损失函数，人们已经发现 RMSPropOptimizer 方法优于传统的随机梯度下降（SGD），尤其是在计算视觉中：

```
tf_loss_minimize = tf.train.RMSPropOptimizer(learning_rate=tf_
learning_rate, momentum=0.9).minimize(tf_loss)
```

最后，为了将预测标签与实际标签进行比较来计算预测的准确率，我们定义以下计算函数：

```
tf_predictions = tf.nn.softmax(tf_logits)
```

你刚刚了解了我们创建第一个 CNN 所用的函数。你学习了使用这些函数来实现 CNN 结构，还学习了定义损失、最小化损失函数和对未知数据进行预测。我们使用简单的 CNN 来学习对手写图像进行分类。此外，通过使用合理的简单 CNN，我们能够达到 98% 以上的准确率。接下来，我们将分析 CNN 产生的一些结果，我们将看到为什么 CNN 无法正确识别某些图像。

### 5.3.3 分析 CNN 产生的预测结果

这里，我们可以从测试集中随机选取一些分类正确和错误的样本，来评估 CNN 的学习能力（见图 5.12）。我们可以看到，对于分类正确的实例，CNN 对输出非常有信心，这可以认为是学习算法的良好特点。但是，当我们评估分类错误的示例时，我们可以看到它们实际上确实很难识别，甚至人工识别也可能会出现一些错误（例如，第二行左起第三个图像）。对于不正确的样本，CNN 通常不如对正确的样本那么确定，这也是一个很好的特性。此外，即使对错误分类的样本的最高置信度的预测结果是错误的，但正确的标签（对应的预测结果）通常不会被完全忽略，算法会根据预测值给出一些识别信息：

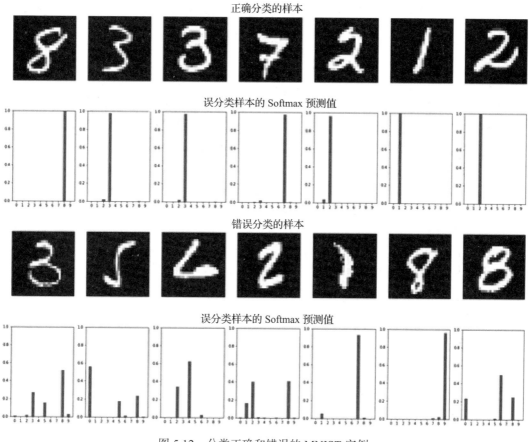

正确分类的样本

误分类样本的 Softmax 预测值

错误分类的样本

误分类样本的 Softmax 预测值

图 5.12　分类正确和错误的 MNIST 实例

## 5.4　用 CNN 进行句子分类

虽然 CNN 主要用于计算机视觉任务，但将它们应用在 NLP 中也没有什么阻碍。一种已经有效使用 CNN 的应用是句子分类。

所谓句子分类，是指将给定句子划分为某一类别。我们将使用一个问题数据库，其中每个问题都有一个标签，用来指示这个问题是关于什么的。例如，"Who was Abraham Lincoln?"是一个问题，它的标签将是"Person"。为此，我们使用 http://cogcomp.org/Data/QA/QC/ 上提供的句子分类数据集，在这里，有 1000 个带有各自标签的训练句子和 500 个测试句子。

我们将使用 Yoon Kim 在论文"*Convolutional Neural Networks for Sentence Classification*"中介绍的 CNN 网络来理解 CNN 对 NLP 任务的价值。然而，使用 CNN 进行句子分类与我们讨论过的 MNIST 例子有些不同，因为操作（例如，卷积和池化）现在要在一个维度而不是两个维度进行。此外，其池化操作也将与正常的池化操作有一定的差异，这些情况我们很快就会看到。你可以在 ch5 文件夹中的 cnn_sentence_classification.ipynb 文件内找到此练习的代码。

## 5.4.1　CNN 结构

现在，我们将讨论用于句子分类的 CNN 的技术细节。首先，我们将讨论如何将数据或句子转换为 CNN 可以很好处理的格式，接下来，我们将讨论卷积和池化操作如何适用于句子分类，最后，我们将讨论所有这些组件是如何连接的。

### 5.4.1.1　数据转换

我们假设有一个包含 $p$ 个单词的句子。首先，我们用一些特殊单词填充句子（如果句子的长度是 <$n$），将句子长度设置为 $n$ 个单词，其中 $n \geqslant p$。接下来，我们将通过大小为 $k$ 的向量表示句子中的每个单词，该向量可以是独热编码表示，或者是使用 skip-gram、CBOW 或 GloVe 学习的 Word2vec 词向量。然后，一组大小为 $b$ 的句子可以用 $b \times n \times k$ 矩阵表示。

让我们来看以下三句话：

- *Bob and Mary are friends.*
- *Bob plays soccer.*
- *Mary likes to sing in the choir.*

在这个例子中，第三个句子的单词最多，所以我们设置 $n = 7$，这是第三个句子中的单词数。接下来，让我们看一下每个单词的独热编码表示。在这里，有 13 个不同的单词。因此，我们得到：

*Bob: 1,0,0,0,0,0,0,0,0,0,0,0,0*

*and: 0,1,0,0,0,0,0,0,0,0,0,0,0*

*Mary: 0,0,1,0,0,0,0,0,0,0,0,0,0*

而且，出于同样的原因，$k = 13$。通过这种表示，我们可以将三个句子表示为大小为 $3 \times 7 \times 13$ 的三维矩阵，如图 5.13 所示。

### 5.4.1.2　卷积操作

如果我们忽略批次大小，也就是说，如果我们假设我们一次只处理一个句子，那么我们的数据就是一个 $n \times k$ 矩阵，其中 $n$ 是填充后每个句子的单词数，$k$ 是一个单词向量的维度。在我们的例子中，这是 $7 \times 13$。

现在我们将卷积权重矩阵定义为大小为 $m \times k$，其中 $m$ 是一维卷积运算的卷积核大小。通过将大小为 $n \times k$ 的输入 $x$ 与大小为 $m \times k$ 的权重矩阵 $W$ 进行卷积，将产生大小为 $1 \times n$ 的输出 $h$，如下所示：

$$h_{i,1} = \sum_{j=1}^{m} \sum_{l=1}^{k} w_{j,l} x_{i+j-1,l}$$

这里，$w_{i,j}$ 是 $W$ 的第 $(i, j)$ 个元素，我们将用零填充 $x$，使得 $h$ 的大小为 $1 \times n$。我们

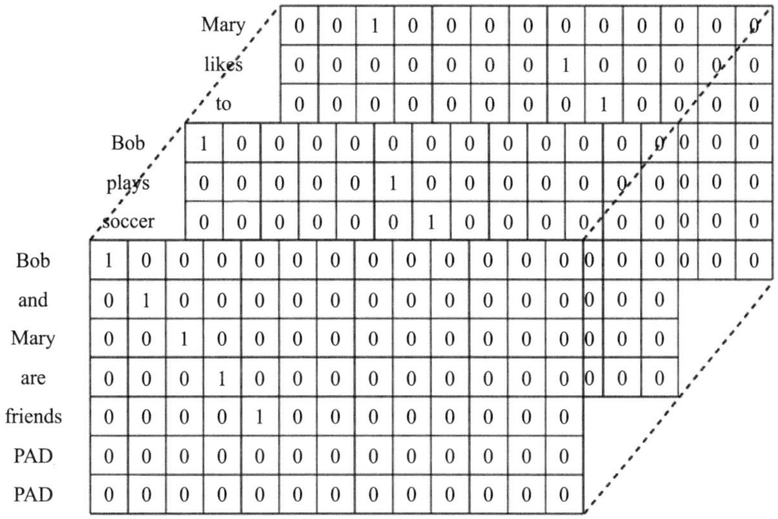

| | | | | | | | | | | | | | |
|---|---|---|---|---|---|---|---|---|---|---|---|---|---|
| Mary | 0 | 0 | 1 | 0 | 0 | 0 | 0 | 0 | 0 | 0 | 0 | 0 | 0 |
| likes | 0 | 0 | 0 | 0 | 0 | 0 | 0 | 1 | 0 | 0 | 0 | 0 | 0 |
| to | 0 | 0 | 0 | 0 | 0 | 0 | 0 | 1 | 0 | 0 | 0 | 0 | 0 |
| Bob | 1 | 0 | 0 | 0 | 0 | 0 | 0 | 0 | 0 | 0 | 0 | 0 | 0 |
| plays | 0 | 0 | 0 | 0 | 1 | 0 | 0 | 0 | 0 | 0 | 0 | 0 | 0 |
| soccer | 0 | 0 | 0 | 0 | 0 | 1 | 0 | 0 | 0 | 0 | 0 | 0 | 0 |

| | | | | | | | | | | | | | | | | | | |
|---|---|---|---|---|---|---|---|---|---|---|---|---|---|---|---|---|---|---|
| Bob | 1 | 0 | 0 | 0 | 0 | 0 | 0 | 0 | 0 | 0 | 0 | 0 | 0 | 0 | 0 | 0 | 0 |
| and | 0 | 1 | 0 | 0 | 0 | 0 | 0 | 0 | 0 | 0 | 0 | 0 | 0 | 0 | 0 | 0 | 0 |
| Mary | 0 | 0 | 1 | 0 | 0 | 0 | 0 | 0 | 0 | 0 | 0 | 0 | 0 | 0 | 0 | 0 | 0 |
| are | 0 | 0 | 0 | 1 | 0 | 0 | 0 | 0 | 0 | 0 | 0 | 0 | 0 | 0 | 0 | 0 | 0 |
| friends | 0 | 0 | 0 | 0 | 1 | 0 | 0 | 0 | 0 | 0 | 0 | 0 | 0 | 0 | 0 | 0 | 0 |
| PAD | 0 | 0 | 0 | 0 | 0 | 0 | 0 | 0 | 0 | 0 | 0 | 0 | 0 | 0 | 0 | 0 | 0 |
| PAD | 0 | 0 | 0 | 0 | 0 | 0 | 0 | 0 | 0 | 0 | 0 | 0 | 0 | 0 | 0 | 0 | 0 |

图 5.13　句子矩阵

将更简单地定义此操作，如下所示：

$$h = W * x + b$$

这里，* 定义卷积运算（带填充），我们将添加一个额外的标量偏置 $b$，图 5.14 说明了这个操作。

然后，为了学习一组丰富的特征，我们使用具有不同卷积核大小的并行卷积层。每个卷积层输出一个大小为 $1 \times n$ 的隐藏向量，我们连接这些输出，形成大小为 $q \times n$ 的下一层的输入，其中 $q$ 是我们将使用的并行层数。$q$ 越大，模型的性能越好。

卷积的值可以用以下方式理解。想想电影评级学习问题（它有两个类：正向还是负向），其中有以下句子：

- *I like the movie, not too bad*
- *I did not like the movie, bad*

现在想象一个大小为 5 的卷积窗口。让我们根据卷积窗口的移动来区分单词。

句子 "I like the movie, not too bad" 有以下结果：

*[I, like, the, movie, ',']*

*[like, the, movie, ',', not]*

*[the, movie, ',', not, too]*

*[movie, ',', not, too, bad]*

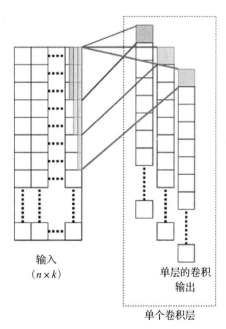

输入
（$n \times k$）

单层的卷积
输出

单个卷积层

图 5.14　句子分类的卷积操作

句子"I did not like the movie, bad"有以下结果：

*[I, did, not, like, the]*

*[did, not ,like, the, movie]*

*[not, like, the, movie, ',']*

*[like, the, movie, ',', bad]*

对于第一句话，如下所示的窗口表示评级为正：

*[I, like, the, movie, ',']*

*[movie, ',', not, too, bad]*

但对于第二句话，如下所示的窗口表示评级为负：

*[did, not, like, the, movie]*

可以看到，由于保留了空间信息，这样的模式有助于对评级进行分类。例如，如果你使用像词袋之类的技术来计算丢失空间信息的句子表示，那么句子表示将非常相似。卷积运算在保留句子的空间信息方面起着重要作用。

不同卷积核大小的 q 个不同层使得网络学习提取具有不同大小短语的评级，从而改进性能。

## 5.4.2　随时间池化

我们通过池化操作对先前讨论的并行卷积层产生的输出进行二次采样，这是通过以下方式实现的。

假设最后一层 h 的输出大小为 $q \times n$，随时间池化层将产生大小为 $q \times 1$ 的输出 h'。准确的计算如下：

$$h_{i,1}' = \{max(h^{(i)}) \, where \, 1 \leq i \leq q\}$$

这里，$h^{(i)} = W^{(i)} * x + b$ 和 $h^{(i)}$ 是由第 i 个卷积层产生的输出，$W^{(i)}$ 是该层的权重集。简而言之，随时间池化操作通过把每个卷积层的最大元素连接起来而创建向量，我们在图 5.15 中说明此操作：

通过将这些操作组合起来，我们最终得到图 5.16 所示的结构。

## 5.4.3　实现：用 CNN 进行句子分类

首先，我们将定义输入和输出。输入是一

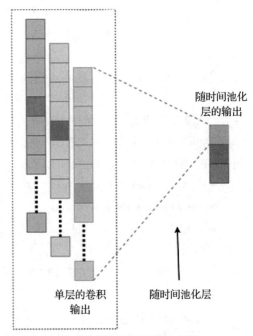

随时间池化层的输出

单层的卷积输出

随时间池化层

\* 我们用深色表示并行卷积层中的最大值

图 5.15　用于句子分类的随时间池化操作

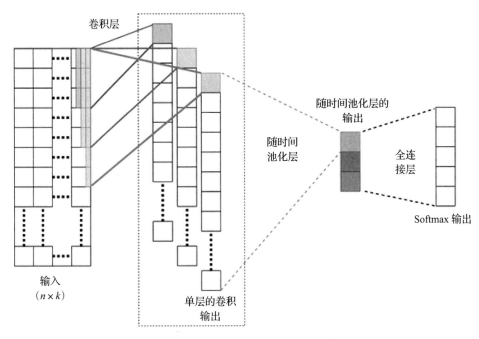

图 5.16　用于句子分类的 CNN 架构

批句子，其中单词由独热编码的单词向量表示。虽然单词嵌入将提供比独热编码表示更好的性能，但是，为简单起见，我们将使用独热编码表示：

```
sent_inputs = tf.placeholder(shape=[batch_size,sent_length,vocabulary_
size],dtype=tf.float32,name='sentence_inputs')
sent_labels = tf.placeholder(shape=[batch_size,num_classes],dtype=tf.
float32,name='sentence_labels')
```

在这里，我们将定义三个不同的一维卷积层及其各自的偏置，其中三个不同的卷积核大小分别为 3、5 和 7（在 filter_sizes 中作为列表提供）：

```
w1 = tf.Variable(tf.truncated_normal([filter_sizes[0],vocabulary_
size,1],stddev=0.02,dtype=tf.float32),name='weights_1')
b1 = tf.Variable(tf.random_uniform([1],0,0.01,dtype=tf.
float32),name='bias_1')

w2 = tf.Variable(tf.truncated_normal([filter_sizes[1],vocabulary_
size,1],stddev=0.02,dtype=tf.float32),name='weights_2')
b2 = tf.Variable(tf.random_uniform([1],0,0.01,dtype=tf.
float32),name='bias_2')

w3 = tf.Variable(tf.truncated_normal([filter_sizes[2],vocabulary_
size,1],stddev=0.02,dtype=tf.float32),name='weights_3')
b3 = tf.Variable(tf.random_uniform([1],0,0.01,dtype=tf.
float32),name='bias_3')
```

现在，我们将计算三个输出，正如我们刚刚定义的那样，每个输出属于一个卷积层，这可以使用 TensorFlow 中提供的 tf.nn.conv1d 函数轻松计算。我们使用步幅 1 和 0 填充来确保输出与输入具有相同的大小：

```
h1_1 = tf.nn.relu(tf.nn.conv1d(sent_inputs,w1,stride=1,padding='SAME'
) + b1)
h1_2 = tf.nn.relu(tf.nn.conv1d(sent_inputs,w2,stride=1,padding='SAME'
) + b2)
h1_3 = tf.nn.relu(tf.nn.conv1d(sent_inputs,w3,stride=1,padding='SAME'
) + b3)
```

为了计算随时间池化的最大值，我们需要在 TensorFlow 中编写基本函数来执行此操作，因为 TensorFlow 不提供执行此操作的原生函数。但是，编写这些函数非常容易。

首先，我们将计算每个卷积层产生的每个隐藏输出的最大值，这会为每个图层生成一个标量：

```
h2_1 = tf.reduce_max(h1_1,axis=1)
h2_2 = tf.reduce_max(h1_2,axis=1)
h2_3 = tf.reduce_max(h1_3,axis=1)
```

然后，我们将连接轴 1（宽度）上产生的输出，以产生大小为 $batchsize \times q$ 的输出：

```
h2 = tf.concat([h2_1,h2_2,h2_3],axis=1)
```

接下来，我们将定义全连接层，这些层将完全连接到由随时间池化层产生的 $batchsize \times q$ 的输出。在本例中，只有一个全连接层，这也是我们的输出层：

```
w_fc1 = tf.Variable(tf.truncated_normal([len(filter_sizes),num_
classes],stddev=0.5,dtype=tf.float32),name='weights_fulcon_1')
b_fc1 = tf.Variable(tf.random_uniform([num_classes],0,0.01,dtype=tf.
float32),name='bias_fulcon_1')
```

这里定义的函数会产生随后用于计算网络损失的 logits：

```
logits = tf.matmul(h2,w_fc1) + b_fc1
```

这里，通过对 logits 应用 softmax 激活，将得到预测结果：

```
predictions = tf.argmax(tf.nn.softmax(logits),axis=1)
```

同样，我们定义交叉熵损失函数：

```
loss = tf.reduce_mean(tf.nn.softmax_cross_entropy_with_logits_
v2(labels=sent_labels,logits=logits))
```

为了优化网络，我们使用一个称为 MomentumOptimizer 的 TensorFlow 内置优化函数：

```
optimizer = tf.train.MomentumOptimizer(learning_
rate=0.01,momentum=0.9).minimize(loss)
```

运行上面这些定义的操作可以优化 CNN，并评估练习中给出的测试数据，结果，在该句子分类任务中得到了接近 90%（500 个测试句子）的准确度。

在这里，我们将结束关于使用 CNN 进行句子分类的讨论。我们首先讨论了一维卷积运算如何与特殊的池化操作（称为随时间池化）结合，用于实现基于 CNN 架构的句子分类器。

最后，我们讨论了如何使用 TensorFlow 来实现这样的 CNN，并且看到它在实际的句子分类中表现良好。

了解我们刚解决的问题如何在现实世界中发挥作用可能很有用。假设你手中有一份关于罗马历史的大型文档，并且你想要在不阅读整篇文档的情况下了解 Julius Caesar。在这种情况下，我们刚刚实现的句子分类器可以用作一个方便的工具来找到只对应于某个人物的句子，因此你不必阅读整个文档。

句子分类也可用于许多其他任务，一个常见的用途是将电影评论分类为正向或负向，这对自动计算电影评级很有用。在医学领域中，可以看到句子分类的另一个重要应用，即从包含大量文本的大型文档中提取在临床上有用的句子。

## 5.5　总结

在本章中，我们讨论了 CNN 及其各种应用。首先，我们详细解释了 CNN 是什么，以及它在机器学习任务方面的出色能力。接下来，我们将 CNN 分解为几个组件（例如，卷积和池化层），并详细讨论这些操作的工作原理。此外，我们讨论了几个与这些操作相关的超参数，比如卷积核大小、步幅和填充。然后，为了说明 CNN 的功能，我们介绍了一个简单的例子，将手写数字图像分类到对应的图像类别。我们还对结果进行一些分析，来了解为什么 CNN 无法正确识别某些图像。最后，我们讨论如何将 CNN 应用于 NLP 任务。具体而言，我们讨论了可用于句子分类的 CNN 的改进架构。然后，我们实现了这个特定的 CNN 架构，并在实际的句子分类任务上进行了测试。

在下一章中，我们将继续讨论用于许多 NLP 任务的最流行的神经网络之一：递归神经网络（RNN）。

CHAPTER 6

第 **6** 章

# 递归神经网络

递归神经网络（RNN）是一个特殊的神经网络系列，旨在处理序列数据（即时间序列数据），例如一系列文本（比如，可变长度句子或文档）或股票市场价格。RNN 维护一个状态变量，用于捕获序列数据中存在的各种模式，因此，它们能够对序列数据建模。传统的前馈神经网络不具备这种能力，除非用捕获到的序列中重要模式的特征表示来表示数据。然而，提取这样的特征表示是非常困难的。对序列数据建模的前馈模型的另一替代方案是对时间 /序列中的每个位置有单独的参数集，这样，分配给某个位置的参数集就可以学习在该位置发生的模式。但是，这将大幅增加模型对内存的需求。

然而，与前馈网络在每个位置都要有单独的参数集相反，RNN 随时间共享相同的参数集。随时间共享参数是 RNN 的重要部分，实际上这是 RNN 能学习序列每一时刻模式的主要原因之一。然后，对于我们在序列中观察到的每个输入，状态变量将随时间更新。在给定先前观察到的序列值的情况下，这些随时间共享的参数通过与状态向量组合，能够预测序列的下一个值。此外，由于我们一次只处理序列的一个元素（例如，一次处理文档中的一个单词），因此，RNN 可以处理任意长度的数据，而无须使用特殊标记填充数据。

在本章中，我们将深入探讨 RNN 的细节。首先，我们将讨论如何通过简单的前馈模型形成 RNN。在此之后，我们将讨论 RNN 的基本功能。我们还将深入探讨潜在的数学公式（例如 RNN 的输出计算和参数更新规则），并讨论 RNN 应用的几种变体：一对一、一对多和多对多 RNN。我们将介绍一个基于训练数据集用 RNN 生成新文本的示例，并讨论 RNN 的一些局限性。在计算所生成的文本并进行评估之后，我们将讨论一种更好的 RNN 扩展算法，称为 RNN-CF，与常规 RNN 相比，它的记忆更长久。

## 6.1 理解递归神经网络

在本节中，我们将讨论 RNN 是什么，首先介绍 RNN，然后转向更深入的技术细节。我们之前提到 RNN 会维持一个状态变量，这个变量会随时间演化，这在 RNN 接触到更多数据时发生，由此实现对序列数据建模。特别是，一组循环连接会随时间更新该状态变量。

循环连接是 RNN 和前馈网络之间的主要结构差异。可以将循环连接理解为 RNN 过去学习的一系列存储状态之间的链接，再连接到 RNN 的当前状态变量。换句话说，循环连接根据 RNN 过去的存储状态更新当前状态变量，使 RNN 能够基于当前输入以及先前输入进行预测。在接下来的内容中，首先，我们将讨论如何将前馈网络表示为计算图，然后我们将通过一个示例讨论为什么前馈网络在应对序列任务时可能失败。之后，我们调整该前馈图，以便对序列数据进行建模，这会得到 RNN 的基本计算图。我们还将讨论 RNN 的技术细节（例如，更新规则）。最后，我们将讨论训练 RNN 模型的细节。

## 6.1.1　前馈神经网络的问题

为了理解前馈神经网络的限制，以及 RNN 是如何克服这些限制的，我们先假定有一个数据序列：

$$x = \{x_1, x_2, \ldots, x_T\}, y = \{y_1, y_2, \ldots, y_T\}$$

接下来，我们假定在现实世界中，$x$ 和 $y$ 是由以下关系联系起来的

$$h_t = g_1(x_t, h_{t-1})$$

$$y_t = g_2(h_t)$$

这里，$g_1$ 和 $g_2$ 是某些函数。这意味着，当前输出 $y_t$ 取决于产生 $x$ 和 $y$ 输出的模型的某个状态所呈现的当前状态 $h_t$。此外，$h_t$ 是使用当前输入 $x_t$ 和先前状态 $h_{t-1}$ 计算得到的，该状态对模型历史上所观察到的以前的输入的相关信息进行编码。

现在，让我们想象一个以如下公式表示的简单的前馈神经网络：

$$y_t = f(x_t; \theta)$$

这里，$y_t$ 是某个输入 $x_t$ 的预测输出。

如果我们使用前馈神经网络来解决这个任务，那么网络将不得不将 $\{x_1, x_2, \cdots, x_T\}$ 作为输入，然后一次产生一个 $\{y_1, y_2 \cdots, y_T\}$。现在，让我们考虑一下我们在此解决方案中遇到的时间序列问题。

前馈神经网络在时间 $t$ 的预测输出 $y_t$ 仅取决于当前输入 $x_t$。换句话说，它对产生 $x_t$ 的输入（即 $\{x_1, x_2, \cdots, x_{t-1}\}$）没有任何了解。因此，前馈神经网络不能完成该任务，因为这个任务中，当前输出不仅取决于当前输入，还取决于先前的输入。让我们通过一个例子来理解这一点。

假设我们需要训练一个神经网络来填补缺失的单词。我们有以下短句，我们想预测下一个词：

*James had a cat and it likes to drink ____.*

如果我们使用前馈神经网络，并且一次处理一个单词，则只会输入 drink，这根本不足以理解这个短句，甚至是无法理解上下文（drink 这个词可以出现在许多不同的上下文中）。或许有人会说，我们可以一次处理整个句子来取得好的结果。即使这是真的，这种方法也有

局限性，例如对很长的句子，这样做就会变得不切实际。

## 6.1.2　用递归神经网络进行建模

另一方面，我们可以用 RNN 来解决这个问题，我们先从已有的数据开始：

$$x = \{x_1, x_2, \ldots, x_T\}, y = \{y_1, y_2, \ldots, y_T\}$$

假定我们有以下关系：

$$h_t = g_1(x_t, h_{t-1})$$
$$y_t = g_2(h_t)$$

现在，让我们用参数是 $\theta$ 的函数逼近器 $f_1(x_t, h_{t-1}; \theta)$ 替换 $g_1$，它将当前输入 $x_t$ 和以前的系统状态 $h_{t-1}$ 作为输入，产生当前状态 $h_t$。然后，我们将用 $f_2(h_t; \varphi)$ 替换 $g_2$，它的输入是系统当前状态 $h_t$，产生 $y_t$。如下所示：

$$h_t = f_1(x_t, h_{t-1}; \theta)$$
$$y_t = f_2(h_t; \varphi)$$

我们可以将 $f_1 \circ f_2$ 看作产生 $x$ 和 $y$ 的真正模型的近似。

为了更清楚地理解这一点，我们将等式作如下展开：

$$y_t = f_2(f_1(x_t, h_{t-1}; \theta); \varphi)$$

例如，我们将 $y_4$ 表示成如下形式：

$$y_4 = f_2(f_1(x_4, h_3; \theta); \varphi)$$

此外，通过展开，我们得到以下结果（为了清楚起见，省略 $\theta$ 和 $\varphi$）：

$$y_4 = f_2(f_1(x_4, f_2(f_1(x_3, f_2(f_1(x_2, f_2(f_1(x_1, h_0)))))))))$$

这可以在图中说明，如图 6.1 所示。

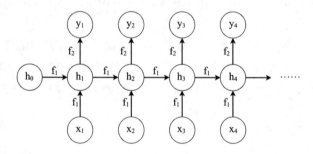

图 6.1　$x_t$ 和 $y_t$ 展开后的关系

对于任意给定的时间步长 $t$，我们通常可以得到如图 6.2 所示的这样一个图。

但是，$h_{t-1}$ 实际上是输入 $x_t$ 之前的 $h_t$。换句话说，$h_{t-1}$ 在一步之前是 $h_t$。因此，我们可以用循环连接来表示 $h_t$ 的计算，如图 6.3 所示。

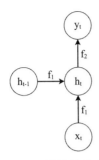

图 6.2　RNN 结构的单步计算

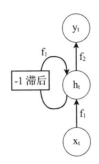

图 6.3　采用循环连接的 RNN 单步计算

图 6.3 中，对 $\{x_1, x_2, \cdots, x_T\}$ 映射到 $\{y_1, y_2, \cdots, y_r\}$ 的链式等式进行归纳的能力使得我们可以用 $x_t$、$h_{t-1}$ 和 $h_t$ 来输出任何 $y_t$，这是 RNN 背后的关键思想。

### 6.1.3　递归神经网络的技术描述

现在，让我们更仔细地探讨 RNN 是什么，并为 RNN 中的计算定义数学等式。让我们先从两个从 $x_t$ 学习 $y_t$ 的近似函数开始：

$$h_t = f_1(x_t, h_{t-1}; \theta)$$
$$y_t = f_2(h_t; \varphi)$$

正如我们所看到的，神经网络由一组权重和偏置以及一些非线性激活函数组成。因此，我们可以将上面的关系写成如下形式：

$$h_t = \tanh(Ux_t + Wh_{t-1})$$

这里，*tanh* 是 tanh 激活函数，$U$ 是大小为 $m \times d$ 的权重矩阵，其中 $m$ 是隐藏单元的数量，$d$ 是输入的维数。此外，$W$ 是创建从 $h_{t-1}$ 到 $h_t$ 循环链的权重矩阵，大小为 $m \times m$。$y_t$ 关系由以下等式给出：

$$y_t = \text{softmax}(Vh_t)$$

这里，$V$ 是大小为 $c \times m$ 的权重矩阵，$c$ 是输出的维数（可以是输出类别的数量）。图 6.4 说明了这些权重如何形成 RNN。

到目前为止，我们已经看到如何用包含计算节点的图来表示 RNN，其中边表示相应计算。此外，我们探讨了 RNN 背后的数学原理。现在让我们看看如何优化（或训练）RNN 的权重，以学习序列数据。

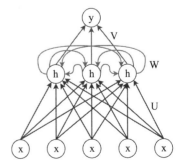

## 6.2　基于时间的反向传播

训练 RNN 需要使用一种特殊的反向传播，称为基于时间的反向传播（BPTT）。但是，要了解 BPTT，首先需要了解反

图 6.4　RNN 的结构

向传播（BP）的工作原理。然后，我们将讨论为什么 BP 不能直接应用于 RNN，但经过调整的 BP 如何适应 RNN，从而产生 BPTT。最后，我们将讨论 BPTT 中存在的两个主要问题。

## 6.2.1　反向传播的工作原理

反向传播是用于训练前馈神经网络的技术。在反向传播中，将执行以下操作：

1. 计算给定输入的预测结果

2. 比较预测结果与输入的实际标签，以计算预测误差 $E$（例如，均方误差和交叉熵损失）

3. 通过在所有 $w_{ij}$ 的梯度 $\partial E/\partial w_{ij}$ 的相反方向上前进一小步，更新前馈网络的权重，以便最小化步骤 2 中计算的损失，其中 $w_{ij}$ 是第 $i$ 层的第 $j$ 个权重

为了便于更清楚地理解，请考虑图 6.5 中描述的前馈网络。它有两个单一权重 $w_1$ 和 $w_2$，计算得到两个输出 $h$ 和 $y$，如图所示。为简单起见，我们假设模型中没有非线性激活。

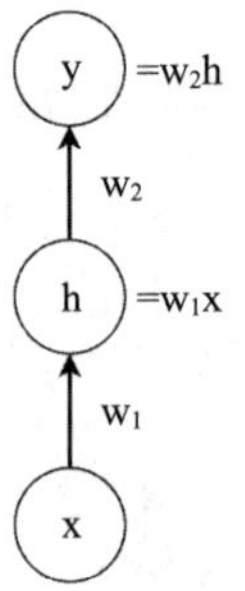

我们可以用以下链式法则计算 $\dfrac{\partial E}{\partial w_1}$：

$$\frac{\partial E}{\partial w_1} = \frac{\partial L}{\partial y}\frac{\partial y}{\partial h}\frac{\partial h}{\partial w_1}$$

可以简化为如下形式：

$$\frac{\partial E}{\partial w_1} = \frac{\partial (y-l)^2}{\partial y}\frac{\partial (w_2 h)}{\partial h}\frac{\partial (w_1 x)}{\partial w_1}$$

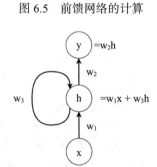

图 6.5　前馈网络的计算

这里，$l$ 是数据点 $x$ 的正确标签。此外，我们假设损失函数是均方误差。定义所有内容后，计算 $\dfrac{\partial E}{\partial w_1}$ 非常简单。

## 6.2.2　为什么 RNN 不能直接使用反向传播

现在，让我们尝试对图 6.6 中的 RNN 进行相同的处理。现在我们多了额外的循环权重 $w_3$。为了明确我们试图强调的问题，我们省略了输入和输出中的时间成分。

让我们看一下，当我们应用链式法则计算 $\dfrac{\partial E}{\partial w_3}$ 的时候会发生什么：

图 6.6　RNN 的计算

$$\frac{\partial E}{\partial w_3} = \frac{\partial L}{\partial y}\frac{\partial y}{\partial h}\frac{\partial h}{\partial w_3}$$

这可以变成如下形式：

$$\frac{\partial E}{\partial w_3} = \frac{\partial (y-l)^2}{\partial y}\frac{\partial (w_2 h)}{\partial h}\left(\frac{\partial (w_1 x)}{\partial w_3} + \frac{\partial (w_3 h)}{\partial w_3}\right)$$

$\dfrac{\partial(w_3 h)}{\partial w_3}$ 会产生问题，因为这是个递归的变量。你最终会得到无穷多的导数项，因为 $h$

是递归的（也就是说，计算 $h$ 包括 $h$ 本身），而 $h$ 不是常数并依赖于 $w_3$。若要解决这一问题，可以将输入序列随时间展开，为每个输入 $x_t$ 创建 RNN 的副本，并分别计算每个副本的导数，并通过计算梯度的总和将它们回滚，以计算需要更新的权重大小。我们接下来将讨论细节。

## 6.2.3 基于时间的反向传播：训练 RNN

计算 RNN 反向传播的技巧是不考虑单个输入，而是考虑完整的输入序列。然后，如果

我们计算第 4 个时间步的 $\dfrac{\partial E}{\partial w_3}$，我们会得到如下结果：

$$\frac{\partial E}{\partial w_3} = \sum_{j=1}^{3} \frac{\partial L}{\partial y_4} \frac{\partial y_4}{\partial h_4} \frac{\partial h_4}{\partial h_j} \frac{\partial h_j}{\partial w_3}$$

这意味着我们需要计算直到第 4 个时间点的所有时间步的梯度之和，换句话说，我们首先展开序列，以便可以对每个时间步 $j$ 计算 $\dfrac{\partial h_4}{\partial h_j}$ 和 $\dfrac{\partial h_j}{\partial w_3}$，这是通过创建 4 份 RNN 的副本完成的。所以，为了计算 $\dfrac{\partial h_t}{\partial h_j}$，我们需要 $t - j + 1$ 个 RNN 副本。然后，我们将副本汇总到单个 RNN，求所有先前时间步长的梯度和得到一个梯度，并用梯度 $\dfrac{\partial E}{\partial w_3}$ 更新 RNN。

然而，随着时间步数的增加，这会使计算变得昂贵。为了获得更高的计算效率，我们可以使用 BPTT 的近似，即截断的基于时间的反向传播（TBPTT），来优化递归模型。

## 6.2.4 截断的 BPTT：更有效地训练 RNN

在 TBPTT 中，我们仅计算固定数量的 $T$ 个时间步长的梯度（与在 BPTT 中计算到序列

的最开始不同）。更具体地说，当计算时间步长 $t$ 的 $\dfrac{\partial E}{\partial w_3}$ 时，我们只计算导数到 $t - T$（也就是说，我们不计算直到最开始的导数）：

$$\frac{\partial E}{\partial w_3} = \sum_{j=t-T}^{t-1} \frac{\partial L}{\partial y_t} \frac{\partial y_t}{\partial h_t} \frac{\partial h_t}{\partial h_j} \frac{\partial h_j}{\partial w_3}$$

这比标准 BPTT 计算效率高得多。在标准 BPTT 中，对于每个时间步长 $t$，我们计算直到序列最开始的导数。但随着序列长度变得越来越大（例如，逐字处理文本文档），这在计

算上变得不可行。但是，在截断的 BPTT 中，我们仅向后计算固定数量的导数，可以想到，随着序列变大，计算成本不会改变。

## 6.2.5 BPTT 的限制：梯度消失和梯度爆炸

拥有计算递归权重梯度的方法，并拥有高效的近似计算算法（如 TBPTT），并没能让我们完全没有问题地训练 RNN。计算时可能会出现其他问题。要明白为什么会这样，让我们展开 $\dfrac{\partial E}{\partial w_3}$ 中的单独一项，如下所示：

$$\frac{\partial L}{\partial y_4}\frac{\partial y_4}{\partial h_4}\frac{\partial h_4}{\partial h_1}\frac{\partial h_1}{\partial w_3} = \frac{\partial L}{\partial y_4}\frac{\partial y_4}{\partial h_4}\frac{\partial (w_1 x + w_3 h_3)}{\partial h_1}\frac{\partial (w_1 x + w_3 h_0)}{\partial w_3}$$

由于我们知道是循环连接导致了反向传播的问题，因此我们忽略 $w_1 x$，考虑如下：

$$\frac{\partial L}{\partial y_4}\frac{\partial y_4}{\partial h_4}\frac{\partial (w_3 h_3)}{\partial h_1}\frac{\partial (w_3 h_0)}{\partial w_3}$$

通过简单地展开 $h_3$ 并做简单的算术运算，我们可以得到：

$$= \frac{\partial L}{\partial y_4}\frac{\partial y_4}{\partial h_4} h_0 w_3^3$$

我们看到，当只有 4 个时间步时，我们有一项 $w_3^3$。因此，在第 $n$ 个时间步，它将变为 $w_3^{n-1}$。如果我们初始化 $w_3$ 为非常小的值（比如说 0.00001），那么在 $n = 100$ 时间步长，梯度将是无穷小（比例为 $0.1^{500}$）。此外，由于计算机在表示数字方面的精度有限，因此将忽略这次更新（即算术下溢），这被称为梯度消失。解决梯度消失并不是很简单，没有简单的方法重新缩放梯度，来让它们能够在时间上正确传播。能够在一定程度上解决梯度消失问题的几种技术是在初始化权重的时候格外仔细（例如，Xavier 初始化），或使用基于动量的优化方法（也就是说，除了当前的梯度更新，还添加了一个额外项，它是所有过去梯度的累积，称为速度项）。然而，对于这个问题，我们已经发现更多原则性的解决方法，比如对标准 RNN 的各种结构性的改造，我们将在第 7 章中介绍。

另一方面，假设我们将 $w_3$ 初始化为非常大的值（比如说 1000.00），那么，在 $n = 100$ 时间步长，梯度将是巨大的（比例为 $10^{300}$）。这会导致数值不稳定，你会在 Python 中得到诸如 Inf 或 NaN（即不是数字）之类的值，这称为梯度爆炸。

问题的损失面的复杂性也可能导致发生梯度爆炸。由于输入的维数以及模型中存在的大量参数（权重），复杂的非凸损失面在深度神经网络中非常常见。图 6.7 显示了 RNN 的损失面，突出显示了非常高的曲率形成了墙。如图中的实线所示，如果优化方法碰到这样的墙，那么梯度将爆炸或过冲。这可能导致损失最小化很差或数值不稳定性，或两者兼而有之。在这种情况下，避免梯度爆炸的简单解决方案是在梯度大于某个阈值时，将梯度剪裁为合理小的值。图中的虚线表示当我们将梯度剪裁为某个较小值时会发生什么。论文 "*On the difficulty of training recurrent neural networks*"（作者是 *Pascanu*、*Mikolov* 和 *Bengio*, *International Conference on*

*Machine Learning* (2013): 1310-1318）中详细介绍了梯度剪裁。

接下来，我们将讨论应用 RNN 解决问题的各种方法。这些应用包括句子分类、生成图像字幕和机器翻译。我们把 RNN 分为几个不同的类别，例如一对一、一对多、多对一和多对多。

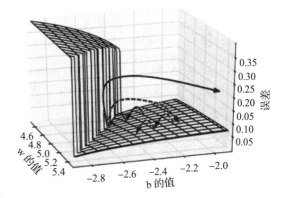

图 6.7　梯度爆炸现象

来源：图片摘自 "On the difficulty of training recurrent neural networks"

## 6.3　RNN 的应用

到目前为止，我们所讨论的是一对一的 RNN，其中，当前输出取决于当前输入以及先前观察到的输入历史。这意味着存在先前观察到的输入序列和当前输入的产生的输出。然而，在实际中，可能存在这样的情况：一个输入序列只有一个输出、一个输入产生一个输出序列，以及一个输入序列产生一个序列大小不同的输出序列。在本节中，我们将介绍一些此类应用。

### 6.3.1　一对一 RNN

在一对一 RNN 中，当前输入取决于先前观察到的输入（见图 6.8）。这种 RNN 适用于每个输入都有输出的问题，但其输出取决于当前输入和导致当前输入的输入历史。这种任务的一个例子是股票市场预测，其中，我们根据当前输入的值得到输出，并且该输出还取决于先前输入的表现。另一个例子是场景分类，我们对图像中的每个像素进行标记（例如，诸如汽车、道路和人的标签）。对于某些问题，有时 $x_{t+1}$ 可能与 $y_t$ 相同。例如，在文本生成问题中，先前预测的单词变为预测下一个单词的输入。图 6-8 描绘了一对一的 RNN。

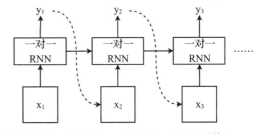

\* 虚线表示 $x_{t+1}$ 可以和 $y_t$ 一样或者 $x_{t+1}$ 是独立的输入

图 6.8　一对一 RNN 的时间依存关系

### 6.3.2　一对多 RNN

一对多 RNN 接受一个输入并输出一个序列（参见图 6.9）。在这里，我们假设输入彼此独立，也就是说，我们不需要用先前的输入的相关信息来预测当前输入。但是，需要循环连接，因为尽管处理单个输入，但输出是依赖于先前输出值的一系列值。使用这种 RNN 的一个任务是生成图像标题。例如，对于给定的输入图像，文本标题可以由五个或十个单词组成。换句话说，RNN 将持续预测单词，直到输出能描述图像的有意义的短句。图 6.9 描绘了一对多 RNN。

### 6.3.3 多对一 RNN

多对一 RNN 输入任意长度的序列，产生一个输出（见图 6.10）。句子分类就是受益于多对一 RNN 的任务。句子是任意长度的单词序列，它被视为网络的输入，用于产生将句子分类为一组预定义类别之一的输出。句子分类的一些具体例子如下：

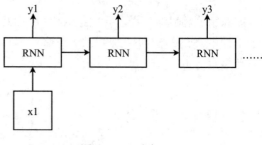

图 6.9 一对多 DNN

- 将电影评论分类为正向或负向陈述（即情感分析）
- 根据句子描述的内容（例如，人物、物体和位置）对句子进行分类

多对一 RNN 的另一个应用是通过一次只处理图像的一块，并在整个图像上移动这个窗口，来对大尺寸图像进行分类。

图 6.10 描绘了多对一 RNN。

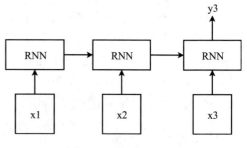

图 6.10 多对一 RNN

### 6.3.4 多对多 RNN

多对多 RNN 通常根据任意长度的输入产生任意长度的输出（见图 6.11），换句话说，输入和输出不必具有相同的长度。这在将句子从一种语言翻译成另一种语言的机器翻译中特别有用，可以想象，某种语言的一个句子并不总是能与另一种语言的句子对齐。另一个这样的例子是聊天机器人，其中，聊天机器人读取一系列单词（即用户请求），并输出一系列单词（即答案）。图 6.11 描绘了多对多 RNN。

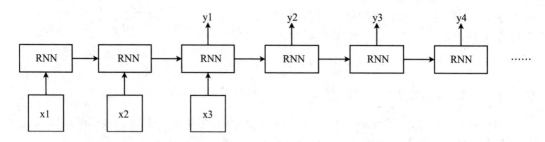

图 6.11 多对多 RNN

我们对前馈网络和 RNN 的不同应用类型总结如下：

| 算法 | 描述 | 应用 |
|---|---|---|
| 一对一 RNN | 单输入单输出。当前输入依赖之前观察到的输入 | 股票预测、场景分类和文本生成 |
| 一对多 RNN | 输入单个元素，输出任意数量的元素 | 图像描述 |
| 多对一 RNN | 输入序列，输出单个元素 | 句子分类（包括单个字作为输入） |
| 多对多 RNN | 输入任意长度的序列，输出任意长度的序列 | 机器翻译聊天机器人 |

## 6.4 用 RNN 产生文本

现在让我们看一下用 RNN 执行有趣任务的第一个例子。在本练习中，我们使用 RNN 生成一个童话故事！这是一对一的 RNN 问题。我们在一系列童话故事中训练单层 RNN，然后要求 RNN 生成一个新故事。对于这项任务，我们将使用一个包含 20 个不同故事的小型文本语料库（我们稍后会增加）。这个例子也会突显出 RNN 的一个关键局限性：缺乏持久的长期记忆。此练习位于 ch6 文件夹中的 rnn_language_bigram.ipynb 内。

### 6.4.1 定义超参数

首先，我们定义 RNN 所需的几个超参数，如下所示：

● 一个时间步中需要执行的展开数量。这是输入展开的步骤数，6.2.4 节对此进行了讨论。该数字越大，RNN 的记忆的时间越长。但是，由于梯度消失，对于非常高的 num_unroll 值（例如，大于 50），此值的效果会消失。请注意，增加 num_unroll 也会增加程序的内存需求。

● 每一批训练数据、验证数据和测试数据的大小。较高的批大小通常会导致更好的结果，因为我们在每个优化步骤中能看到更多数据，但就像 num_unroll 一样，这会导致更高的内存需求。

● 输入、输出和隐藏层的维度。增加隐藏层的维度通常会带来更好的性能。

但请注意，增加隐藏层的大小会导致所有三组权重（即 U、W 和 V）大小增加，从而导致高计算量。

首先，我们定义展开数量、批大小和测试批大小：

```
num_unroll = 50
batch_size = 64
test_batch_size = 1
```

接下来定义隐藏层的单元数（我们使用单隐藏层的 RNN），然后是输入输出大小。

```
hidden = 64
in_size,out_size = vocabulary_size,vocabulary_size
```

### 6.4.2 将输入随时间展开用于截断的 BPTT

正如我们之前看到的，随时间展开输入是 RNN 优化过程（TBPTT）的重要部分。因此，这是我们的下一步：定义如何随时间展开输入。

让我们用一个例子来理解如何完成这一过程：

*Bob and Mary went to buy some flowers.*

假设我们以字符级别的粒度处理数据。另外，考虑处理一批数据，并且展开的步骤数（num_unroll）是 5。

首先，我们将句子分解成字符：

'B', 'o', 'b', ' ', 'a', 'n', 'd', ' ', 'M', 'a', 'r', 'y', ' ', 'w', 'e', 'n', 't', ' ', 't', 'o', ' ', 'b', 'u',
'y', ' ', 's', 'o', 'm', 'e', ' ', 'f', 'l', 'o', 'w', 'e', 'r', 's'

如果我们取前 3 批输入和输出并将其展开，结果如下所示：

| 输入 | 输出 |
| --- | --- |
| 'B', 'o', 'b', ' ', 'a' | 'o', ' ', 'b', 'a', 'n' |
| 'n', 'd', ' ', 'M', 'a' | 'd', ' ', 'M', 'a', 'r' |
| 'r', 'y', ' ', 'w', 'e' | 'y', ' ', 'w', 'e', 'n' |

这样，不像一次处理单个字符，RNN 可以一次看到相对长的数据序列。因此，它可以保留更长的序列记忆：

```
train_dataset, train_labels = [],[]
for ui in range(num_unroll):
    train_dataset.append(tf.placeholder(tf.float32,
        shape=[batch_size,in_size],name='train_dataset_%d'%ui))
    train_labels.append(tf.placeholder(tf.float32,
        shape=[batch_size,out_size],name='train_labels_%d'%ui))
```

### 6.4.3　定义验证数据集

我们将定义验证数据集来衡量 RNN 随时间变化的性能。我们没有使用验证集中的数据进行训练，只观察验证数据的预测结果，将其作为 RNN 性能的指标：

```
valid_dataset = tf.placeholder(tf.float32,
    shape=[1,in_size],name='valid_dataset')
valid_labels = tf.placeholder(tf.float32,
    shape=[1,out_size],name='valid_labels')
```

我们抽取较长的故事中最后的一部分作为验证集，你可以理解代码中的详细信息，因为代码有详细的注释。

### 6.4.4　定义权重和偏置

这里我们定义 RNN 参数的一些权重和偏置：

- W_xh：输入和隐藏层之间的权重

- W_hh：隐藏层的循环连接的权重
- W_hy：隐藏层和输出之间的权重

```
W_xh = tf.Variable(tf.truncated_normal(
                   [in_size,hidden],stddev=0.02,
                   dtype=tf.float32),name='W_xh')
W_hh = tf.Variable(tf.truncated_normal([hidden,hidden],
                   stddev=0.02,
                   dtype=tf.float32),name='W_hh')
W_hy = tf.Variable(tf.truncated_normal(
                   [hidden,out_size],stddev=0.02,
                   dtype=tf.float32),name='W_hy')
```

## 6.4.5 定义状态持续变量

在这里，我们定义将 RNN 与前馈神经网络区分开来的最重要元素之一：RNN 的状态。状态变量代表 RNN 的记忆，此外，这些变量被定义为不可训练的 TensorFlow 变量。

我们首先定义变量（训练数据：prev_train_h，验证数据：prev_valid_h）来存储用于计算当前隐藏状态的隐藏层先前状态。我们定义两个状态变量，一个状态变量在训练期间存储 RNN 的状态，另一个状态变量在验证期间存储 RNN 的状态：

```
prev_train_h = tf.Variable(tf.zeros([batch_size,hidden],
                   dtype=tf.float32),name='train_h',trainable=False)
                   name='prev_h1',trainable=False)
prev_valid_h = tf.Variable(tf.zeros([1,hidden],dtype=tf.float32),
                   name='valid_h',trainable=False)
```

## 6.4.6 用展开的输入计算隐藏状态和输出

接下来，我们定义每个展开输入的隐藏层计算、非标准化得分和预测结果。为了计算每个隐藏层的输出，我们维护 num_unroll 个隐藏状态输出（即代码中的 outpus），用来表示每个展开元素。然后计算所有 num_unroll 步骤的非标准化预测（也称为 logits 或得分）和 softmax 预测：

```
# Appending the calculated output of RNN for each step in
# the num_unroll steps
outputs = list()

# This will be iteratively used within num_unroll steps of calculation
output_h = prev_train_h

# Calculating the output of the RNN for num_unroll steps
# (as required by the truncated BPTT)
for ui in range(num_unroll):
        output_h = tf.nn.tanh(
            tf.matmul(tf.concat([train_dataset[ui],output_h],1),
                    tf.concat([W_xh,W_hh],0))
        )
        outputs.append(output_h)
```

然后计算非标准化的预测（y_scores）和标准化的预测（y_predictions），如下所示：

```
# Get the scores and predictions for all the RNN outputs
# we produced for num_unroll steps
y_scores = [tf.matmul(outputs[ui],W_hy) for ui in range(num_unroll)]
y_predictions = [tf.nn.softmax(y_scores[ui]) for ui in range(num_
unroll)]
```

### 6.4.7　计算损失

在计算预测之后，我们在下面计算 rnn_loss。损失是预测输出与实际输出之间的交叉熵损失。请注意，我们使用 tf.control_dependencies（...）操作将 RNN 的最后一个输出（output_h）保存到 prev_train_h 变量中。因此，在下一次迭代中，我们将先前保存的 RNN 输出作为初始状态：

```
# Here we make sure that before calculating the loss,
# the state variable
# is updated with the last RNN output state we obtained
with tf.control_dependencies([tf.assign(prev_train_h,output_h)]):
    # We calculate the softmax cross entropy for all the predictions
    # we obtained in all num_unroll steps at once.
    rnn_loss = tf.reduce_mean(
            tf.nn.softmax_cross_entropy_with_logits_v2(
            logits=tf.concat(y_scores,0),
            labels=tf.concat(train_labels,0)
    ))
```

### 6.4.8　在新文本片段的开头重置状态

我们还需要定义隐藏状态重置操作。在测试时生成新的文本块之前，尤其会使用重置操作。否则，RNN 将依赖先前产生的文本来继续产生新文本，从而导致输出高度相关。这很不好，因为它最终会使 RNN 一遍又一遍地输出相同的单词。在训练期间重置状态实际上是否有益仍然存在争议，不过，我们仍然在这里定义这个 TensorFlow 操作：

```
# Reset the hidden states
reset_train_h_op = tf.assign(prev_train_h,tf.zeros(
                            [batch_size,hidden],
                            dtype=tf.float32))
reset_valid_h_op = tf.assign(prev_valid_h,tf.zeros(
                            [1,hidden],dtype=tf.float32))
```

### 6.4.9　计算验证输出

在这里，与训练状态、损失和预测计算相似，我们为验证定义状态、损失和预测结果：

```
# Compute the next valid state (only for 1 step)
next_valid_state = tf.nn.tanh(tf.matmul(valid_dataset,W_xh) +
                            tf.matmul(prev_valid_h,W_hh))
```

```
# Calculate the prediction using the state output of the RNN
# But before that, assign the latest state output of the RNN
# to the state variable of the validation phase
# So you need to make sure you execute valid_predictions operation
# To update the validation state
with tf.control_dependencies([tf.assign(prev_valid_h,next_valid_
state)]):
    valid_scores = tf.matmul(next_valid_state,W_hy)
    valid_predictions = tf.nn.softmax(valid_scores)
```

## 6.4.10 计算梯度和优化

由于我们已经定义 RNN 的损失，因此我们将用随机梯度方法来计算梯度，并应用它们。为此，我们使用 TBPTT。在这种方法中，我们将随时间展开 RNN（类似于随时间展开输入），并计算梯度，然后反向传播所计算的梯度，以更新 RNN 的权重。此外，我们将使用 AdamOptimizer，这是一种基于动量的优化方法，它显示出比标准随机梯度下降更快的收敛速度。使用 Adam 时请确保使用较小的学习率（例如，在 0.001 ~ 0.0001 之间）。我们还会使用梯度剪裁来防止任何潜在的梯度爆炸：

```
rnn_optimizer = tf.train.AdamOptimizer(learning_rate=0.001)

gradients, v = zip(*rnn_optimizer.compute_gradients(rnn_loss))
gradients, _ = tf.clip_by_global_norm(gradients, 5.0)
rnn_optimizer = rnn_optimizer.apply_gradients(zip(gradients, v))
```

## 6.4.11 输出新生成的文本块

现在，我们将看到如何使用经过训练的模型输出新文本。在这里，我们将预测一个单词，并将该单词用作下一个输入，然后预测另一个单词，并以这种方式持续几个时间步骤：

```
# Maintain the previous state of hidden nodes in testing phase
prev_test_h = tf.Variable(tf.zeros([test_batch_size,hidden],
                          dtype=tf.float32),name='test_h')

# Test dataset
test_dataset = tf.placeholder(tf.float32, shape=[test_batch_size,
                              in_size],name='test_dataset')

# Calculating hidden output for test data
next_test_state = tf.nn.tanh(tf.matmul(test_dataset,W_xh) +
                             tf.matmul(prev_test_h,W_hh)
                )

# Making sure that the test hidden state is updated
# every time we make a prediction
with tf.control_dependencies([tf.assign(prev_test_h,next_test_
state)]):
    test_prediction = tf.nn.softmax(tf.matmul(next_test_state,W_hy))
```

```
# Note that we are using small imputations when resetting
# the test state
# As this helps to add more variation to the generated text
reset_test_h_op = tf.assign(prev_test_h,tf.truncated_normal(
                            [test_batch_size,hidden],stddev=0.01,
                            dtype=tf.float32))
```

## 6.5  评估 RNN 的文本结果输出

这里，我们将展示使用 RNN 生成的一段文本，我们将展示不展开输入的结果和展开输入的结果。

如果没有展开输入，我们会在 10 个时期后获得以下内容：

```
    he the the the the the the the the the the the the the the the the
the the the the the the the the the the the the the the the the the
the the the the the the the the the the the the the the the the the
the the the the the the the the the the the the
    o the the the the the the the the the the the the the the the the
the the the the the the the the the the the the the the the the the
the the the the the the the the the the the the the the the the the
the the the the the the the the the the the the the t
```

如果将输入展开，我们会在 10 个时期后获得以下内容：

```
... god grant that our sister may be here, and then we shall be free.
when the maiden,who was standing behind the door watching, heard that
wish,
she came forth, and on this all the ravens were restored to their
human form again.  and they embraced and kissed each other,
and went joyfully home whome, and wanted to eat and drink, and
looked for their little plates and glasses.  then said one after
the other, who has eaten something from my plate.  who has drunk
out of my little glass.  it was a human mouth.  and when the
seventh came to the bottom of the glass, the ring rolled against
his mouth.  then he looked at it, and saw that it was a ring
belonging to his father and mother, and said, god grant that our
sister may be here, and then we shall be free. ...
```

我们从这些结果中注意到的第一件事是，与一次处理单个输入相比，随时间展开输入实际上是有帮助的。然而，即使展开输入，也存在一些语法错误和罕见的拼写错误。（这是可以接受的，因为我们一次处理两个字符。）

另一个值得注意的事情是，我们的 RNN 试图通过组合它之前看到的不同故事来制作一个新故事。你可以看到它首先谈论乌鸦，然后将故事带入类似于金发姑娘和三只熊的故事，谈论盘子和从盘子里吃东西。接下来的故事中出现了一枚戒指。

这意味着 RNN 已经学会将看到的故事组合在一起，然后生成一个新故事。但是，我们可以通过引入更好的学习模型（例如，LSTM）和更好的搜索技术（例如，beamsearch）来进一步改进这些结果，我们将在后面的章节中看到这些模型。

提示 由于语言的复杂性以及 RNN 的表达能力较小，在整个学习过程中，你不太可能也获得与此处所示文本一样好的输出。因此，我们挑选了一些生成的文本来验证我们的观点。

请注意，这是一个精心挑选的生成样本，如果你仔细观察，随着时间的推移，你会发现如果你继续迭代多次预测，RNN 会一遍又一遍地重复生成同一块文本。该文本已经出现在上面的文本块中，第一个句子与最后一个句子相同。很快我们会看到，当我们增加数据集的大小，这个问题变得更加突出。这是由于梯度消失问题导致 RNN 的记忆能力有限，我们希望减少这种影响。因此，我们很快会讨论 RNN 的一种变体，称为具有上下文特征的 RNN（RNN-CF），它可以减少这种影响。

## 6.6　困惑度：衡量文本结果的质量

仅仅生成文本还不够，我们还需要一种方法来衡量所生成的文本的质量。一种方法是衡量 RNN 在看到给定输入所产生的输出时有多"惊讶"或"困惑"，就是说，如果输入 $x_i$ 和它对应的输出 $y_i$ 的交叉熵损失是 $l\,(x_i,\ y_i)$，那么困惑度如下所示：

$$p\,(x_i, y_i) = e^{l(x_i, y_i)}$$

有了这个公式，对于一个大小为 $N$ 的训练集，我们可以这样计算平均困惑度：

$$p\,(D_{train}) = (1/N) \sum_{i=1}^{N} p\,(x_i, y_i)$$

在图 6.12 中，我们展示了训练和验证困惑度随时间的变化情况。可以看到，训练困难度随着时间的推移而逐渐下降，而验证困惑度有明显的波动。这是在意料之中的，验证困惑度主要评估 RNN 基于对训练数据的学习而对没有见过的文本进行预测的能力。由于语言很难建模，这是一项非常困难的任务，这些波动是很正常的。

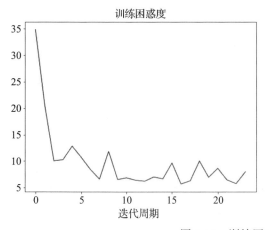
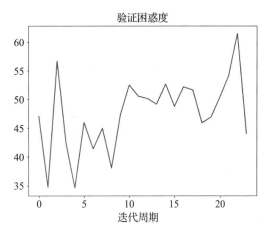

图 6.12　训练困惑度和验证困惑度

改善此结果的一种方法是向 RNN 添加更多隐藏层，因为通常更深层次的模型可以提供更好的结果。我们在 ch6 文件夹中的 rnn_language_bigram_multilayer.ipynb 内实现了一个三层 RNN，我们将它留给读者去探索。

现在我们来看下这个问题：是否有更好的 RNN 变体可以更好地完成这项任务？例如，RNN 的变体是否能够更有效地解决梯度消失的问题？我们将在下一节讨论一种称为 RNN-CF 的变体。

## 6.7  有上下文特征的递归神经网络：更长记忆的 RNN

早些时候，我们讨论了训练一个简单 RNN 的两个重要挑战：梯度爆炸和梯度消失。我们也知道可以通过梯度剪裁这样的简单技巧来防止梯度爆炸，从而使训练更稳定。然而，因为没有像对梯度爆炸那样简单的缩放 / 剪切机制，要解决梯度消失还需要更多的努力。因此，我们需要修改 RNN 本身的结构，让它明确地有能力记住数据序列中更长的模式。在论文 "*Learning Longer Memory in Recurrent Neural Networks*"（作者是 *Tomas Mikolov* 和其他人，*International Conference on Learning Representations, 2015*）提出的 RNN-CF 就是这样一种对标准 RNN 的修改，它能帮助递归神经网络更长时间地记忆序列数据中的模式。

RNN-CF 通过引入新的状态和一组新的前向和循环连接来减少梯度消失，从而改进 RNN。换句话说，与仅具有单个状态向量的标准 RNN 相比，RNN-CF 具有两个状态向量。其想法是，一个状态向量缓慢变化，以保留更长的记忆，而另一个状态向量可以快速变化，作为短期记忆。

### 6.7.1  RNN-CF 的技术描述

在这里，我们多用几个参数对传统的 RNN 进行改进，来帮助它长时间保持记忆。这些改变包括：除了标准 RNN 模型中的传统状态向量之外，引入新的状态向量。此外，还引入了几组前向和循环连接权重。图 6.13 在整体上将 RNN-CF 及其改进与简单的 RNN 进行了比较。

从图 6.13 中可以看出，与传统 RNN 相比，RNN-CF 具有一些额外的权重。现在让我们仔细看看每一层和权重的作用。

首先，输入被送到两个隐藏层，就像

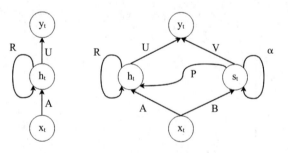

图 6.13　比较 RNN 和 RNN-CF

RNN 中的传统隐藏层一样。我们已经看到，仅使用这一个隐藏层对于保留长期记忆是无效的。但是，我们可以通过强制循环矩阵接近单位矩阵并消除非线性，来使隐藏层更长时间地保留记忆。当循环矩阵接近单位矩阵并且没有非线性激活时，发生在 $h$ 上的任何变化应该始终来自输入中的变化。换句话说，先前的状态在改变当前状态方面影响较小。这使得状态变化慢于经过密集的权重矩阵和非线性变换的状态。因此，这种状态有助于更长时间地保留记忆。另一个倾向于让循环矩阵接近 1 的原因是，当权重接近 1 时，出现在导数中的项如 $w_{n-1}$ 不会消失或爆炸。但是，如果我们仅使用它，而没有具有非线性的隐藏层，那么梯度永远不会减少。这里，所谓的梯度减少，指的是之前的输入所产生的梯度应该比最近的输入具有更小的影响。然后，我们需要将梯度随时间传播到输入的最开始。这样做成本很高，因此，为了充分利用这两个方面，我们保留了这两个层：可以快速变化的标准 RNN 状态层（$h_t$），以及变化更慢的上下文特征层（$s_t$）。这个新层称为上下文层，是一个有助于保持长期记忆的新层。RNN-CF 的更新规则如下。请注意，你没有看到 $s_{t-1}$ 乘以之前讨论的单位矩阵，因为 $Is_{t-1} = s_{t-1}$：

$$s_t = (1-\alpha)Bx_t + \alpha s_{t-1}$$
$$h_t = \sigma(Ps_t + Ax_t + Rh_{t-1})$$
$$y_t = softmax(Uh_t + Vs_t)$$

下表中总结与 RNN-CF 相关的符号：

| 标记 | 描述 |
| --- | --- |
| $x_t$ | 当前输入 |
| $h_t$ | 当前状态向量 |
| $y_t$ | 当前输出 |
| $s_t$ | 当前上下文特征向量 |
| $A$ | $x_t$ 和 $h_t$ 间的权重矩阵 |
| $B$ | $x_t$ 和 $s_t$ 间的权重矩阵 |
| $R$ | $h_t$ 的循环连接 |
| $\alpha$ | 控制 $s_{t-1}$ 对 $s_t$ 贡献的常数 |
| $P$ | $h_t$ 和 $s_t$ 间的权重 |
| $U$ | $h_t$ 和 $y_t$ 间的权重矩阵 |
| $V$ | $s_t$ 和 $y_t$ 间的权重矩阵 |

## 6.7.2 实现 RNN-CF

我们已经讨论了 RNN-CF 如何包含额外的状态向量，以及它如何有助于防止梯度消失。在这里，我们将讨论 RNN-CF 的实现。除了传统 RNN 实现中的 hidden（$h_t$）、W_xh（表中的 $A$）、W_hh（表中的 $R$）和 W_hy（表中的 $U$）之外，我们现在还需要另外三组权重，也就是说，我们将定义 $B$、$P$ 和 $V$。此外，我们将定义一个新变量来包含 $s_t$（hidden_context）（除了 $h_t$）。

### 6.7.2.1 定义 RNN-CF 的超参数

首先，我们定义超参数，包括我们之前定义的和新的超参数。一个新的超参数 $s_t$ 定义了上下文特征层中的神经元数量，其中 alpha 表示等式中的 $\alpha$。

```
hidden_context = 64
alpha = 0.9
```

### 6.7.2.2  定义输入输出占位符

正如我们为标准 RNN 所做的那样，我们首先定义训练集、验证集和测试集的输入和输出占位符：

```
# Train dataset
# We use unrolling over time
train_dataset, train_labels = [],[]
for ui in range(num_unroll):
    train_dataset.append(tf.placeholder(tf.float32,
                         shape=[batch_size,in_size],
                         name='train_dataset_%d'%ui))
    train_labels.append(tf.placeholder(tf.float32,
                        shape=[batch_size,out_size],
                        name='train_labels_%d'%ui))

# Validation dataset
valid_dataset = tf.placeholder(tf.float32,
                               shape=[1,in_size],name='valid_dataset')
valid_labels = tf.placeholder(tf.float32,
                              shape=[1,out_size],name='valid_labels')

# Test dataset
test_dataset = tf.placeholder(tf.float32,
                              shape=[test_batch_size,in_size],
                              name='save_test_dataset')
```

### 6.7.2.3  定义 RNN-CF 的权重

这里，我们定义 RNN-CF 计算所需的权重。正如我们在符号表中看到的那样，需要六组权重（$A$、$B$、$R$、$P$、$U$ 和 $V$）。

请记住，我们在传统的 RNN 实现中只有三组权重：

```
# Weights between inputs and h
A = tf.Variable(tf.truncated_normal([in_size,hidden],
                stddev=0.02,dtype=tf.float32),name='W_xh')
B = tf.Variable(tf.truncated_normal([in_size,hidden_context],
                stddev=0.02,dtype=tf.float32),name='W_xs')

# Weights between h and h
R = tf.Variable(tf.truncated_normal([hidden,hidden],
                stddev=0.02,dtype=tf.float32),name='W_hh')
P = tf.Variable(tf.truncated_normal([hidden_context,hidden],
                stddev=0.02,dtype=tf.float32),name='W_ss')

# Weights between h and y
U = tf.Variable(tf.truncated_normal([hidden,out_size],
                stddev=0.02,dtype=tf.float32),name='W_hy')
V = tf.Variable(tf.truncated_normal([hidden_context,
```

```
                                        out_size],stddev=0.02,
                                        dtype=tf.float32),
                                        name='W_sy')

    # State variables for training data
    prev_train_h = tf.Variable(tf.zeros([batch_size,hidden],
                                    dtype=tf.float32),
                                    name='train_h',trainable=False)
    prev_train_s = tf.Variable(tf.zeros([batch_size,hidden_context],
                                    dtype=tf.float32),name='train_s',
                                    trainable=False)

    # State variables for validation data
    prev_valid_h = tf.Variable(tf.zeros([1,hidden],dtype=tf.float32),
                                    name='valid_h',trainable=False)
    prev_valid_s = tf.Variable(tf.zeros([1,hidden_context],
                                    dtype=tf.float32),
                                    name='valid_s',trainable=False)

    # State variables for test data
    prev_test_h = tf.Variable(tf.zeros([test_batch_size,hidden],
                                    dtype=tf.float32),
                                    name='test_h')
    prev_test_s = tf.Variable(tf.zeros([test_batch_size,hidden_context],
                                    dtype=tf.float32),name='test_s')
```

#### 6.7.2.4 用于维持隐藏状态和上下文状态的变量和操作

这里，我们定义 RNN-CF 的状态变量。除了我们在常规 RNN 中使用的 $h_t$ 之外，还需要为上下文特征设置一个单独的状态，即 $s_t$。总的来说，我们将有六个状态变量，其中三个用于在训练、验证和测试期间维持状态向量 $h_t$，其他三个用于在训练、验证和测试期间维持状态向量 $s_t$：

```
    # State variables for training data
    prev_train_h = tf.Variable(tf.zeros([batch_size,hidden],
                                    dtype=tf.float32),
                                    name='train_h',trainable=False)
    prev_train_s = tf.Variable(tf.zeros([batch_size,hidden_context],
                                    dtype=tf.float32),name='train_s',
                                    trainable=False)

    # State variables for validation data
    prev_valid_h = tf.Variable(tf.zeros([1,hidden],dtype=tf.float32),
                                    name='valid_h',trainable=False)
    prev_valid_s = tf.Variable(tf.zeros([1,hidden_context],
                                    dtype=tf.float32),
                                    name='valid_s',trainable=False)

    # State variables for test data
    prev_test_h = tf.Variable(tf.zeros([test_batch_size,hidden],
                                    dtype=tf.float32),
```

```
                                       name='test_h')
prev_test_s = tf.Variable(tf.zeros([test_batch_size,hidden_context],
                                    dtype=tf.float32),name='test_s')
```

接下来，我们定义重置操作所需的运算，以重置状态：

```
reset_prev_train_h_op = tf.assign(prev_train_h,tf.zeros([batch_size,
                        hidden], dtype=tf.float32))
reset_prev_train_s_op = tf.assign(prev_train_s,tf.zeros([batch_size,
                        hidden_context],dtype=tf.float32))

reset_valid_h_op = tf.assign(prev_valid_h,tf.zeros([1,hidden],
                   dtype=tf.float32))
reset_valid_s_op = tf.assign(prev_valid_s,tf.zeros([1,hidden_context],
                   dtype=tf.float32))

# Impute the testing states with noise
reset_test_h_op = tf.assign(prev_test_h,tf.truncated_normal(
                            [test_batch_size,hidden],
                            stddev=0.01,
                            dtype=tf.float32))
reset_test_s_op = tf.assign(prev_test_s,tf.truncated_normal(
                            [test_batch_size,hidden_context],
                            stddev=0.01,dtype=tf.float32))
```

### 6.7.2.5  计算输出

定义所有输入、变量和状态向量之后，我们现在可以根据上一节中的公式计算 RNN-CF 的输出。我们主要使用此代码片段执行以下操作。我们首先将状态向量初始化为零，然后，针对一组固定的时间步骤展开输入（BPTT 的需要），并分别计算每个展开步骤的非标准化输出（有时称为 logits 或得分），然后将属于每个展开时间步骤的所有 $y$ 值进行拼接，之后，计算所有这些项的平均损失，将其与真实标签进行比较：

```
# Train score (unnormalized) values and predictions (normalized)
y_scores, y_predictions = [],[]

# These will be iteratively used within num_unroll
# steps of calculation
next_h_state = prev_train_h
next_s_state = prev_train_s

# Appending the calculated state outputs of RNN for
# each step in the num_unroll steps
next_h_states_unrolled, next_s_states_unrolled = [],[]

# Calculating the output of the RNN for num_unroll steps
# (as required by the truncated BPTT)
for ui in range(num_unroll):
    next_h_state = tf.nn.tanh(
        tf.matmul(tf.concat([train_dataset[ui],prev_train_h,
                  prev_train_s],1),
```

```
                    tf.concat([A,R,P],0))
    )
    next_s_state = (1-alpha)*tf.matmul(train_dataset[ui],B) +
                        alpha * next_s_state
    next_h_states_unrolled.append(next_h_state)
    next_s_states_unrolled.append(next_s_state)

# Get the scores and predictions for all the RNN outputs
# we produced for num_unroll steps
y_scores = [tf.matmul(next_h_states_unrolled[ui],U) +
            tf.matmul(next_s_states_unrolled[ui],V)
            for ui in range(num_unroll)]
y_predictions = [tf.nn.softmax(y_scores[ui]) for ui in range(num_
unroll)]
```

### 6.7.2.6　计算损失

这里，我们定义 RNN-CF 的损失计算，此操作与我们为标准 RNN 定义的操作相同，如下所示：

```
# Here we make sure that before calculating the loss,
# the state variables are
# updated with the last RNN output state we obtained
with tf.control_dependencies([tf.assign(prev_train_s, next_s_state),
                                tf.assign(prev_train_h,next_h_state)]):
    rnn_loss = tf.reduce_mean(
                tf.nn.softmax_cross_entropy_with_logits_v2(
                logits=tf.concat(y_scores,0),
                labels=tf.concat(train_labels,0)
    ))
```

### 6.7.2.7　计算验证输出

与在训练时计算输出类似，我们也计算验证输入的输出。但是，我们不会像处理训练数据那样展开输入，因为在预测期间不需要展开，展开仅用于训练：

```
# Validation data related inference logic
# (very similar to the training inference logic)

# Compute the next valid state (only for 1 step)
next_valid_s_state = (1-alpha) * tf.matmul(valid_dataset,B) +
                        alpha * prev_valid_s
next_valid_h_state = tf.nn.tanh(tf.matmul(valid_dataset,A) +
                                    tf.matmul(prev_valid_s, P) +
                                    tf.matmul(prev_valid_h,R))

# Calculate the prediction using the state output of the RNN
# But before that, assign the latest state output of the RNN
# to the state variable of the validation phase
# So you need to make sure you execute rnn_valid_loss operation
# To update the validation state
with tf.control_dependencies([tf.assign(prev_valid_s,
                                next_valid_s_state),
```

```
                                         tf.assign(prev_valid_h,next_valid_h_
    state)]]):
        valid_scores = tf.matmul(prev_valid_h, U) + tf.matmul(
                                             prev_valid_s, V)
        valid_predictions = tf.nn.softmax(valid_scores)
```

#### 6.7.2.8　计算测试集输出

我们现在也可以定义用于生成新测试数据的输出计算：

```
# Test data realted inference logic

# Calculating hidden output for test data
next_test_s = (1-alpha)*tf.matmul(test_dataset,B)+ alpha*prev_test_s

next_test_h = tf.nn.tanh(
    tf.matmul(test_dataset,A) + tf.matmul(prev_test_s,P) +
    tf.matmul(prev_test_h, R)
                        )

# Making sure that the test hidden state is updated
# every time we make a prediction
with tf.control_dependencies([tf.assign(prev_test_s,next_test_s),
                              tf.assign(prev_test_h,next_test_h)]):
    test_prediction = tf.nn.softmax(
        tf.matmul(prev_test_h,U) + tf.matmul(prev_test_s,V)
    )
```

#### 6.7.2.9　计算梯度和最优化

这里，我们使用优化器来最小化损失，这与传统 RNN 相同：

```
rnn_optimizer = tf.train.AdamOptimizer(learning_rate=.001)


gradients, v = zip(*rnn_optimizer.compute_gradients(rnn_loss))
gradients, _ = tf.clip_by_global_norm(gradients, 5.0)
rnn_optimizer = rnn_optimizer.apply_gradients(zip(gradients, v))
```

### 6.7.3　RNN-CF 产生的文本

这里，我们将定性和定量地比较 RNN 和 RNN-CF 生成的文本。我们首先比较使用 20 个训练文档获得的结果，之后，我们将训练文档的数量提高到 100，来判断 RNN 和 RNN-CF 是否能够用大量数据输出质量更好的文本。

首先，我们仅用 20 个文档训练 RNN-CF 来生成文本：

```
the king's daughter, who had
no more excuses left to make.  they cut the could not off, and her his
first rays of life in the garden,
and was amazed to see with the showed to the grown mighted and the
seart the answer to star's brothers, and seeking the golden apple, we
flew over the tree to the seadow where her
heard that he could not have
```

```
discome.
```

```
emptied him by him.  she himself 'well i ston the fire struck it was
and said the youth, farm of them into the showed to shudder, but here
and said the fire himself 'if i could but the youth, and thought that
is that shudder.'
'then, said he said 'i will by you are you, you.' then the king, who
you are your
wedding-mantle.  you are you are you
bird in wretch me.  ah.  what man caller streep them if i will bed.
the youth
begged for a hearing, and said 'if you will below in you to be your
wedding-mantle.' 'what.' said he,  'i shall said 'if i hall by you are
you

bidden it i could not have
```

与标准 RNN 相比，在文本质量方面，我们无法看到太多差异。我们应该考虑为什么 RNN-CF 的性能没有比标准 RNN 更好。在论文"*Learning Longer Memory in Recurrent Neural Networks*"（作者是 *Mikolov* 和其他人）中提到了以下内容："*When the number of standard hidden units is enough to capture short term patterns, learning the self-recurrent weights does not seem crucial anymore.*"

因此，如果隐藏单元的数量足够大，则 RNN-CF 与标准 RNN 相比没有明显的优势，这可能就是我们得到这一结果的原因。我们正在使用 64 个隐藏神经元和一个相对较小的语料库，这是以表示一个 RNN 有能力处理的故事。

因此，让我们看看增加数据量是否真的有助于 RNN-CF 获得更好的性能。在我们的例子中，我们将在训练约 50 个时期后将文档数量增加到 100 个文档。

以下是标准 RNN 的输出：

```
they were their dearest and she she told him to stop crying to the
king's son they were their dearest and she she told him to stop crying
to the king's son they were their dearest and she she told him to stop
crying to the king's son they were their dearest and she she told him
to stop crying to the king's son they were their dearest and she she
told him to stop
```

我们可以看到，与使用较少数据训练的方式相比，RNN 的效果变差了。有了大量数据之后，模型容量不足会对标准 RNN 产生不利影响，导致输出的文本质量变差。

以下是 RNN-CF 的输出，你可以看到，就输出文本质量而言，RNN-CF 比标准 RNN 表现好得多：

```
then they could be the world.  not was now from the first for a set
out of his pocket, what is the world.  then they were all they were
forest, and the never yet not
rething, and took the
children in themselver to peard, and then the first her.  then the was
in the first, and that he was to the first, and that he was to the
```

```
kitchen, and said, and had took the
children in the mountain, and they were hansel of the fire, gretel of
they were all the fire, goggle-eyes and all in the moster.  when she
had took the
changeling the little elves, and now ran into them, and she bridge
away with the witch form,
and their father's daughter was that had neep himselver in the horse,
and now they lived them himselver to them, and they were am the
marriage was all they were and all of the marriage was anger of the
forest, and the manikin was laughing, who had said they had not know,
and took the
children in themselver to themselver and they lived them himselver to
them
```

因此，似乎当数据充足时，RNN-CF 实际上优于标准 RNN。我们还将绘制这两个模型随时间变化的训练和验证困惑度。如你所见，就训练困惑度而言，RNN-CF 和标准 RNN 都没有表现出显著差异。最后，在验证困惑度图中（见图 6.14），可以看到 RNN-CF 比标准 RNN 显示出更少的波动。

我们在这里可以得出一个重要结论：当数据量较小时，标准 RNN 可能会过度拟合数据。也就是说，RNN 可能按原样记忆数据，而不是试图学习数据中存在的更一般性的模式。当 RNN 被数据量淹没并且训练时间更长时（比如大约 50 个时期），这种弱点变得更加突出。所产生的文本的质量下降，并且验证困惑度的波动更大。但是，RNN-CF 在小数据量和大数据量上的表现几乎一样。

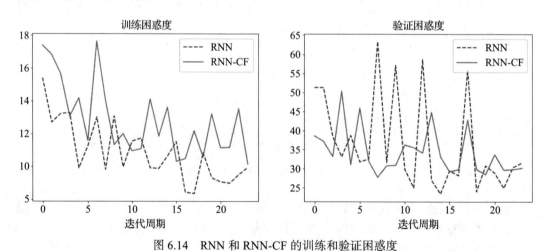

图 6.14　RNN 和 RNN-CF 的训练和验证困惑度

## 6.8　总结

在本章中，我们研究了 RNN，它们与传统的前馈神经网络不同，在解决时间任务方面更强大。此外，RNN 可以表现出许多不同的形式：一对一（文本生成）、多对一（顺序图像分类）、一对多（图像描述）和多对多（机器翻译）。

具体来说，我们讨论了如何从前馈神经网络的类型结构过渡到 RNN。我们假设了输入和输出是序列数据，设计了一个可以表示输入和输出序列的计算图。该计算图形产生了一系列函数副本，我们将其应用于序列中的每个个体输入输出元组。然后，通过将该模型应用到序列中的任何给定的单个时间步长 $t$，我们能够得到 RNN 的基本计算图。我们讨论了计算隐藏状态和输出的准确数学方程和更新规则。

接下来，我们讨论了如何使用 BPTT 对数据进行 RNN 训练。我们研究了如何从标准反向传播过渡到 BPTT，以及为什么不能对 RNN 使用标准反向传播。我们还讨论了 BPTT 的两个重要实际问题，即梯度消失和梯度爆炸，以及如何在表面上解决这些问题。

然后，我们继续研究 RNN 的实际应用。我们讨论了四种主要类型的 RNN。一对一架构用于诸如文本生成、场景分类和视频帧标记之类的任务。多对一体系架构用于情感分析，它可以逐单词处理句子 / 短语（与前一章提到的一步处理完整句子相比）。一对多架构在生成图像标题任务中很常见，其中，我们将单个图像映射到描述图像的任意长句子的短句。利用多对多体系架构可以执行机器翻译任务。

接下来，我们看了一个有趣的 RNN 应用：文本生成。我们使用童话语料库来训练 RNN。特别地，我们将故事中的文本分割为 bigram（一个 bigram 包含两个字符）。我们从故事中选出一组 bigram 作为输入，将（输入）之后的 bigram 作为输出，以训练 RNN。然后，最大程度提高正确预测下一个 bigram 的准确率来优化 RNN。按照这个步骤，我们要求 RNN 生成一个不同的故事，我们从生成的结果中发现有两点很重要：

- 随时间展开输入有助于延长记忆
- 即使展开，RNN 也只能存储有限数量的长期记忆

因此，我们探讨了一个能获取更长期记忆的 RNN 变体，称为 RNN-CF。RNN-CF 具有两个不同的层：隐藏层（即简单 RNN 中的传统隐藏层）和上下文层（用于保持长期记忆）。我们看到，当用小数据集进行训练时，这个额外的上下文层并没有提供显著帮助，因为在 RNN 中有一个相当复杂的隐藏层，但是，当使用更多数据时，它产生了稍好的结果。

在下一章中，我们将讨论一种更强大的 RNN 模型，称为长期短期记忆（LSTM）网络，它可以进一步减少消失梯度的不利影响，从而产生更好的结果。

CHAPTER 7

第 7 章

# 长短期记忆网络

在本章中，我们将讨论被称为长短期记忆网络（LSTM）的更先进的 RNN 变体。LSTM 广泛用于许多序列任务（包括股票市场预测、语言建模和机器翻译），并且已被证明比其他序列模型（例如，标准 RNN）表现更好，特别是在有大量数据的情况下。LSTM 经过精心设计，可以避免我们在前一章中讨论过的梯度消失问题。

梯度消失带来的主要实际限制是它阻止模型学习长期依赖关系。然而，通过避免梯度消失问题，LSTM 能比普通 RNN 存储更长的记忆（对于数百个时间步长）。与仅保持单个隐藏状态的那些 RNN 相比，LSTM 有更多参数，也能在给定的时间步骤中更好地控制存储哪些记忆，丢弃哪些记忆。例如，由于在每个训练步骤中强制更新隐藏状态，RNN 无法决定存储哪些记忆，丢弃哪些记忆。

具体来说，我们将从很高的层次讨论 LSTM 是什么，以及 LSTM 的功能如何使它能存储长期依赖关系。然后，我们将介绍 LSTM 的实际底层数学框架，并通过讨论一个示例突出每个计算的作用。我们还将 LSTM 与 vanilla RNN 进行比较，并看到 LSTM 具有更复杂的架构，这使得它在序列任务中超越 vanilla RNN。通过重新审视梯度消失的问题并用示例进行说明，会使我们了解 LSTM 是如何解决问题的。

此后，我们将讨论为改进标准 LSTM 产生的预测结果而引入的几种技术（例如，改进文本生成任务中生成的文本的质量／种类）。例如，通过一次生成多个预测而不是逐个预测它们，可以帮助提高生成的预测结果的质量。我们还将研究 BiLSTM（即双向 LSTM），它是标准 LSTM 的扩展，与标准 LSTM 相比，它具有更好的捕获序列中的模式的能力。

最后，我们将讨论最近的两个 LSTM 变体。首先，我们将介绍孔连接，它将更多参数和信息引入 LSTM 门，从而使 LSTM 表现更好。接下来，我们将讨论越来越受欢迎的门控循环单元（GRU），因为它与 LSTM 相比具有更简单的结构，并且不会降低性能。

## 7.1 理解长短期记忆网络

在本节中，我们将首先解释 LSTM 单元中发生的情况。我们将看到，除了状态之外，还有用于控制单元内部信息流的门控机制。然后,我们通过一个详细的示例,讨论每个门和状态如何在各个阶段起作用以取得预期表现,最终得到想要的输出。最后,我们将 LSTM 与标准 RNN 进行比较,了解 LSTM 与标准 RNN 的区别。

## 7.1.1 LSTM 是什么

LSTM 可以被视为一个更高级的 RNN 家族,它主要由五个不同的部分组成:

- 单元状态:这是 LSTM 单元的内部单元状态(即记忆)
- 隐藏状态:这是用于计算预测结果的外部隐藏状态
- 输入门:它决定多少当前输入会被送入单元状态
- 遗忘门:它决定多少先前的单元状态会被送到当前单元状态
- 输出门:它决定多少单元状态被输出到隐藏状态

我们可以将 RNN 装入单元体系结构中,如下所示。单元将输出某个状态,该状态依赖于(具有非线性激活功能)前一个单元状态和当前输入。但是,在 RNN 中,单元状态总是随着每个到来的输入而改变。这导致 RNN 的单元状态总是改变。这种行为对于存储长期依赖关系是非常不利的。LSTM 可以决定何时替换、更新或忘记存储在单元状态中每个神经元内的信息。换句话说,LSTM 配备了一种机制来保持单元状态不变(如果需要),使它们能够存储长期依赖关系。

这是通过引入门控机制来实现的。对于单元需要执行的每个操作,LSTM 都有相应的门。门在 0 和 1 之间是连续的(通常是 sigmoid 函数),其中,0 表示没有信息流过该门,1 表示所有信息都流过该门。一个 LSTM 对单元中的每个神经元使用一个这样的门。如前所述,这些门控制以下项:

- 当前输入中有多少会写入单元状态(输入门)
- 从前一个单元状态遗忘多少信息(遗忘门)
- 从单元状态输出多少信息到最终隐藏状态(输出门)

图 7.1 说明了这一功能。由每个门决定将多少各种数据(例如,当前输入、先前隐藏状态或先前单元状态)送到状态变量(即最终隐藏状态或单元状态)。每条线的粗细表示从该门流出 / 流入的信息量(在某些假设情景中)。例如,在此图中,你可以看到输入门允许更多信息量来自当前输入,而不是前一个最终隐藏状态(通过输入门进入状态单元),而遗忘门允许更多信息量来自先前最终隐藏状态,而不是来自当前输入(通过遗忘门进入当前状态):

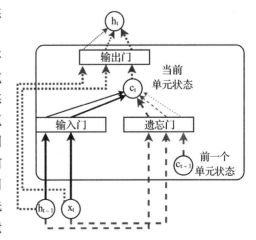

图 7.1 LSTM 中数据流的抽象视图

### 7.1.2　更详细的 LSTM

在这里，我们将介绍 LSTM 的实际机制。我们将首先简要讨论 LSTM 单元的整体结构，然后用文本生成的例子，开始讨论 LSTM 单元中发生的每个操作。

如前所述，LSTM 主要由以下三个门组成：

- 输入门：该门输出介于 0（当前输入不被写入单元状态）和 1（当前输入完全写入单元状态）之间的值。Sigmoid 激活用于将输出压缩到 0 和 1 之间。
- 遗忘门：这是 Sigmoidal 门，它输出介于 0（计算当前单元状态时，完全忘记前一个单元状态）和 1（计算当前单元状态时，完全读入前一个单元状态）之间的值。
- 输出门：这是 Sigmoidal 门，它输出 0（计算最终状态时，当前单元状态被完全丢弃）和 1（计算最终隐藏状态时，当前单元状态被完全使用）。

图 7.2 是一个高度概括的图，图中隐藏了一些细节以避免混乱。我们同时展示有循环和没有循环连接的 LSTM，以便于理解。右侧的图描绘了带有循环连接的 LSTM，左侧显示将循环连接进行展开的相同 LSTM，因此模型中不存在循环连接：

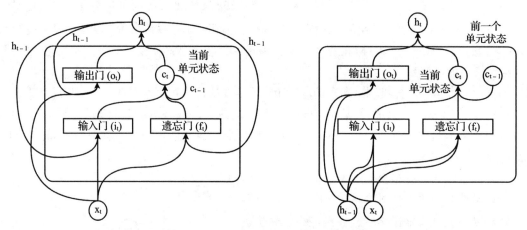

图 7.2　有循环连接的 LSTM（右）和将循环连接展开的 LSTM（左）

现在，为了更好地理解 LSTM，让我们考虑一个例子。我们将通过一个例子来讨论实际的更新规则和等式，以便更好地理解 LSTM。

现在让我们考虑从以下句子开始生成文本的示例：

*John gave Mary a puppy.*

我们输出的故事应该关于 *John*、*Mary* 和 *puppy*。我们假设 LSTM 在给定的句子后输出两个句子：

*John gave Mary a puppy. ＿＿＿＿＿＿＿. ＿＿＿＿＿＿＿.*

以下是 LSTM 的输出：

*John gave Mary a puppy. It barks very loudly. They named it Luna.*

我们还不能输出诸如此类的现实短句。但是，LSTM 可以学习名词和代词之间的关系。例如，it 与 puppy 有关，they 与 John 和 Mary 有关。之后，它应该学习名词 / 代词和动词之间的关系。例如，对于 it，动词最后应该有一个 s。我们在图 7.3 中说明了这些关系 / 依赖关系。我们可以看到，短句中存在长期（例如，Luna → pippy）和短期（例如，It → barks）依赖关系。实线箭头表示名词和代词之间的联系，虚线箭头表示名词 / 代词和动词之间的联系。

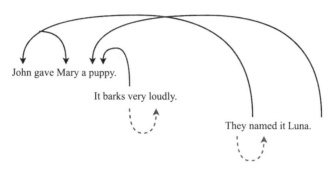

图 7.3　LSTM 给出的句子，突显单词之间的各种关系

现在，让我们考虑给出一个起始句子后，LSTM 如何用各种操作建立这样的关系和依赖关系，并输出合理的文本。

输入门（$i_t$）将当前输入（$x_t$）和前一个最终隐藏状态（$h_{t-1}$）作为输入，并按如下公式计算 $i_t$:

$$i_t = \sigma(W_{ix}x_t + W_{ih}h_{t-1} + b_i)$$

可以将输入门 $i_t$ 理解为在单个隐藏层的标准 RNN 的隐藏层处做了一个 sigmoid 激活计算。以下是标准 RNN 的隐藏状态的计算公式：

$$h_t = \tanh(Ux_t + Wh_{t-1})$$

因此，除了激活函数的变化和增加偏置之外，LSTM 的 $i_t$ 计算看起来与标准 RNN 的 $h_t$ 的计算非常类似。

在计算之后，值为 0 的 $i_t$ 将意味着来自当前输入的信息将不会进入单元状态，而值为 1 的 $i_t$ 意味着来自当前输入的所有信息都会进入单元状态。

接下来，如下公式计算另一个值（称为候选值），之后会用它计算当前单元状态：

$$\tilde{c}_t = \tanh(W_{cx}x_t + W_{ch}h_{t-1} + b_c)$$

图 7.4 是对这些计算的可视化结果。

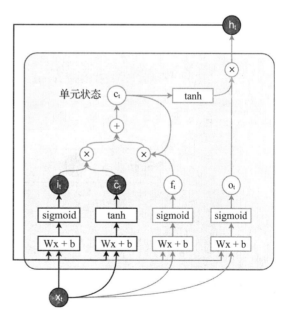

图 7.4　在 LSTM 中进行的所有计算（灰显）的背景中的 $i_t$ 和 $\tilde{c}_t$（粗体）计算

在我们的例子中，在学习的最初阶段，输入门需要被高度激活。LSTM 输出的第一个字是 it。为了这样做，LSTM 必须知道 it 指代的是 puppy。我们假设 LSTM 有五个神经元来存储状态，我们希望 LSTM 存储 it 指代的是 puppy 这一信息。我们希望 LSTM 学习的另一条信息（在不同的神经元中）是当使用代词 it 时，现在时态动词应该在动词的末尾有一个 s。LSTM 需要知道的另一件事是 "puppy barks loud"。图 7.5 说明如何在 LSTM 的单元状态中编码这些知识，每个圆圈代表单元状态的单个神经元（即隐藏单元）。

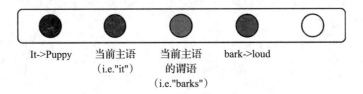

图 7.5 应该在单元状态中进行编码以输出第一句话的知识

有了这些信息之后，我们可以输出第一个新的句子：

*John gave Mary a puppy. It barks very loudly.*

接下来，计算遗忘门：

$$f_t = \sigma(W_{fx}x_t + W_{fh}h_{t-1} + b_f)$$

遗忘门执行以下操作。遗忘门的值为 0 意味着不会将来自 $c_{t-1}$ 的信息传递到 $c_t$ 的计算中，值为 1 意味着 $c_{t-1}$ 的所有信息都将传播到 $c_t$ 的计算中。

现在我们来看遗忘门如何帮助预测下一句话：

*They named it Luna.*

现在，你可以看到，我们找的是 John、Mary 以及 they 之间的关系。因此，我们不再需要有关 it 的信息以及动词 bark 的行为，因为主语是 John 和 Mary。我们可以将遗忘门与当前主语 they 和相应的动词 named 结合，以替换当前主语及其动词神经元中存储的信息（见图 7.6）。

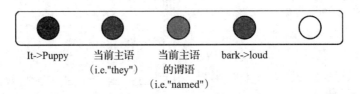

图 7.6 用新信息（they → named）替换左起第三个神经元中的知识（it → barks）

我们在图 7.7 中说明权重的变化。我们不会改变维护 it → puppy 关系的神经元的状态，因为 puppy 在最后一句中是一个对象。通过把 it → puppy 的 $c_{t-1}$ 到 $c_t$ 的连接权重设置为 1，可以做到这一点。然后，我们将用新的主语和动词替换用于维护当前主语和当前动词信息的神经元（中存储的信息）。这可以通过将该神经元的忘记权重 $f_t$ 设置为 0 来实现。然后，对于将当前主语和动词连接到相应状态神经元的直接权重 $i_t$，我们将其设为 1。我们可以将 $\tilde{c}_t$ 视为应该将什么新信息（例如来自当前输入 $x_t$ 的新信息）带入单元状态的容器：

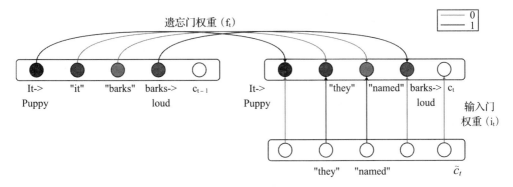

图 7.7　如何用前一状态 $c_{t-1}$ 和候选值 $\tilde{c}_t$ 计算单元状态 $c_t$

当前单元状态的更新方式如下：

$$c_t = f_t c_{t-1} + i_t \tilde{c}_t$$

换句话说，当前状态是以下项的组合：

- 从先前单元状态中忘记 / 记住哪些信息
- 添加 / 放弃当前输入的哪些信息

图 7.8 突出显示目前为止我们在 LSTM 中进行的所有计算。

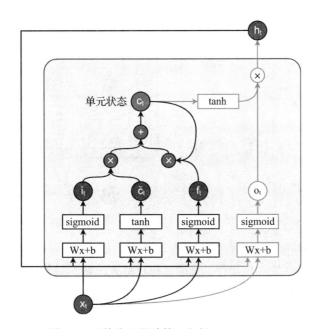

图 7.8　目前为止的计算，包括 $i_t$、$f_t$、$\tilde{c}_t$、$c_t$

当学习了全部状态后，结果如果 7.9 所示。

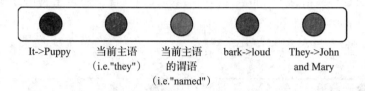

图 7.9 输出两个句子后的单元状态

接下来，我们来看 LSTM 单元的最后状态（$h_t$）是如何计算的：

$$o_t = \sigma(W_{ox}x_t + W_{oh}h_{t-1} + b_o)$$

$$h_t = o_t tanh(c_t)$$

在我们的例子中，我们希望输出如下句子：

*They named it Luna.*

为此，我们不需要倒数第二个神经元计算这个句子，因为它包含有关小狗如何吠叫的信息，而这句话是关于小狗的名字。因此，我们可以在最后一句的预测中忽略最后一个神经元（包含 bark - >loud 的关系）。这正是 $o_t$ 的作用，它会忽略不必要的记忆，并且仅在计算 LSTM 单元的最终输出时才从单元状态中检索相关记忆。在图 7.10 中，我们完整地展示了 LSTM 单元。

下面，我们总结 LSTM 单元内发生的操作的所有相关等式。

$$i_t = \sigma(W_{ix}x_t + W_{ih}h_{t-1} + b_i)$$

$$f_t = \sigma(W_{fx}x_t + W_{fh}h_{t-1} + b_f)$$

$$\tilde{c}_t = tanh(W_{cx}x_t + W_{ch}h_{t-1} + b_c)$$

$$c_t = f_t c_{t-1} + i_t \tilde{c}_t$$

$$o_t = \sigma(W_{ox}x_t + W_{oh}h_{t-1} + b_o)$$

$$h_t = o_t tanh(c_t)$$

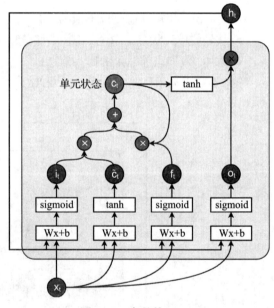

图 7.10 完整的 LSTM

现在，从更大的角度来看，对于序列学习问题，我们可以随时间展开 LSTM 单元，以显示它们是如何连接在一起以便接收单元的先前状态来计算下一个状态的，如图 7.11 所示。

但是，这不足以做一些有用的事情。正如你所看到的，即使我们可以创建一个实际上能够对序列建模的 LSTM 链，我们仍然没有得到输出或预测。但是，如果我们想要使用 LSTM 实际学到的信息，则需要一种从 LSTM 中提取最终输出的方法。因此，我们将在

LSTM 顶部加入 softmax 层（具有权重 $W_s$ 和偏置 $b_s$）。最终输出通过如下等式得到：

$$y_t = softmax(W_s h_t + b_s)$$

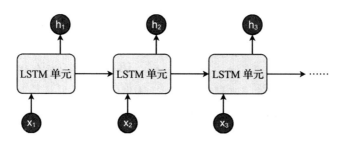

图 7.11 LSMT 是如何随时间连接在一起的

现在，带有 softmax 层的 LSTM 的最终结构如图 7.12 所示。

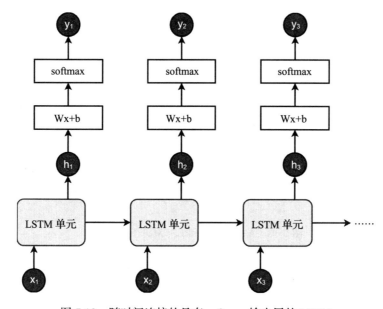

图 7.12 随时间连接的具有 softmax 输出层的 LSTM

## 7.1.3 LSTM 与标准 RNN 的区别

现在让我们探究 LSTM 与标准 RNN 的区别。与标准 RNN 相比，LSTM 具有更复杂的结构。其中一个主要区别是 LSTM 有两种不同的状态：单元状态 $c_t$ 和最终隐藏状态 $h_t$。但是，RNN 只有一个隐藏状态 $h_t$。另一个主要区别在于，由于 LSTM 具有三个不同的门，因此在计算最终隐藏状态 $h_t$ 时，LSTM 对如何处理当前输入和先前单元状态有更多控制。

具有两种不同的状态是非常有利的。利用这种机制，即使单元状态快速变化，最终隐藏状态仍将相对较慢地变化。因此，虽然单元状态会对短期和长期依赖关系都进行学习，但最终隐藏状态可以仅反映短期依赖关系或仅反映长期依赖关系，或两者都有。

接下来，门机制由三个门组成：输入门、遗忘门和输出门：

- 输入门控制将当前输入中的多少部分写入单元状态
- 遗忘门控制将前一个单元状态中的多少部分带入当前单元状态
- 输出门控制将单元状态中的多少部分传播到最终隐藏状态

很明显，这是一种更彻底的方法（特别是与标准 RNN 相比），它能更好地控当前输入和先前单元状态对当前单元状态的贡献程度。此外，输出门可以更好地控制单元状态对最终隐藏状态的贡献程度。在图 7.13 中，我们比较了标准 RNN 和 LSTM，以强调两个模型的功能差异。

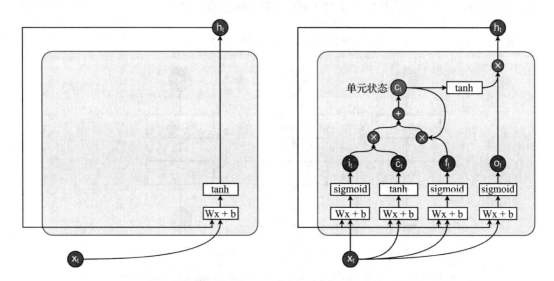

图 7.13　标准 RNN 和 LSTM 单元的比较

总之，通过设计两种不同的状态，LSTM 可以学习短期和长期依赖关系，这有助于解决梯度消失的问题，我们将在下一节中讨论这一点。

## 7.2　LSTM 如何解决梯度消失问题

正如我们前面所讨论的，即使 RNN 在理论上是合理的，但在实践中它们也存在严重的缺陷。也就是说，当使用基于时间的反向传播（BPTT）时，梯度会迅速减小，这使我们只能传播几个时间步的信息。因此，我们只能存储极少的时间步的信息，从而只能拥有短期记忆。这限制了 RNN 在实际序列任务中的作用。

通常有用且有趣的序列任务（例如，股票市场预测或语言建模）需要模型能够学习和存储长期依赖关系。

考虑以下这个预测下一个单词的例子：

*John is a talented student. He is an A-grade student and plays rugby and cricket. All the other students envy _____.*

对我们来说，这是一项非常容易的任务。答案是 John。但是，对于 RNN 来说，这是一项艰巨的任务。我们试图预测一个位于文本的最开头的答案。为了完成这个任务，我们需要一种在 RNN 的状态中存储长期依赖关系的方法。这正是 LSTM 旨在解决的问题。

在第 6 章中，我们讨论了在没有任何非线性函数的情况下梯度消失 / 爆炸是如何产生的。我们现在将看到，即使存在非线性，这些问题仍然可能出现。为此，我们关注标准 RNN 和和 LSTM 网络中的导数项 $\partial h_t / \partial h_{t-k}$。正如我们在前一章中所学到的，这是导致梯度消失的关键项。

假设标准 RNN 的隐藏状态计算公式如下：

$$h_t = \sigma(W_x x_t + W_h h_{t-1})$$

为了简化计算，我们可以忽略与当前输入的相关项，并将重点放在循环部分上，这将给出以下等式：

$$h_t = \sigma(W_h h_{t-1})$$

如果我们计算前面等式 $\partial h_t / \partial h_{t-k}$，我们将得到以下结果：

$$\partial h_t / \partial h_{t-k} = \prod_{i=0}^{k-1} W_h \sigma(W_h h_{t-k+i})(1 - \sigma(W_h h_{t-k+i}))$$

$$\partial h_t / \partial h_{t-k} = W_h^k \prod_{i=0}^{k-1} \sigma(W_h h_{t-k+i})(1 - \sigma(W_h h_{t-k+i}))$$

现在让我们看看当 $W_h h_{t-k+i} << 0$ 或 $W_h h_{t-k+i} >> 0$ 时会发生什么（这将在学习继续时发生）。在这两种情况下，$\partial h_t / \partial h_{t-k}$ 都会开始接近 0，从而产生梯度消失。即使当 $W_h h_{t-k+i} = 0$ 时，其中梯度是 sigmoid 激活的最大值（0.25），当乘以许多时间步长时，整体梯度变得非常小。此外，$W_h^k$ 项（可能由于初始化不良）也会导致梯度爆炸或消失。然而，与 $W_h h_{t-k+i} << 0$ 或 $W_h h_{t-k+i} >> 0$ 导致的梯度消失相比，由 $W_h^k$ 项引起的梯度消失 / 爆炸相对容易解决（仔细进行权重初始化和采用梯度剪裁）。

现在让我们看一下 LSTM 单元。更具体地说，看一下单元状态，它由下式给出：

$$c_t = f_t c_{t-1} + i_t \tilde{c}_t$$

这是 LSTM 中所有遗忘门作用的结果。如果以类似的方式为 LSTM 计算 $\partial c_t / \partial c_{t-k}$（即忽略不在循环部分的 $W_{fx} x_t$ 和 $b_f$），我们得到以下结果：

$$\partial c_t / \partial c_{t-k} = \prod_{i=0}^{k-1} \sigma(W_{fh} h_{t-k+i})$$

在这种情况下，尽管梯度将在 $W_h h_{t-k+i} << 0$ 时消失，但另一方面如果 $W_h h_{t-k+i} >> 0$，导数将比在标准 RNN 中的下降速度慢得多。因此，我们有一个不让梯度消失的替代方案。

而且，由于使用了压缩函数，梯度不会因为 $\partial c_t / \partial c_{t-k}$ 太大而爆炸（梯度爆炸期间可能发生的事情）。此外，当 $W_h h_{t-k+i} >> 0$ 时，梯度的最大值接近 1，这意味着梯度不会像在 RNN 中看到的那样迅速减小（当梯度达到最大值时）。最后，在推导中没有诸如 $W_h^k$ 的项。但是，$\partial h_t / \partial h_{t-k}$ 的导数更为棘手。让我们看看这些项是否存在于 $\partial h_t / \partial h_{t-k}$ 的导数中。如果计算它的导数，结果如下所示：

$$\partial h_t / \partial h_{t-k} = \partial (o_t \tanh(c_t)) / \partial h_{t-k}$$

该等式的结果如下：

$$\tanh(.)\sigma(.)[1-\sigma(.)]w_{oh} + \sigma(.)[1-\tanh^2(.)]\{c_{t-1}\sigma(.)[1-\sigma(.)]w_{fh} + \sigma(.)[1-\tanh^2(.)]w_{ch} + \tanh(.)\sigma(.)[1-\sigma(.)]w_{ih}\}$$

我们不关心 $\sigma(.)$ 或 $\tanh(.)$ 中的内容，因为无论值是什么，它都在（0，1）或（–1，1）范围内。如果我们用某些通用符号如 $\gamma(.)$ 替换 $\sigma(.)$，$|1 - \sigma(.)|\tanh(.)$ 和 $|1 - \tanh^2(.)|$，来进一步减少符号，我们得到以下形式：

$$\gamma(.)w_{oh} + \gamma(.)[c_{t-1}\gamma(.)w_{fh} + \gamma(.)w_{ch} + \gamma(.)w_{ih}]$$

或者，我们得到以下结果（外部 $\gamma(.)$ 乘以方括号内的每个 $\gamma(.)$ 项）：

$$\gamma(.)w_{oh} + c_{t-1}\gamma(.)w_{fh} + \gamma(.)w_{ch} + \gamma(.)w_{ih}$$

结果如下：

$$\partial h_t / \partial h_{t-k} \approx \prod_{i=0}^{k-1} \gamma(.)w_{oh} + c_{t-1}\gamma(.)w_{fh} + \gamma(.)w_{ch} + \gamma(.)w_{ih}$$

这意味着尽管 $\partial c_t / \partial c_{t-k}$ 对任何 $W_h^k$ 项都是安全的，但 $\partial h_t / \partial h_{t-k}$ 不是。

因此，在初始化 LSTM 的权重时必须小心，我们也应该使用梯度裁剪。

---

> **提示** 但是，LSTM 中的 $h_t$ 可能梯度消失这一问题并不像 RNN 那样重要。因为 $c_t$ 仍然可以存储长期依赖关系，而不受梯度消失的影响，并且如果需要，$h_t$ 可以从 $c_t$ 中获取长期依赖关系。

---

## 7.2.1  改进 LSTM

正如我们在学习 RNN 时已经看到的那样，拥有坚实的理论基础并不能总是保证它在实践中表现最佳。原因是计算机数值精度受到限制。LSTM 也是如此。拥有复杂的设计（即允许更好地对数据中的长期依赖关系建模）本身并不意味着 LSTM 将输出完全正确的预测结果。因此，人们已经做了许多扩展来帮助 LSTM 在预测阶段表现更好。在这里，我们将讨论几个这样的改进：贪婪采样、集束搜索、使用词向量而不是单词的独热编码表示，以及使用双向 LSTM。

## 7.2.2　贪婪采样

如果我们试图始终以最高概率预测单词，LSTM 将倾向于产生非常单一的结果。例如，它会在切换到另一个单词之前多次重复该单词。

解决这个问题的一种方法是使用贪婪采样，即从预测结果中选取最佳的 $n$ 个结果，然后从中采样。这有助于打破预测结果的单一性。

让我们考虑前一个例子的第一句话：

*John gave Mary a puppy.*

比如说，我们输入第一个单词，想要预测接下来的四个单词：

*John ____ ____ _ ____.*

如果我们确定性地选择预测结果，LSTM 可能倾向于输出如下内容：

*John gave Mary gave John.*

但是，通过从词汇表中的单词集（最可能的单词）中采样下一个单词，LSTM 被迫改变预测并可能输出以下内容：

*John gave Mary a puppy.*

或者，它会输出以下内容：

*John gave puppy a puppy.*

但是，即使贪婪采样有助于为生成的文本添加更多变化，此方法也不能保证输出始终是正确的，尤其是在输出较长的文本序列时。现在，我们将看到一种更好的搜索技术，它会在预测之前考虑前面几步的预测结果。

## 7.2.3　集束搜索

集束搜索是一种帮助 LSTM 提升预测质量的方法，它通过解决搜索问题找到预测结果。集束搜索的关键思想是一次产生 $b$ 个输出（即 $y_t, y_{t+1}, \cdots, y_{t+b}$）而不是单个输出 $y_t$。这里，$b$ 被称为集束的长度，产生的 $b$ 个输出被称为集束。从技术上讲，我们选择具有最高联合概率 $P(y_t, y_{t+1}, \cdots, y_{t+b} | x_t)$ 的集束，而不是选择最高概率 $P(y_t | x_t)$。在进行预测之前，我们会关注未来的预测结果，这通常会带来更好的结果。

让我们通过前面的例子来理解集束搜索：

*John gave Mary a puppy.*

如果我们逐词地预测，开始时是下面这样：

*John ____ ____ _ ____.*

我们假设 LSTM 使用集束搜索产生例句，那么每个单词的概率可能就像我们在图 7.14 中看到的那样。假设集束长度 $b = 2$，并且我们将在搜索的每个阶段考虑 $n = 3$ 个最佳候选。

搜索树如图 7.14 所示。

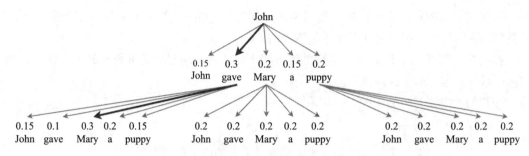

图 7.14    $b$ = 2 并且 $n$ = 3 时集束搜索的搜索空间

我们从 John 这个单词开始，并得到词汇表中所有单词的概率。在我们的例子中，由于 $n$ = 3，因此我们为树的下一级选择最好的三个候选项：gave、Mary 和 puppy。（请注意，它们可能不是 LSTM 实际找到的候选项，仅用作示例。）然后，从这些选定的候选项中，树的下一级继续延伸。从那里，我们挑选最好的三个候选项，搜索将一直重复进行，直到我们达到树中的深度 $b$。

对于给出最高联合概率的路径（即 $P$(gave, Mary | John) = 0.09），我们用较重的箭头突出显示。这是一种更好的预测机制，因为相比于 "*John Mary John*" 或者 "*John John gave*"，它会对 "*John gave Mary*" 给出更高的概率或者奖励。

请注意，贪婪采样和集束搜索产生的输出在我们的示例中是相同的，这是一个包含五个单词的简单句子。然而，当我们要输出一篇文章时，情况并非如此。这时，通过集束搜索产生的结果比由贪婪抽样产生的结果更准确，语法也更正确。

## 7.2.4    使用词向量

另一种改善 LSTM 性能的流行方法是使用词向量，而不是使用独热编码向量，作为 LSTM 的输入。让我们通过一个例子来理解这个方法的价值，假设我们想要从一些随机词开始生成文本，在我们的例子中，它将是以下内容：

*John* ____ ____ __ ____.

我们已经在如下句子上训练了我们的 LSTM：

*John gave Mary a puppy. Mary has sent Bob a kitten.*

我们还假设我们的词向量位置如图 7.15 所示。

这些单词的词嵌入的数值形式可能如下所示：

*kitten: [0.5, 0.3, 0.2]*

*puppy: [0.49, 0.31, 0.25]*

*gave: [0.1, 0.8, 0.9]*

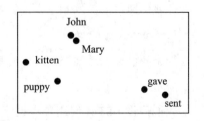

图 7.15    二维空间中假设的词向量拓扑

可以看到 *distance*(*kitten*, *puppy*)<*distance*(*kitten*, *gave*)，但是如果我们用独热编码表示，则结果如下：

*kitten:* [ 1, 0, 0, …]

*puppy:* [0, 1, 0, …]

*gave:* [0, 0, 1, …]

那么，*distance*(*kitten*, *puppy*) = *distance*(*kitten*, *gave*)。正如我们已经看到的那样，独热编码的向量不能捕捉到单词之间的正确关系，并且认为所有单词彼此之间的距离是相等的。然而，词向量能够捕获这种关系，因此更适合作为输入 LSTM 的特征。使用词向量，LSTM可以更好地利用单词之间的关系。例如，使用词向量，LSTM 将学习以下内容：

*John gave Mary a kitten.*

这与以下结果很接近：

*John gave Mary a puppy.*

而且，与以下结果很不一样：

*John gave Mary a gave.*

但是，如果使用独热编码的向量，就不会出现上面的结果。

## 7.2.5　双向 LSTM（BiLSTM）

使 LSTM 变为双向是提高 LSTM 预测质量的另一种方法。双向指的是，从头到尾同时也从尾到头读取数据，以训练 LSTM。到目前为止，在训练 LSTM 期间，我们创建如下数据集：

考虑以下两句话：

*John gave Mary a _____. It barks very loudly.*

但是，这次，在我们希望 LSTM 聪明地填补的一个句子中存在数据缺失。

如果我们从头开始读到缺失的单词，则如下所示：

*John gave Mary a _____.*

这没有提供足够多的关于缺失单词的上下文信息来正确填写单词。但是，如果我们双向读取数据，那将是以下内容：

*John gave Mary a _____.*

*_____. It barks very loudly.*

如果我们使用这两个部分创建数据，则足以预测丢失的单词应该是 dog 或 puppy 之类的东西。因此，从两个方向读取数据可以显著提高解决某些问题的性能。此外，这增加了神经网络可用的数据量，提高了其性能。

BiLSTM 的另一个应用是神经机器翻译，这是指将源语言的句子翻译成目标语言。由于一种语言的翻译与另一种语言没有特定的一致性，因此了解源语言的前后信息可以极大地帮助更好地理解上下文，从而产生更好的翻译结果。例如，考虑将菲律宾语翻译成英语的翻译任务。在菲律宾语中，句子通常按"谓词－宾语－主语"的顺序书写，而在英语中，通常是"主语－谓词－宾语"。在这样的翻译任务中，向前和向后读取句子对得到良好的翻译结果是非常有帮助的。

BiLSTM 本质上是两个独立的 LSTM 网络，一个网络从头到尾学习数据，另一个网络从尾到头学习数据。在图 7.16 中，我们说明了 BiLSTM 网络的结构。

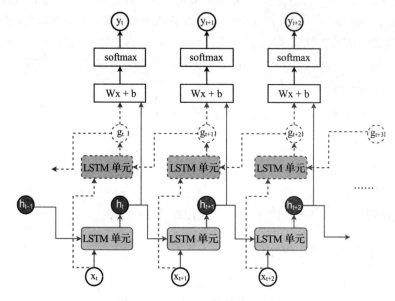

图 7.16　BiLSTM 的结构示意图

训练分两个阶段进行。首先，使用从头到尾读取文本所创建的数据训练实线阴影网络，该网络代表标准 LSTM 的正常训练过程。其次，利用沿相反方向读取文本所生成的数据来训练虚线阴影网络。然后，在预测阶段，使用实线状态和虚线状态的信息（通过连接两个状态创建向量）来预测缺失的单词。

## 7.3　其他 LSTM 的变体

虽然我们主要关注标准的 LSTM 架构，但是已经出现了许多 LSTM 变体，它们要么简化了标准 LSTM 中的复杂架构，要么产生了更好的性能，或者两者兼而有之。下面探究两种变体（窥孔连接和 GRU），它们对 LSTM 的单元结构进行修改。

### 7.3.1　窥孔连接

窥孔连接允许门不仅可以看到当前输入和先前的最终隐藏状态，还可以看到先前的单元状态。这增加了 LSTM 单元中的权重数量，已经证明具有这种连接可以产生更好的结果。等式看起来像这样：

$$i_t = \sigma\left(W_{ix}x_t + W_{ih}h_{t-1} + W_{ic}c_{t-1} + b_i\right)$$

$$\tilde{c}_t = tanh\left(W_{cx}x_t + W_{ch}h_{t-1} + b_c\right)$$

$$f_t = \sigma\left(W_{fx}x_t + W_{fh}h_{t-1} + W_{fc}c_{t-1} + b_f\right)$$

$$c_t = f_t c_{t-1} + i_t \tilde{c}_t$$

$$o_t = \sigma\left(W_{ox}x_t + W_{oh}h_{t-1} + W_{oc}c_t + b_o\right)$$

$$h_t = o_t tanh\left(c_t\right)$$

让我们简要看一下窥孔是如何帮助 LSTM 表现得更好的。到目前为止，门只能看到当前输入和最终隐藏状态，但看不到单元状态。但是，在这种情况下，如果输出门接近零，那么即使单元状态包含对于性能至关重要的信息，最终隐藏状态也将接近于零。因此，门在计算期间不会考虑隐藏状态。直接在门计算方程中引入单元状态可以使门对单元状态有更多控制，并且即使在输出门接近零的情况下，它也可以表现良好。

图 7.17 说明了窥孔连接的 LSTM 的结构，我们用灰色表示标准 LSTM 中的所有现有连接，新添加的连接用黑色显示：

## 7.3.2 门循环单元

门循环单元（GRU）可视为标准 LSTM 架构的简化。正如我们已经看到的，LSTM 有三个不同的门和两个不同的状态。即使状态变量的比较小，仅这一点也需要大量参数。因此，科学家们研究了减少参数数量的方法，GRU 是这项工作的结果。

与 LSTM 相比，GRU 有几个主要差异。

首先，GRU 将两个状态（单元状态和最终隐藏状态）组合成单个隐藏状态 $h_t$。现在，由于做了这一简单修改，即没有两种不同的状态，因此取消了输出门。请记住，输出门只是决定将多少单元状态读入最终隐藏状态。这一操作大大减少了单元中的参数数量。

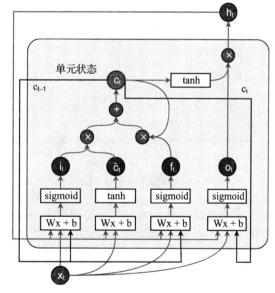

图 7.17 带有窥孔连接的 LSTM（窥孔连接显示为黑色，而其他连接显示为灰色）

接下来，GRU 引入一个复位门，当它接近 1 时，在计算当前状态时完全读取先前状态信息。当复位门接近 0 时，则在计算当前状态时忽略先前的状态。

$$r_t = \sigma\left(W_{rx}x_t + W_{rh}h_{t-1} + b_r\right)$$

$$\tilde{h}_t = tanh\left(W_{hx}x_t + W_{hh}\left(r_t h_{t-1}\right) + b_h\right)$$

然后，GRU 将输入门和遗忘门组合成一个更新门。标准 LSTM 有两个门，称为输入和遗忘门。输入门决定将多少当前输入送入单元状态，而遗忘门决定将多少先前单元状态送入当前单元状态。

数学上，可以表示成如下形式：

$$i_t = \sigma\left(W_{ix}x_t + W_{ih}h_{t-1} + b_i\right)$$
$$f_t = \sigma\left(W_{fx}x_t + W_{fh}h_{t-1} + b_f\right)$$

GRU 将这两个操作组合成一个称为更新门的门。如果更新门是 0，则将先前单元状态的全部状态信息送入当前单元状态，这时，当前输入不会被送入当前单元状态。如果更新门是 1，则将所有当前输入送入当前单元状态，先前单元状态则不会被传播到当前单元状态。换句话说，输入门和遗忘门相反，即 $1 - f_t$：

$$z_t = \sigma\left(W_{zx}x_t + W_{zh}h_{t-1} + b_z\right)$$
$$h_t = z_t\tilde{h}_t + \left(1 - z_t\right)h_{t-1}$$

现在，让我们汇聚所有等式，GRU 计算将如下所示：

$$r_t = \sigma(W_{rx}x_t + W_{rh}h_{t-1} + b_r)$$
$$\tilde{h}_t = tanh(W_{hx}x_t + W_{hh}\left(r_t h_{t-1}\right) + b_h)$$
$$z_t = \sigma\left(W_{zx}x_t + W_{zh}h_{t-1} + b_z\right)$$
$$h_t = z_t\tilde{h}_t + \left(1 - z_t\right)h_{t-1}$$

这比 LSTM 精简得多。图 7.18 对 GRU 单元（左侧）和 LSTM 单元（右侧）进行比较。

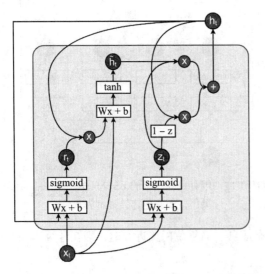
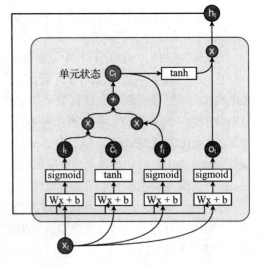

图 7.18　比较 GRU（左）和 LSTM（右）

## 7.4　总结

在本章中,你了解了 LSTM 网络。首先,我们讨论了 LSTM 是什么以及它的抽象结构。我们还深入探究了 LSTM 中的计算,并通过一个例子讨论了这些计算。

我们看到 LSTM 主要由五个不同部分组成:

- 单元状态:LSTM 单元的内部单元状态
- 隐藏状态:用于计算预测结果的外部隐藏状态
- 输入门:决定有多少当前输入会被读入单元状态
- 忘记门:决定有多少先前的单元状态会被送入当前单元状态
- 输出门:决定有多少单元状态会被输出到隐藏状态

如此复杂的结构使得 LSTM 可以很好地捕获短期和长期依赖关系。

我们将 LSTM 与 vanilla RNN 进行了比较,发现 LSTM 实际上能够学习长期依赖关系,并将其保存为固有结构的一部分,而 RNN 则无法学习长期依赖关系。之后,我们讨论了 LSTM 如何通过其复杂的结构解决梯度消失问题。

然后,我们讨论了几个可以提高 LSTM 性能的扩展方法。首先,我们讨论了称为“贪婪抽样”的一种非常简单的技术。使用该技术,我们并不总是输出最佳候选项,而是从一组最佳候选项中随机抽样产生预测结果。我们看到这改善了生成文本的多样性。接下来,我们研究了一种称为“集束搜索”的更复杂的搜索技术。通过这种方式,我们可以预测未来的几个时间步骤,并选择最佳联合概率的候选项,而不是对未来的单个时间步进行预测。另一项改进涉及了解词向量如何帮助提高 LSTM 预测的质量。通过使用词向量,LSTM 可以更有效地学习在预测期间替换语义相似的单词(例如,LSTM 可能输出 cat 而不是 dog),从而使生成的文本更自然和正确。我们讨论的最后一个扩展是 BiLSTM。BiLSTM 的一个流行应用是填充短语中的缺失单词。BiLSTM 以从头到尾和从尾到头两个方向读取文本。这提供了更多的上下文信息,因为我们在预测之前可以获得之前和之后的信息。

最后,我们讨论了 vanilla LSTM 的两种变体:窥孔连接和 GRU。Vanillan LSTM 在计算门时,只查看当前输入和隐藏状态。通过窥孔连接,我们使门计算依赖于所有信息:当前输入、隐藏和单元状态。

GRU 是 vanilla LSTM 的更优雅的变体,可简化 LSTM 而不会影响性能。GRU 只有两个门和一个状态,而 vanilla LSTM 有三个门和两个状态。

在下一章中,我们将看到所有这些不同的体系结构和每个体系结构的实现,并了解它们在文本生成任务中的表现。

第**8**章

# LSTM 应用: 文本生成

现在我们已经很好地理解了 LSTM 的基本原理,比如它如何解决梯度消失和规则更新的问题,现在,我们来看看如何在 NLP 任务中使用它。LSTM 已经在文本生成和图像标题生成等任务中广泛应用。例如,语言建模对于文本摘要任务或者为产品生成有吸引力的文本广告非常有用,其中图像标题生成或图像标注对于图像检索非常有用,在这种场景下,用户可能需要检索表达某些概念的图像(例如,一只猫)。

我们将在本章中介绍的应用是使用 LSTM 生成新文本。为此,我们将下载格林兄弟童话中的一些民间故事的译本。使用这些故事来训练 LSTM,并在最后要求它输出一个全新的故事。我们把文本处理分解为字符级别的双字母(n-grams,其中 $n = 2$),并使用独立的双字母组成词典。我们还将探索如何实现之前介绍的技术,例如贪婪采样或集束搜索预测。之后,我们介绍如何以标准 LSTM 之外的方法来实现时间序列模型,例如窥孔 LSTM 和GRU。

接下来,我们将看到如何以更好的输入表达方式,而不是单词级别的双字母来生成文本,例如单个单词表达。值得注意的是,独热编码是非常低效的,与单词级别的双字母相比,独热编码字典会随着单词量的增加而迅速增长。因此,一个好的解决方法是,首先学习词嵌入(或使用预训练嵌入),并将其作为 LSTM 的输入。使用词嵌入可以避免维度灾难。现实过程中的一个有趣的问题是,字典的大小可以在 10 000 到 1 000 000 之间。然而,尽管现实中字典很大,但词嵌入的维数是固定的。

## 8.1 数据集

首先,我们将介绍用于文本生成的数据集以及数据预处理步骤。

### 8.1.1 关于数据集

首先,我们将了解数据集看起来像什么,以便当我们看到生成的文本时,可以在给定训练数据集上评估它是否有意义。我们将从 https://www.cs.cmu.edu/~spok/grimmtmp/ 网站下载前 100 本书。它们是格林兄弟系列书籍的译稿（从德语到英语）。这与第 6 章中用于演示 RNN 性能所使用的文本相同。

最初，我们将使用自动化脚本从网站下载前 100 本书，代码如下所示：

```
url = 'https://www.cs.cmu.edu/~spok/grimmtmp/'

# Create a directory if needed
dir_name = 'stories'
if not os.path.exists(dir_name):
    os.mkdir(dir_name)

def maybe_download(filename):
  """Download a file if not present"""
  print('Downloading file: ', dir_name+ os.sep+filename)

  if not os.path.exists(dir_name+os.sep+filename):
    filename, _ = urlretrieve(url + filename,
                              dir_name+os.sep+filename)
  else:
    print('File ',filename, ' already exists.')

  return filename

num_files = 100
filenames = [format(i, '03d')+'.txt' for i in range(1,101)]

for fn in filenames:
    maybe_download(fn)
```

现在将展示从两个随机挑选的故事中提取的示例文本片段。

以下是第一个片段：

*Then she said, my dearest benjamin, your father has had these coffins made for you and for your eleven brothers, for if I bring a little girl into the world, you are all to be killed and buried in them. And as she wept while she was saying this, the son comforted her and said, weep not, dear mother, we will save ourselves, and go hence. But she said, go forth into the forest with your eleven brothers, and let one sit constantly on the highest tree which can be found, and keep watch, looking towards the tower here in the castle. If I give birth to a little son, I will put up a white flag, and then you may venture to come back. But if I bear a daughter, I will hoist a red flag, and then fly hence as quickly as you are able, and may the good God protect you.*

第二个文本片段如下：

*Red-cap did not know what a wicked creature he was, and was not at all afraid of him.*

*"Good-day, little red-cap," said he.*

*"Thank you kindly, wolf."*

*"Whither away so early, little red-cap?"*

*"To my grandmother's."*

*"What have you got in your apron?"*

*"Cake and wine. Yesterday was baking-day, so poor sick grandmother is to have something good, to make her stronger."*

*"Where does your grandmother live, little red-cap?"*

*"A good quarter of a league farther on in the wood. Her house stands under the three large oak-trees, the nut-trees are just below. You surely must know it,"*
*replied little red-cap.*

*The wolf thought to himself, what a tender young creature. What a nice plump mouthful, she will be better to eat than the old woman.*

### 8.1.2 数据预处理

在数据预处理上，先将所有文本都转为小写并将文本分解为字符 n-gram，其中 $n = 2$。以下面的句子为例：

*The king was hunting in the forest.*

句子将被分解为如下的 n-gram 序列：

['th,' 'e ,' 'ki,' 'ng,' ' w,' 'as,' …]

我们将使用字符级别的 bigram，因为与使用单个单词相比，它大大减少了字典大小。此外，我们将使用特殊标记（即 UNK）替换在语料库中出现少于 10 次的所有 bigram，以表示该 bigram 未知。这有助于我们进一步减小字典大小。

## 8.2 实现 LSTM

在这里，我们将介绍实现 LSTM 的细节。虽然 TensorFlow 中已经有子库实现了现成的 LSTM，但我们将从头开始实现。这非常有价值，因为在现实中可能存在无法直接使用这些组件的情况。代码位于练习的 ch8 文件夹中的 lstm_for_text_generation.ipynb 内。但是，该文件夹还包含一个练习，用于展示如何使用现有 TensorFlow RNN API 来实现 LSTM，文件名为 lstm_word2vec_rnn_api.ipynb。在这里，我们将讨论 lstm_for_text_generation.ipynb 文件中的代码。

首先讨论超参数及其用于 LSTM 的效果。之后，讨论实现 LSTM 所需的参数（权重和偏置）。然后，讨论如何使用这些参数来编写在 LSTM 中发生的操作。接下来将介绍如何按顺序把数据提供给 LSTM。再来，将介绍如何使用梯度裁剪来实现参数优化。最后，将研究

如何使用学到的模型来输出预测结果，这些预测本质上是 bigram，它们最终将组合成为有
意义的故事。

## 8.2.1　定义超参数

首先定义 LSTM 所需的一些超参数：

```
# Number of neurons in the hidden state variables
num_nodes = 128
# Number of data points in a batch we process
batch_size = 64

# Number of time steps we unroll for during optimization
num_unrollings = 50

dropout = 0.2 # We use dropout
```

以下介绍了每个超参数：

- num_nodes：这个参数表示单元记忆状态中的神经元数。当数据充足时，增加单元记
  忆的复杂度将获得更好的性能。然而，与此同时，它会减缓计算速度。
- batch_size：这个参数是每一步处理的数据量。增加批次的大小可以提供更好的性能，
  但会带来更高的内存要求。
- num_unrollings：这是 truncated-BPTT 中使用的时间步数。num_unrollings 步数越高，
  性能越好，但它会增加内存开销和计算时间。
- dropout：最后，我们将采用 dropout（一种正则化技术）来减少模型的过拟合，并产
  生更好的结果，dropout 会在将输入 / 输出 / 状态变量传递给后续操作之前随机丢弃
  信息。这会在学习过程中产生冗余的特征，从而提高性能。

## 8.2.2　定义参数

现在为 LSTM 的实际参数定义 TensorFlow 变量。

首先定义输入门参数：

- ix：它们是将输入连接到输入门的权重
- im：它们是将隐藏状态连接到输入门的权重
- ib：这是偏置项

下面将定义这些参数：

```
# Input gate (it) - How much memory to write to cell state
# Connects the current input to the input gate
ix = tf.Variable(tf.truncated_normal([vocabulary_size, num_nodes],
stddev=0.02))
# Connects the previous hidden state to the input gate
im = tf.Variable(tf.truncated_normal([num_nodes, num_nodes],
stddev=0.02))
```

```
# Bias of the input gate
ib = tf.Variable(tf.random_uniform([1, num_nodes],-0.02, 0.02))
```

同样，我们将为遗忘门、候选值（用于计算记忆单元）和输出门定义权重。
遗忘门的权重定义如下：

```
# Forget gate (ft) - How much memory to discard from cell state
# Connects the current input to the forget gate
fx = tf.Variable(tf.truncated_normal([vocabulary_size, num_nodes],
stddev=0.02))
# Connects the previous hidden state to the forget gate
fm = tf.Variable(tf.truncated_normal([num_nodes, num_nodes],
stddev=0.02))
# Bias of the forget gate
fb = tf.Variable(tf.random_uniform([1, num_nodes],-0.02, 0.02))
```

候选值（用于计算记忆单元）的权重定义如下：

```
# Candidate value (c~t) - Used to compute the current cell state
# Connects the current input to the candidate
cx = tf.Variable(tf.truncated_normal([vocabulary_size, num_nodes],
stddev=0.02))
# Connects the previous hidden state to the candidate
cm = tf.Variable(tf.truncated_normal([num_nodes, num_nodes],
stddev=0.02))
# Bias of the candidate
cb = tf.Variable(tf.random_uniform([1, num_nodes],-0.02,0.02))
```

输出门的权重定义如下：

```
# Output gate - How much memory to output from the cell state
# Connects the current input to the output gate
ox = tf.Variable(tf.truncated_normal([vocabulary_size, num_nodes],
stddev=0.02))
# Connects the previous hidden state to the output gate
om = tf.Variable(tf.truncated_normal([num_nodes, num_nodes],
stddev=0.02))
# Bias of the output gate
ob = tf.Variable(tf.random_uniform([1, num_nodes],-0.02,0.02))
```

接下来，我们将为状态和输出定义变量。这些 TensorFlow 变量表示 LSTM 单元的内部单元状态和外部隐藏状态。在定义 LSTM 计算操作时，将它们定义为使用 tf.control_dependencies (...) 函数以最新单元状态和隐藏状态值进行更新。

```
# Variables saving state across unrollings.
# Hidden state
saved_output = tf.Variable(tf.zeros([batch_size, num_nodes]),
trainable=False, name='train_hidden')
# Cell state
saved_state = tf.Variable(tf.zeros([batch_size, num_nodes]),
trainable=False, name='train_cell')
# Same variables for validation phase
saved_valid_output = tf.Variable(tf.zeros([1, num_
```

```
nodes]),trainable=False, name='valid_hidden')
saved_valid_state = tf.Variable(tf.zeros([1, num_
nodes]),trainable=False, name='valid_cell')
```

最后，通过定义 softmax 层以获得实际的预测输出：

```
# Softmax Classifier weights and biases.
w = tf.Variable(tf.truncated_normal([num_nodes, vocabulary_size],
stddev=0.02))
b = tf.Variable(tf.random_uniform([vocabulary_size],-0.02,0.02))
```

> 💡 提示　请注意，我们使用的是具有零均值和小标准偏差的正态分布来初始化变量，这适用于模型是单个 LSTM 单元的情况，但是，当网络变得更深时（即多个 LSTM 单元彼此堆叠），则需要更精细化的初始化技术。由 Glorot 和 Bengio 在他们的论文中提出了这样一种初始化技术，称为 Xavier 初始化，论文标题是"Understanding the difficulty of training deep feedforward neural networks"，发表于 2010 年第 13 届 International Conference on Artificial Intelligence and Statistics 大会。在 TensorFlow 中，它可用作变量初始化程序，可从以下网址找到：https://www.tensorflow.org/api_docs/python/tf/contrib/layers/xavier_initializer。

## 8.2.3　定义 LSTM 单元及操作

定义了权重和偏置之后，现在可以在 LSTM 单元中定义操作，这些操作包括：

- 计算输入门和遗忘门的输出
- 计算 LSTM 内部单元状态
- 计算输出门的输出
- 计算外部隐藏状态

以下是 LSTM 单元的实现：

```
def lstm_cell(i, o, state):

    input_gate = tf.sigmoid(tf.matmul(i, ix) +
                            tf.matmul(o, im) + ib)
    forget_gate = tf.sigmoid(tf.matmul(i, fx) +
                            tf.matmul(o, fm) + fb)
    update = tf.matmul(i, cx) + tf.matmul(o, cm) + cb
    state = forget_gate * state + input_gate * tf.tanh(update)
    output_gate = tf.sigmoid(tf.matmul(i, ox) +
                            tf.matmul(o, om) + ob)
    return output_gate * tf.tanh(state), state
```

## 8.2.4　定义输入和标签

现在，我们来定义训练输入（展开的）和标签。训练输入是一个列表，其中包含 num_

unrolling 批数据（序列），其中每批数据的大小都是 [batch_size，vocabulary_size]：

```
train_inputs, train_labels = [],[]

for ui in range(num_unrollings):
    train_inputs.append(tf.placeholder(tf.float32,
                            shape=[batch_size,vocabulary_size],
                            name='train_inputs_%d'%ui))
    train_labels.append(tf.placeholder(tf.float32,
                            shape=[batch_size,vocabulary_size],
                            name = 'train_labels_%d'%ui))
```

我们还要为验证集输入和输出定义占位符，这些占位符将用于计算验证集的困惑度。请注意，我们对验证集相关的计算不使用展开。

```
# Validation data placeholders
valid_inputs = tf.placeholder(tf.float32, shape=[1,vocabulary_size],
            name='valid_inputs')
valid_labels = tf.placeholder(tf.float32, shape=[1,vocabulary_size],
            name = 'valid_labels')
```

## 8.2.5    定义处理序列数据所需的序列计算

在这里，我们将以递归方式计算通过单次展开训练输入数据所产生的输出。我们将使用 dropout（参考 "Dropout: A SimpleWay to Prevent Neural Networks from Overfitting, Srivastava" 作者是 Nitish 等，发表于 Journalof Machine Learning Research 15 (2014): 1929-1958 ），因为这会稍微提高性能。最后，对于训练数据集所计算的所有隐藏输出值，计算其 logit 值：

```
# Keeps the calculated state outputs in all the unrollings
# Used to calculate loss
outputs = list()

# These two python variables are iteratively updated
# at each step of unrolling
output = saved_output
state = saved_state

# Compute the hidden state (output) and cell state (state)
# recursively for all the steps in unrolling
for i in train_inputs:
    output, state = lstm_cell(i, output, state)
    output = tf.nn.dropout(output,keep_prob=1.0-dropout)
    # Append each computed output value
    outputs.append(output)

# calculate the score values
logits = tf.matmul(tf.concat(axis=0, values=outputs), w) + b
```

接下来，在计算损失之前，必须确保将输出和外部隐藏状态更新为之前最新计算的值。通过添加条件 tf.control_dependencies，并在条件下控制 logit 和损失计算，实现这一步：

```
with tf.control_dependencies([saved_output.assign(output),
                              saved_state.assign(state)]):
    # Classifier.
    loss = tf.reduce_mean(
      tf.nn.softmax_cross_entropy_with_logits_v2(
        logits=logits, labels=tf.concat(axis=0,
                                values=train_labels)))
```

我们还定义针对验证数据集的前向传播逻辑。请注意，我们不在验证过程使用 dropout，只在训练过程使用。

```
# Validation phase related inference logic

# Compute the LSTM cell output for validation data
valid_output, valid_state = lstm_cell(
    valid_inputs, saved_valid_output, saved_valid_state)

# Compute the logits
valid_logits = tf.nn.xw_plus_b(valid_output, w, b)
```

## 8.2.6 定义优化器

在这里，我们将定义优化过程。使用一个称为 Adam 的先进优化器，它是迄今为止最好的基于随机梯度的优化器之一。代码中，gstep 是一个使学习率随时间衰减的变量，下一节会讨论具体细节。此外，我们将使用梯度裁剪来避免梯度爆炸：

```
# Decays learning rate everytime the gstep increases
tf_learning_rate = tf.train.exponential_decay(0.001,gstep,
                    decay_steps=1, decay_rate=0.5)
# Adam Optimizer. And gradient clipping.
optimizer = tf.train.AdamOptimizer(tf_learning_rate)
gradients, v = zip(*optimizer.compute_gradients(loss))
gradients, _ = tf.clip_by_global_norm(gradients, 5.0)
optimizer = optimizer.apply_gradients(
    zip(gradients, v))
```

## 8.2.7 随时间衰减学习率

综前所述，我使用衰减的学习率，而不是恒定的学习率。使学习率随时间衰减是深度学习常用的一种技术，该技术可以使模型有更好的性能并减少过拟合。它的核心思想是，如果在预定义的时期数内验证集困惑度没有减少，则降低学习率（例如，因子为 0.5）。让我们更详细地了解这是如何实现的。

首先，定义 gstep 和使 gstep 增加的操作，称为 inc_gstep，如下所示：

```
# learning rate decay
gstep = tf.Variable(0,trainable=False,name='global_step')
# Running this operation will cause the value of gstep
# to increase, while in turn reducing the learning rate
inc_gstep = tf.assign(gstep, gstep+1)
```

通过此定义，只需编写简单的逻辑，即可在一旦验证集损失没有降低的情况下调用 inc_gstep 操作，如下所示：

```
# Learning rate decay related
# If valid perplexity does not decrease
# continuously for this many epochs
# decrease the learning rate
decay_threshold = 5
# Keep counting perplexity increases
decay_count = 0
min_perplexity = 1e10

# Learning rate decay logic
def decay_learning_rate(session, v_perplexity):
  global decay_threshold, decay_count, min_perplexity
  # Decay learning rate
  if v_perplexity < min_perplexity:
    decay_count = 0
    min_perplexity= v_perplexity
  else:
    decay_count += 1

  if decay_count >= decay_threshold:
    print('\t Reducing learning rate')
    decay_count = 0
    session.run(inc_gstep)
```

每当遇到新的最小验证集困惑度时，我们就更新 min_perplexity。此外，v_perplexity 是当前验证集的困惑度。

## 8.2.8　做预测

现在，可以对之前计算的 logit 应用 softmax 来做出预测，还要定义用于验证集 logit 的预测操作：

```
train_prediction = tf.nn.softmax(logits)
# Make sure that the state variables are updated
# before moving on to the next iteration of generation
with tf.control_dependencies([saved_valid_output.assign(valid_output),
                       saved_valid_state.assign(valid_state)]):
    valid_prediction = tf.nn.softmax(valid_logits)
```

## 8.2.9　计算困惑度（损失）

我们在第 7 章中定义了什么是困惑度。回顾一下，给定当前的 n-gram 的情况下，困惑度是 LSTM 看见下一个 n-gram 时的"惊讶"程度。因此，困惑度高意味着较差的性能，而困惑度低意味着较好的性能：

```
train_perplexity_without_exp = tf.reduce_sum(
```

```
    tf.concat(train_labels,0)*-tf.log(tf.concat(
        train_prediction,0)+1e-10))/(num_unrollings*batch_size)
# Compute validation perplexity
valid_perplexity_without_exp = tf.reduce_sum(valid_labels*-tf.
log(valid_prediction+1e-10))
```

## 8.2.10 重置状态

因为正在处理多个文档，我们将使用状态重置。因此，在开始处理新文档时，将隐藏状态重置为零。但是，在实践中状态重置是否有作用我们并不十分清楚。一方面，从直觉上看，当开始阅读新故事时，在每个文档开始处将 LSTM 单元的记忆重置为零似乎比较合理。另一方面，这会在状态变量中创建一个趋近于 0 的偏置项。我们建议你尝试在有和没有状态重置这两种情况下分别运行算法，看一下哪种方法表现好。

```
# Reset train state
reset_train_state = tf.group(tf.assign(saved_state,
                            tf.zeros([batch_size, num_nodes])),
                            tf.assign(saved_output, tf.zeros(
                            [batch_size, num_nodes])))
# Reset valid state
reset_valid_state = tf.group(tf.assign(saved_valid_state,
                            tf.zeros([1, num_nodes])),
                            tf.assign(saved_valid_output,
                            tf.zeros([1, num_nodes])))
```

## 8.2.11 贪婪采样避免单峰

这是一种非常简单的技术，即我们可以在 LSTM 所找到的 $n$ 个最佳候选项中通过随机采样选出下一个预测输出。此外，我们将给出被选择的候选项成为下一个 bigram 的概率。

```
def sample(distribution):

  best_inds = np.argsort(distribution)[-3:]
  best_probs = distribution[best_inds]/
  np.sum(distribution[best_inds])
  best_idx = np.random.choice(best_inds,p=best_probs)
  return best_idx
```

## 8.2.12 生成新文本

最后，我们将定义生成新文本所需的占位符、变量和操作。这些定义与我们对训练数据的定义类似。首先，为状态和输出定义输入占位符和变量。接下来，定义状态重置操作。最后，我们为要生成的新文本定义 LSTM 单元运算和预测。

```
# Text generation: batch 1, no unrolling.
test_input = tf.placeholder(tf.float32, shape=[1, vocabulary_size],
name = 'test_input')

# Same variables for testing phase
saved_test_output = tf.Variable(tf.zeros([1,
                                num_nodes]),
                                trainable=False, name='test_hidden')
saved_test_state = tf.Variable(tf.zeros([1,
                                num_nodes]),
                                trainable=False, name='test_cell')

# Compute the LSTM cell output for testing data
test_output, test_state = lstm_cell(
test_input, saved_test_output, saved_test_state)
# Make sure that the state variables are updated
# before moving on to the next iteration of generation
with tf.control_dependencies([saved_test_output.assign(test_output),
                                saved_test_state.assign(test_state)]):
    test_prediction = tf.nn.softmax(tf.nn.xw_plus_b(test_output,
                                w, b))


# Reset test state
reset_test_state = tf.group(
    saved_test_output.assign(tf.random_normal([1,
                                num_nodes],stddev=0.05)),
    saved_test_state.assign(tf.random_normal([1,
                                num_nodes],stddev=0.05)))
```

## 8.2.13 生成的文本样例

让我们看一下经过 50 步的学习后 LSTM 生成的文本：

they saw that the birds were at her bread, and threw behind him a comb
which
made a great ridge with a thousand times thousands of spikes.  that
was a
collier.
the nixie was at church, and thousands of spikes, they were flowers,
however, and had hewn through the glass, the children had formed a
hill of mirrors, and was so slippery that it was impossible for the
nixie to cross it.  then she thought, i will go home quickly and
fetch my axe, and cut the hill of glass in half.  long before she
returned, however, and had hewn through the glass, the children saw
her from afar,
and he sat down close to it,

```
and was so slippery that it was impossible for the
nixie to cross it.
```

可以看到，LSTM 生成的文本看起来比 RNN 生成的文本要好得多。在我们的训练语料库中确实存在一个有关水妖故事。然而，我们的 LSTM 模型不仅仅输出了文本，而且通过引入新的故事情节，如谈论教堂和鲜花来为该故事添彩，这些情节在原始文本中并不存在。接下来，我们将探讨标准 LSTM 在生成文本方面与其他模型（如窥孔 LSTM 和 GRU）有何异同。

## 8.3　LSTM 与窥孔 LSTM 和 GRU 对比

在文本生成任务中，将 LSTM 与窥孔 LSTM 和 GRU 进行比较，将有助于我们比较不同模型（LSTM 与窥孔 LSTM 和 GRU）在困惑度和生成文本的质量方面的效果。这些内容包含在 ch8 文件夹中的 lstm_extensions.ipynb 内，可作为练习使用。

### 8.3.1　标准 LSTM

下面首先会重申标准 LSTM 的组成，但不会重复 LSTM 的代码，因为之前已介绍过。最后我们会提供两段由 LSTM 生成的文本。

#### 8.3.1.1　复习

标准的 LSTM 由以下部分构成：

- 输入门：它决定当前输入的多少信息被写入单元状态。
- 遗忘门：它决定前一个单元状态的多少信息被写入当前单元状态。
- 输出门：它决定来自单元状态的多少信息被输出到外部隐藏状态。

图 8.1 揭示了这些门、输入、单元状态和外部隐藏状态是如何连接的。

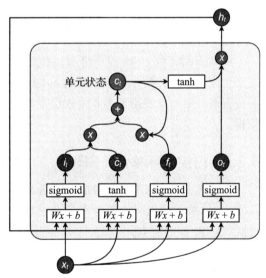

图 8.1　一个 LSTM 单元

#### 8.3.1.2　生成的文本示例

下面是在我们的数据集上训练 1 步和 25 步后标准 LSTM 生成的文本。

训练 1 步后生成的文本：

```
emy that then the to they the the to and and and then there the to
the to the withe there the the to, and ther, and ther tthe the the the
withe the the the the wid the th to e the there to, and the the the
the the wid the the the to, the and to the was and and was the when
hind the whey the the to and was the whe wous thout hit the to hhe was
```

they his up the was was the wou was and and wout the the ous to hhe
the was and was they hind and and then the the the wit to the wther
thae wid the and the the wit the ther, the there the to the wthe wit
the the the the wit up the they og a and the whey the the ous th the
wthe the ars to and the whey it a and whe was they the ound the was
whe was and and to ther then the and ther the wthe art the the and and
the the the to and when the the wie to the wthe wit up the whe wou
wout hit hit the the the to the whe was aou was to t the out and the
and hit the the the with then the wie the to then the the to, the to a
t to the the wit up he the wit there

训练 25 步后生成的文本：

there, said the father for a while, and her trouble she was to carry
the mountain.  then they were all the child, and they were once and
only sighed, but they said, i am as
old now as the way and drew the child, and he began and wife looked at
last and said, i have the child, fath-turn, and
hencefore they were to himself, and then they trembled, hand all three
days with him.  when the king of the golden changeling, and his wife
looked at last and only one lord, and then he was laughing, wished
himself, and then he said
nothing and only sighed.  then they had said, all the changeling
laugh, and he said, who was still done, the bridegroom, and he went
away to him, but he did not trouble to the changeling away, and then
they were over this, he was all to the wife, and she said,
has the wedding did gretel give her them, and said, hans in a place.
in her trouble shell into the father.  i am you.
the king had said, how he was to sweep.  then the spot on hand but the
could give you doing there,

可以看到，经过 25 步训练后，相比于 1 步训练，生成的文本质量有极大提高。此外，这里生成的文本比第 6 章中生成的文本质量要好得多，第 6 章使用了 100 个故事来训练模型。

## 8.3.2 门控循环单元（GRU）

下面首先复习 GRU 的组成，然后介绍实现 GRU 单元的代码。最后来看一下基于 GRU 单元生成的文本。

### 8.3.2.1 复习

GRU 是简化了操作的 LSTM。相比于 LSTM，GRU 有两处修改（参见图 8.2）：

- 它将内部单元状态和外部隐藏状态连接成为单个状态。
- 它将输入门和遗忘门组合成一个更新门。

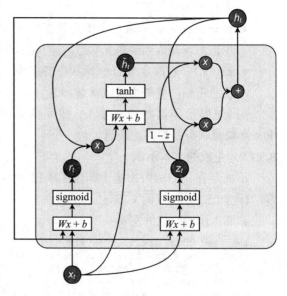

图 8.2　一个 GRU 单元

#### 8.3.2.2 代码

这里，我们定义一个 GRU 单元：

```
def gru_cell(i, o):
    """Create a GRU cell."""
    reset_gate = tf.sigmoid(tf.matmul(i, rx) + tf.matmul(o, rh)
                                + rb)
    h_tilde = tf.tanh(tf.matmul(i,hx) + tf.matmul(
        reset_gate * o, hh) + hb)
    z = tf.sigmoid(tf.matmul(i,zx) + tf.matmul(o, zh) + zb)
    h = (1-z)*o + z*h_tilde

    return h
```

然后，与前面的示例一样，我们将调用此方法：

```
for i in train_inputs:
    output = gru_cell(i, output)
    output = tf.nn.dropout(output,keep_prob=1.0-dropout)
    outputs.append(output)
```

#### 8.3.2.3 生成的文本示例

下面是在我们的数据集上训练 1 步和 25 步后 GRU 生成的文本。

训练 1 步后生成的文本：

> hing ther that ther her to the was shen andmother to to her the
> cake, and the caked the woked that the wer hou shen her the the the
> that her her, and to ther to ther her that the wer the wer ther the
> wong are whe was the was so the the caked her the wong an the woked
> the wolf the soought and was the was he grandmred the wolf sas shen
> that ther to hout her the the cap the wolf so the wong the soor ind
> the wolf the when that, her the the wolf to and the wolf sher the the
> cap the cap.  the wolf so ther the was her her, the the the wong and
> whe her the was her he grout the ther, and the cap., and the caked the
> the ther the were cap and the would the the wolf the was the whe wher
> cad-the cake the was her her, he when the ther, the wolf so the that,
> and the wolf so and her the the the cap.  the the wong to the wolf,
> andmother the cap. the so to ther ther, the woked he was the was the
> when the caked her cad-ing and the cake, and

训练 25 步后生成的文本：

you will be sack, and the king's son, the king continued, and he was
about to them all, and that she was strange carry them to somether,
and who was there, but when the shole before the king, and the king's
daughter was into such into the six can dish of this wine before the
said, the king continued, and said to the king, when he was into the
castle to so the king.
then the king was stranged the king.
then she said, and said that he saw what the sack, but the king, and
the king content up the king.
the king had the other, and said, it is not down to the king was in
the blower to be took them.  then the king sack, the king, and the
other, there, and
said to the other, there, and the king, who had been away, the six

```
content the six conved the king's strong one, they were not down the
king.
then she said to her, and saw the six content until there, and the
king content until the six convered the
```

可以看到，在生成文本的质量上，相比于标准 LSTM，GRU 生成的文本并没有明显的质量提升。但是，GRU 生成的文本看起来重复度较高（例如，单词"king"），这可能是因为 GRU 模型简化导致长期记忆功能损失（也就是说，标准的 LSTM 有两个状态，而 GRU 只有一个）。

### 8.3.3　窥孔 LSTM

在这里，我们将探讨窥孔 LSTM 以及它与标准 LSTM 的不同之处，接下来我们将介绍它们的实现，然后是窥孔 LSTM 模型生成的文本。

#### 8.3.3.1　复习

现在，让我们回顾一下窥孔 LSTM。窥孔本质上是通过门（输入门、遗忘门和输出门）直接查看单元状态，而不等待外部隐藏状态（见图 8.3）。

#### 8.3.3.2　代码

值得注意的是，我们坚持采用对角窥孔连接。我们发现，对于语言建模任务来说，非对角的窥孔连接会影响性能（由 Gers 和 Schmidhuber 在他们的论文 "Recurrent Nets that Time and Count"，神经网络大会，2000 年），因此，我们采用了一种不同的变体，即对角窥孔连接，由 Sak、Senior 和 Beaufays 在他们的论文 "*Long Short-Term Memory Recurrent Neural Network Architectures for LargeScale Acoustic Modeling*"（国际语音通信联合会，简称 *INTERSPEECH*，2014: 338-342）中提出该技术。

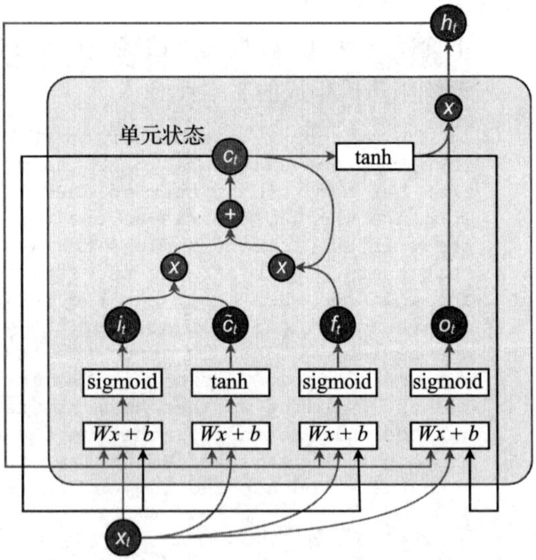

以下为实现代码：

图 8.3　窥孔 LSTM

```
def lstm_with_peephole_cell(i, o, state):

    input_gate = tf.sigmoid(tf.matmul(i, ix) + state*ic +
                            tf.matmul(o, im) + ib)
    forget_gate = tf.sigmoid(tf.matmul(i, fx) + state*fc +
                             tf.matmul(o, fm) + fb)
    update = tf.matmul(i, cx) + tf.matmul(o, cm) + cb
    state = forget_gate * state + input_gate * tf.tanh(update)
    output_gate = tf.sigmoid(tf.matmul(i, ox) + state*oc +
```

```
                    tf.matmul(o, om) + ob)

    return output_gate * tf.tanh(state), state
```

然后，我们对跨所有时间步长（即 num_unrollings 时间步长）的每批输入调用上面的方法，代码如下：

```
for i in train_inputs:
    output, state = lstm_with_peephole_cell(i, output, state)
    output = tf.nn.dropout(output,keep_prob=1.0-dropout)
    outputs.append(output)
```

#### 8.3.3.3　生成的文本示例

下面是在我们的数据集上训练 1 步和 25 步后窥孔 LSTM 生成的文本。

训练 1 步后生成的文本：

```
our oned he the the hed the the the he here hed he he e e and her and
the ther her the then hed and her and her her the hed her and the the
he he ther the hhe the he ther the whed hed her he hthe and the the
the ther the to e and the the the ane and and her and the hed ant and
the and ane hed and ther and and he e the th the hhe ther the the and
the the the the the the the hed and ther hhe wher the her he he and he
hthe the the the he the then the he he e and the the the and and the
the the ther to he hhe wher ant the her and the hed the he he the and
ther and he the and and the ant he he e the and ther he e and ther
here th the whed
```

训练 25 步后生成的文本：

```
will, it was there, and it was me, and i trod on the stress and there
is a stone and the went and said, klink, and that the princess and
they said, i will not stare
it, the wedding and that the was of little the sun came in the sun
came out, and then the wolf is took a little coat and i were at little
hand and beaning therein and said, klink, and broke out of the shoes
he had the wolf of the were to patches a little put into the were, and
they said, she was to pay the bear said, "ah, that they come to the
well and there is a stone and the wolf were of the light, and that the
two old were of glass there is a little that his
well as well and wherever a stone
and they were the went to the well, and the went the sun came in the
seater hand, and they said, klink, and broke in his sead, and i were
my good one
the wedding and said, that the two of slapped to said to said, "ah,
that his store once the worl's said, klink, but the went out of a
patched on his store, and the wedding and said, that.
```

与 LSTM 或 GRU 生成的文本相比，窥孔 LSTM 生成的文本在语法表达上较差。下面，让我们来看看以上方法在困惑度指标方面的对比情况。

## 8.3.4　训练和验证随时间的困惑度

在图 8.4 中，我们将绘制 LSTM、窥孔 LSTM 和 GRU 随时间的困惑度的表现曲线。首先，可以看到，不使用 dropout 可以显著减少训练困惑度。但是，不应该得出 dropout 会对性能产生负面影响的结论，因为这种欠佳表现是由于训练数据过拟合造成的。从验证集困惑度曲线图中可以印证这一点。看起来，虽然 LSTM 模型的训练困惑度与使用 dropout 的模型相比表现更好，但是验证集困惑度远远高于这些模型。实际上，这印证了使用 dropout 有助于语言文本生成任务的认识。

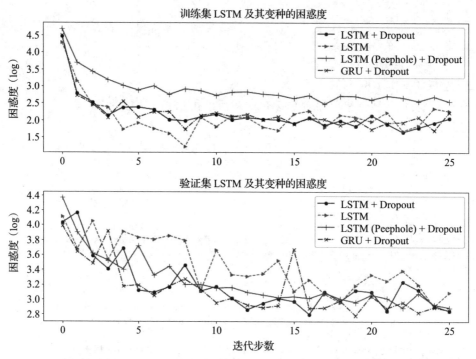

图 8.4 （LSTM、GRU、和窥孔 LSTM）训练集随时间困惑度的变化

此外，在所有使用 dropout 的方法中，可以看到 LSTM 和 GRU 表现最好。令人惊讶的是，窥孔 LSTM 在训练集上的困惑度最差，在验证集上的困惑度也差一点。这意味着窥孔 LSTM 不会为解决我们的问题带来任何帮助，而只会通过在模型中引入更多参数使优化变得困难。根据这个分析，我们从此以后将使用 LSTM，用 GRU 进行实验的任务留给读者作为练习。

 现有的文献表明，LSTM 和 GRU 中没有明显的赢家，很多情况下取决于具体任务（参见论文 "*Empirical Evaluation of GatedRecurrent Neural Networks on Sequence Modeling*"，作者是 *Chung* 等，*NIPS* 2014 *Workshop on Deep Learning*，2014 年 12 月）。

## 8.4  改进 LSTM：集束搜索

如前所述，文本生成可以被改进。现在让我们看看在第 7 章中讨论过的集束搜索是否有助于提升性能。在集束搜索中，我们将向前看几步（称为集束），并得到对每个集束独立计算最高联合概率的集束（即一个 bigram 序列）。计算联合概率的方法是将集束中每个预测 bigram 的预测概率相乘。注意，这是一个贪婪搜索，这意味着随着树的增长，需要将在树的每一层迭代计算最佳候选项。应该注意，这种搜索不会产生全局最优集束。

## 8.4.1  实现集束搜索

我们只需变更文本生成技术就能实现集束搜索，训练和验证操作保持不变。但是，文本生成代码相比之前会变得更复杂，该代码可以在 ch8 文件夹中 lstm_for_text_generation. ipynb 练习文件的末尾得到。

首先，定义集束长度（即向前看的步数）和 beam_neighbors（即每个时间步参与比较的候选项数量）：

```
beam_length = 5
beam_neighbors = 5
```

定义 beam_neighbor 的占位符数量，以便在每个时间步保存最佳候选项：

```
sample_beam_inputs = [tf.placeholder(tf.float32, shape=[1, vocabulary_
size]) for _ in range(beam_neighbors)]
```

接下来，定义两个占位符来存放贪婪发现的全局最优集束索引和本地维护的最佳候选集束索引，我们将继续用这些索引做下一个阶段的预测：

```
best_beam_index = tf.placeholder(shape=None, dtype=tf.int32)
best_neighbor_beam_indices = tf.placeholder(shape=[beam_neighbors],
dtype=tf.int32)
```

然后，为每个集束候选项定义状态和输出变量，就像之前为单个预测所做的那样：

```
saved_sample_beam_output = [tf.Variable(tf.zeros([1, num_nodes])) for
_ in range(beam_neighbors)]
saved_sample_beam_state = [tf.Variable(tf.zeros([1, num_nodes])) for _
in range(beam_neighbors)]
```

我们还将定义状态重置操作：

```
reset_sample_beam_state = tf.group(
    *[saved_sample_beam_output[vi].assign(tf.zeros([1, num_nodes]))
for vi in range(beam_neighbors)],
    *[saved_sample_beam_state[vi].assign(tf.zeros([1, num_nodes])) for
vi in range(beam_neighbors)]
)
```

此外，我们还需要为每个集束定义单元输出和预测计算：

```
# We calculate lstm_cell state and output for each beam
sample_beam_outputs, sample_beam_states = [],[]
for vi in range(beam_neighbors):
    tmp_output, tmp_state = lstm_cell(
        sample_beam_inputs[vi], saved_sample_beam_output[vi],
        saved_sample_beam_state[vi]
```

```
    )
    sample_beam_outputs.append(tmp_output)
    sample_beam_states.append(tmp_state)

# For a given set of beams, outputs a list of prediction vectors of
size beam_neighbors
# each beam having the predictions for full vocabulary
sample_beam_predictions = []
for vi in range(beam_neighbors):
    with tf.control_dependencies([saved_sample_beam_output[vi].
assign(sample_beam_outputs[vi]),
                                saved_sample_beam_state[vi].
assign(sample_beam_states[vi])]):
        sample_beam_predictions.append(tf.nn.softmax(tf.nn.xw_
plus_b(sample_beam_outputs[vi], w, b)))
```

接下来，我们将定义一组新的操作，用于以在每一步中找到最优候选集束索引来更新每个集束的状态和输出变量。这对每一步都很重要，因为最优候选集束不会以给定深度从每棵树均匀地分支出来。图 8.5 展示了一个例子，我们使用粗体字和箭头标识最佳候选集束。

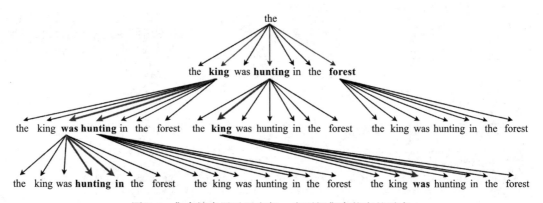

图 8.5    集束搜索展示了在每一步更新集束状态的需求

如图 8.5 所示，集束候选没有被均匀地采样，在给定深度的前提下，总有来自子树（同一点开始的一组箭头）的一个集束候选。举例来说，在树深度为 2 的地方，从"hunting → king"这条路径上没有候选项产生，所以计算该路径的状态更新已经没有用。因此，所维护的该路径的状态必须替换为已对"king → was"路径进行的状态更新，因为现在有两条路径共享父"king → was"路径。我们将使用以下代码对状态进行这样的替换：

```
stacked_beam_outputs = tf.stack(saved_sample_beam_output)
stacked_beam_states = tf.stack(saved_sample_beam_state)


update_sample_beam_state = tf.group(
    *[saved_sample_beam_output[vi].assign(tf.gather_nd(stacked_beam_
outputs,[best_neighbor_beam_indices[vi]])) for vi in range(beam_
```

```
neighbors)],
    *[saved_sample_beam_state[vi].assign(tf.gather_nd(stacked_beam_
states,[best_neighbor_beam_indices[vi]])) for vi in range(beam_
neighbors)]
)
```

## 8.4.2　集束搜索生成文本的示例

让我们来看一下集束搜索 LSTM 的效果，看起来比以前更好：

```
and they sailed to him and said,
        oh, queen.  where heavens, she went to her, and thumbling
where the whole kingdom likewis, and that she had given him as that
he had to eat, and they gave him the money, hans took his head that
he had been the churchyar, and they gave him the money, hans took his
head that he had been the world, and, however do that, he have begging
his that he was
placed where they were brought in the mouse's horn again.  where
have, you come?  then thumbling where the world, and when they came to
them, and that he was soon came back, and then the will make that they
hardled the world, and, however do that heard him, they have gone out
through the room, and said the king's son was again and said,
        ah, father, i have been in a dream, for his horse again,
answered the door.  when they saw
each other that they had been.  then they saw they had been.
```

与 LSTM 生成的文本相比，集束搜索 LSTM 在也能使文本语法保持连贯的同时，似乎文本中有更多变化。实际上，相比于一次预测一个单词，集束搜索更有助于产生高质量的预测。此外，我们看到 LSTM 有趣地结合了故事中的不同元素，衍生出一些有趣的概念（例如，mouse's horn、bringing Thumbling、a character 和另一个故事中的角色 Hans）。但是，仍然有单词组合在一起并没有意义的情况。下面来看看如何进一步改进 LSTM。

# 8.5　LSTM 改进：用单词替代 n-gram 生成文本

在这里，我们将讨论改进 LSTM 的方法。首先，我们将讨论在使用独热编码的特征的情况下模型参数的数量将如何增长，这会使我们转而使用低维词向量，而不是独热编码向量。最后，我们将讨论如何才能在代码中使用词向量来生成比使用 bigrams 质量更高的文本。此部分的代码位于 ch8 文件夹中的 lstm_word2vec.ipynb 内。

## 8.5.1　维度灾难

使用单词而不是 n-gram 作为 LSTM 输入的一个主要限制因素是，使用单词会极大地增加模型的参数量，让我们通过一个例子来理解这一点。假如我们有一个大小为 500 的输入和一个大小为 100 的单元状态，这将导致总共约 24 万个参数（不包括 softmax 层），如下所示：

$$=\sim 4x\left(500x100+100x100+100\right)=\sim 240K$$

现在，让我们将输入的大小增加到 1000，现在模型参数数量大约为 44 万个，如下所示：

$$=\sim 4x\left(1000x100+100x100+100\right)=\sim 440K$$

如你所见，输入维度增加 500 个单元，则模型参数数量增加了 200 000。这不仅增加了计算复杂度，而且由于参数数量大而增加了过拟合的风险。因此，我们需要找到限制输入维度的方法。

## 8.5.2　Word2vec 补救

你可能还记得，与独热编码相比，Word-2vec 不仅可以提供单词特征的低维表达，而且还能提供了语义特征。要理解这一点，让我们以三个词为例：cat、dog 和 volcano。如果我们只对这些单词进行独热编码并计算它们之间的欧几里德距离，则结果如下：

*distance(cat,volcano) = distance(cat,dog)*

但是，如果我们使用词嵌入，则结果如下：

*distance(cat,volcano) > distance(cat,dog)*

我们希望我们的编码特征能表征后者，即让相似的东西比不同的东西具有更近的距离，这样，模型将能生成质量更好的文本。

## 8.5.3　使用 Word2vec 生成文本

在这里，我们的 LSTM 比标准 LSTM 更复杂一点，因为我们在输入和 LSTM 的中间插入一个词嵌入层，图 8.6 描述了 LSTM-Word2vec 的整体架构。作为练习，这可以在 ch8 文件夹中的 lstm_word2vec.ipynb 文件内找到。

我们将首先使用连续词袋（CBOW）模型学习词向量，以下是我们的 Word2vec 模型学到的一些最佳关系：

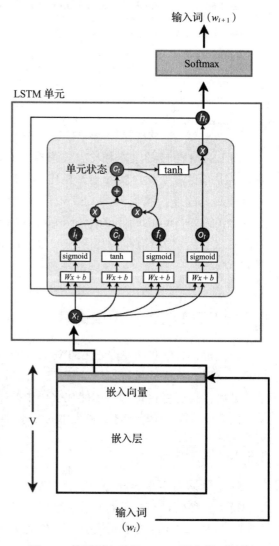

图 8.6　使用词向量的 LSTM 语言模型架构

```
Nearest to which: what
Nearest to not: bitterly, easily, praying, unseen
Nearest to do: did
Nearest to day: evening, sunday
Nearest to two: many, kinsmen
Nearest to will: may, shall, 'll
Nearest to pick-axe: ladder
Nearest to stir: bestir, milk
```

现在，我们可以将词嵌入（而不是独热编码向量）提供给 LSTM，为此，我们引入 tf.nn.embedding_lookup 函数，如下所示：

```
for ui in range(num_unrollings):
    train_inputs.append(tf.placeholder(tf.int32, shape=[batch_
size],name='train_inputs_%d'%ui))
    train_inputs_embeds.append(tf.nn.embedding_
lookup(embeddings,train_inputs[ui]))
```

 提示 对于更通用的语言建模任务，我们可以使用预训练词向量。从数十亿字的文本语料库中学习得到的词向量可以免费下载和使用。在这里，我们列出几个可用的词向量仓库：

❏ Word2vec: https://code.google.com/archive/p/word2vec/

❏ Pretrained GloVe word vectors: https://nlp.stanford.edu/projects/glove/

❏ fastText word vectors:https://github.com/facebookresearch/fastText/blob/master/pretrained-vectors.md

但是，由于我们在工作中使用有限的词汇量，因此我们将训练学习自己的词向量。如果我们尝试将这些海量的词向量仓库用于只有几千个单词的任务，将会是一个很大计算开销。此外，由于我们的任务是生成故事，因此在学习过程中可能不会使用某些唯一的单词（例如，精灵和水妖）。

同样，其余代码将用于 LSTM 的单元计算、损失、优化和预测。但请记住，我们的输入大小不再是词汇表大小，而是词嵌入大小。

## 8.5.4  使用 LSTM-Word2vec 和集束搜索生成的文本示例

以下文本由 LSTM-Word2vec 生成（并使用了涉及删除冗余空格等简单预处理步骤），现在生成的文本看起来效果很好：

```
i am in a great castle. the king's son. the king 's son. "you are
mine  with the dragon , and  a glass mountain and she gave it to you.
"the king's son. "i  have not". "no," said the  king's son , and  a
great lake, and in its little dish, which was much larger than do you
want to have  not. the king. if i had a great lake, but it was not
long before it. then the king's son. the king's son, however, drank
only the milk.  then the king 's son said, "you are not". then the
```

wedding was celebrated, and when she got to the king's son. "you are
mine, and a glass mountain and the king 's son, however. they gave
him to see her heart, and went away, and the old king's son, who was
sitting by the town, and when they went to the king's boy. she was in
its little head against it as long as it had strength to do so, until
at last it was standing in the kitchen and heard the crown, which are
so big. when she got into a carriage, and slept in the whole night,
and the wedding was celebrated, and when she got to the glass mountain
they thrust the princess remained, the child says, come out.  when
she got into a great lake, but the king's son, and there was a great
lake before the paddock came to a glass mountain, and there were full
of happiness. when the bride, she got to sleep in a great castle, and
as soon as it was going to be put to her house, but the wedding was
celebrated, and when she got to the old woman, and a glass of wine.
when it was evening, she began to cry in the whole night, and the
wedding was celebrated, and after this the king's boy. and when she
had washed up, and when the bride, who came to her, but when it was
evening, when the king 's son. the king 's son. the king 's son. "i
will follow it. then the king". if i had a great lake, and a glass
mountain, and there were full dress, i have not. "thereupon the king's
son as the paddock had to put in it. she felt a great lake, so she is
mine. then the king 's son's son".

可以看到没有重复的文本，正如我们在标准 RNN 中看到的那样，大多数情况下，文本看起来语法正确，并且拼写错误很少。

到目前为止，我们已经分析了标准 LSTM、窥孔 LSTM、GRU、集束搜索 LSTM 以及使用 Word2vec 集束搜索的 LSTM 生成文本的示例。现在我们将这些方法再次量化比较一下。

## 8.5.5   随时间困惑度

在图 8.7 中，我们将绘制到目前为止所有方法随时间困惑度的表现：LSTM、窥孔 LSTM、GRU 和使用 Word2vec 的 LSTM。为了使比较有趣，我们还加入了我们能想到的最好的模型之一：使用词向量和 dropout 的三层深度的 LSTM。我们从使用 dropout 方法（即减少过拟合的方法）中看到，使用 Word2vec 的 LSTM 预期结果更好。我不仅是说使用 Word2vec 的 LSTM 基于数据指标表现出较好的性能，而且还考虑到解决问题的难度。在 Word2vec 中，我们用于学习的原子单位是单词，这与使用 bigram 的其他模型不同。由于词汇量巨大，与 bigram 相比，单词级别的语言生成可能更具有挑战性。因此，在单词级别达到与基于 bigram 的模型相同的困惑度，我们就可以认为单词级别的模型有更好的表现。我们来看一下验证集的困惑度，我们可以看到基于词向量的方法在验证集上有更高的困惑度。这可以理解为由于词汇量大，任务会有更大的挑战。需要注意另外一个有趣的现象，对比单层的 LSTM 和多层的 LSTM，可以看到多层 LSTM 随着时间的推移在验证集上的困惑度低且稳定。这使我们相信深层模型通常会有更好的效果。请注意，我们没有呈现使用集束搜索模型的结果，因为集束搜索仅对预测有影响，对训练的困惑度没有影响。

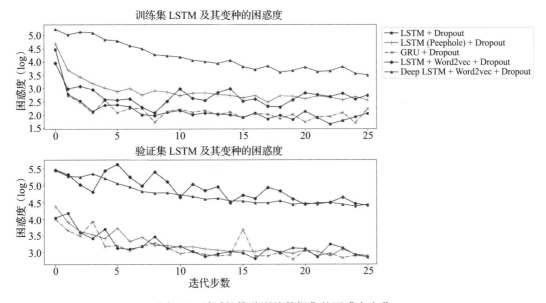

图 8.7　随时间推移训练数据集的困惑度变化

## 8.6　使用 TensorFlow RNN API

现在，我们来探讨如何使用 TensorFlow RNN API 来简化代码。TensorFlow RNN API 包含各种与 RNN 相关的函数，可帮助我们更快、更轻松地实现 RNN。现在我们将看到使用 TensorFlow RNN API 实现我们在前面介绍过的相同示例。然而，为了让事情更有趣，我们将实现一个三层 LSTM 网络，我们在前面对比模型时探讨过该网络。完整的代码可以在 ch8 文件夹中 lstm_word2vec_rnn_api.ipynb 文件内获取。

首先，定义占位符，用于保存输入、标签和相应的嵌入向量。我们忽略与验证数据集相关的计算，因为前面已经介绍过。

```
# Training Input data.
train_inputs, train_labels = [],[]
train_labels_ohe = []
# Defining unrolled training inputs
for ui in range(num_unrollings):
    train_inputs.append(tf.placeholder(tf.int32,
        shape=[batch_size],name='train_inputs_%d'%ui))
    train_labels.append(tf.placeholder(tf.int32,
        shape=[batch_size], name = 'train_labels_%d'%ui))
    train_labels_ohe.append(tf.one_hot(train_labels[ui],
        vocabulary_size))

# Defining embedding lookup operations for all the unrolled
# trianing inputs
train_inputs_embeds = []
```

```
for ui in range(num_unrollings):
    # We use expand_dims to add an additional axis
    # As this is needed later for LSTM cell computation
    train_inputs_embeds.append(tf.expand_dims(
                              tf.nn.embedding_lookup(
                              embeddings,train_inputs[ui]),0))
```

之后，通过 RNN API 定义一个 LSTM 单元的列表：

```
# num_nodes here is a sequence of hidden layer sizes
cells = [tf.nn.rnn_cell.LSTMCell(n) for n in num_nodes]
```

我们还将为所有 LSTM 单元定义 DropoutWrapper 函数，用于对 LSTM 单元的输入 / 状态 / 输出执行 dropout 操作：

```
# We now define a dropout wrapper for each LSTM cell
dropout_cells = [
    rnn.DropoutWrapper(
        cell=lstm, input_keep_prob=1.0,
        output_keep_prob=1.0-dropout, state_keep_prob=1.0,
        variational_recurrent=True,
        input_size=tf.TensorShape([embeddings_size]),
        dtype=tf.float32
    ) for lstm in cells
]
```

该函数的传入参数如下：

- cell：计算中使用的 RNN 单元的类型
- input_keep_prob：执行 dropout 时保持激活的输入单元的数量（取值在 0 ～ 1 之间）
- output_keep_prob：执行 dropout 时保持激活的输出单元的数量
- state_keep_prob：执行 dropout 时保持激活的单元状态的数量
- variational_recurrent：这是 RNN 中一种特殊类型的 dropout，由 Gal 和 Ghahramani 在其论文 "*A Theoretically Grounded Applicationof Dropout in Recurrent Neural Networks*"（*Data-Efficient Machine Learningworkshop*，*ICML*，2016）中提出。

然后，我们将定义一个名为 initial_state 的张量（初始化为零），它会包含 LSTM 迭代更新的状态（隐藏状态和单元状态）。

```
# Initial state of the LSTM memory.
initial_state = stacked_dropout_cell.zero_state(batch_size, dtype=tf.
float32)
```

定义了 LSTM 单元列表之后，现在我们定义一个 MultiRNNCell 对象，用于封装这个 LSTM 单元列表。如下所示：

```
# We first define a MultiRNNCell Object that uses the
# Dropout wrapper (for training)
stacked_dropout_cell = tf.nn.rnn_cell.MultiRNNCell(dropout_cells)
# Here we define a MultiRNNCell that does not use dropout
# Validation and Testing
stacked_cell = tf.nn.rnn_cell.MultiRNNCell(cells)
```

接下来，我们使用 tf.nn.dynamic_rnn 函数计算 LSTM 单元的输出，如下所示：

```
# Defining the LSTM cell computations (training)
train_outputs, initial_state = tf.nn.dynamic_rnn(
    stacked_dropout_cell, tf.concat(train_inputs_embeds,axis=0),
    time_major=True, initial_state=initial_state
)
```

该函数传入的参数如下：

- cell：这是用于计算输出的序列模型的类型。在我们的例子中，是之前定义的 LSTM 单元。
- inputs：这是 LSTM 单元的输入。输入的形状为 [num_unrollings，batch_size，embeddings_size]。因此，在这个张量中，我们有所有时间步的所有批次的数据，我们把这种类型的数据称为 "time major"，因为时间轴是第 0 轴。
- time_major：是指输入是否为 time major。
- initial_state：LSTM 需要一个初始状态作为起点。

计算完 LSTM 的最终隐藏状态和单元状态，现在来定义 logit（从每个单词的 softmax 层获取的非标准化得分）和预测（每个单词的 softmax 层的标准化得分）。

```
# Reshape the final outputs to [num_unrollings*batch_size, num_nodes]
final_output = tf.reshape(train_outputs,[-1,num_nodes[-1]])

# Computing logits
logits = tf.matmul(final_output, w) + b
# Computing predictions
train_prediction = tf.nn.softmax(logits)
```

然后，我们把 logit 和标签转换为 time major 类型，我们需要用这种类型来计算损失函数。

```
# Reshape logits to time-major fashion [num_unrollings, batch_size,
vocabulary_size]
time_major_train_logits = tf.reshape(logits,[num_unrollings,batch_
size,-1])

# We create train labels in a time major fashion [num_unrollings,
batch_size, vocabulary_size]
# so that this could be used with the loss function
time_major_train_labels = tf.reshape(tf.concat(train_
labels,axis=0),[num_unrollings,batch_size])
```

现在，我们通过将 LSTM 和 softmax 层计算的输出与真实标签进行比较，来定义损失，为此，我们将使用 tf.contrib.seq2seq.sequence_loss 函数。该函数广泛用于机器翻译任务，用来计算模型输出与实际结果经过转换后的差异，实际转换的形式是单词序列。因此，可以把相同的概念可以扩展至我们的问题，因为我们本质上也输出单词序列：

```
# We use the sequence-to-sequence loss function to define the loss
# We calculate the average across the batches
# But get the sum across the sequence length
```

```
loss = tf.contrib.seq2seq.sequence_loss(
    logits = tf.transpose(time_major_train_logits,[1,0,2]),
    targets = tf.transpose(time_major_train_labels),
    weights= tf.ones([batch_size, num_unrollings], dtype=tf.float32),
    average_across_timesteps=False,
    average_across_batch=True
)

loss = tf.reduce_sum(loss)
```

让我们来看一下输入 loss 函数的参数：

- logits：这是之前计算的非标准化预测得分。但是，此函数接受按以下形状排序的 logits：[batch_size, num_unrollings, vocabulary_size]。为此，使用了 tf.transpose 函数。
- targets：这是输入的批次或序列的真实标签，形状必须为 [batch_size，num_unrollings]。
- weights：这是我们指定给时间轴和批次轴上每个位置的权重，我们不会根据位置来区分输入，所以将所有位置的权重设置为 1。
- average_across_timesteps：我们不对跨时间步的损失求平均，只需对其求和，因此将其设置为 False。
- average_across_batch：我们需要对跨批次的损失求平均，因此将其设置为 True。

接下来，与之前一样定义优化器：

```
# Used for decaying learning rate
gstep = tf.Variable(0, trainable=False)

# Running this operation will cause the value of gstep
# to increase, while in turn reducing the learning rate
inc_gstep = tf.assign(gstep, gstep+1)

# Adam Optimizer. And gradient clipping.
tf_learning_rate = tf.train.exponential_decay(0.001,gstep,decay_
steps=1, decay_rate=0.5)

print('Defining optimizer')
optimizer = tf.train.AdamOptimizer(tf_learning_rate)
gradients, v = zip(*optimizer.compute_gradients(loss))
gradients, _ = tf.clip_by_global_norm(gradients, 5.0)
optimizer = optimizer.apply_gradients(
    zip(gradients, v))

inc_gstep = tf.assign(gstep, gstep+1)
```

定义完所有函数后，现在可以运行代码，你可以在练习文件中找到这些代码。

## 8.7　总结

在本章中，我们探讨了 LSTM 算法的实现以及其他各种提高 LSTM 性能的方法，作为练习，我们在格林兄弟的故事文本上训练了 LSTM，并基于 LSTM 输出一个全新的故事。我们介绍了如何使用练习中的示例代码来实现 LSTM。

接下来，我们就如何实现窥孔 LSTM 和 GRU 进行了技术探讨，然后对标准 LSTM 与其变体做了性能比较。与窥孔 LSTM 和 GRU 相比，LSTM 表现最佳。我们惊奇地发现，窥孔 LSTM 实际上损害了模型性能，而无助于我们的语言建模任务。

然后，我们讨论了可能提高 LSTM 文本生成质量的各种改进方法。第一个改进方法是集束搜索，我们探究了集束搜索的实现，并介绍了如何逐步实现它。然后我们介绍了如何使用词嵌入来让 LSTM 输出质量更好的文本。

总之，LSTM 是非常强大的机器学习模型，能捕获长期和短期的依赖关系。此外，与一次一个的预测相比，集束搜索实际上有助于产生更为逼真的文本短语。此外，我们看到，使用词向量而不是独热编码特征表达作为输入，会使性能更佳。

在下一章中，我们将介绍另一个涉及前馈网络和 LSTM 的有趣任务：图像标题生成。

# 第9章

# LSTM 应用：图像标题生成

在上一章中，我们介绍了如何使用 LSTM 生成文本。在本章中，我们将使用 LSTM 来解决更为复杂的任务：为给定图像生成合适的标题。该任务更为复杂，因为它涉及多个子任务，比如训练/使用 CNN 来生成图像的编码向量、学习词嵌入以及训练 LSTM 以生成标题。所以这不像文本生成任务那么简单，文本生成只是以顺序方式输入和输出文本。

自动图像标题生成（也叫图像标注）具有广泛的应用，最突出的应用之一是搜索引擎中的图像检索。自动图像标题生成可按照用户请求来检索属于某个概念的所有图像（例如，猫）。另一个应用场景是社交媒体，当用户上传图像时，图像被自动添加标题，使用户可以优化生成的标题或按原样发布。

为了生成图像的标题，我们将使用一份流行的数据集来执行图像标题生成任务，该数据集为 Microsoft Common Objects in Context（MS-COCO）。我们将首先用一个预训练好的卷积神经网络（CNN）来处理 MS-COCO 中的图像以获得图像编码，该 CNN 在图像分类上表现较好。CNN 将采用固定大小的图像作为输入，并输出图像所属的类别（例如，猫、狗、公共汽车和树）。使用以上 CNN 模型，我们可以获得描述图像的压缩编码向量。

然后，我们处理图像标题以学习在标题中找到的单词的词嵌入，我们还可以使用预训练好的词向量来完成这个任务。之后，在获得图像和文本的编码后，将它们输入 LSTM，并用图像及其各自的标题训练模型。最后，我们会为一组未见过的图像（即验证集）生成标题。

我们将使用经过预训练的 CNN 来生成图像编码，并从头开始实现我们自己的词嵌入学习算法和 LSTM，还将介绍如何使用预训练的词向量以及 TensorFlow RNN API 中提供的 LSTM 模块来实现这一目标。使用预训练的词向量和 RNN API 可以明显减少要编写的代码量。

## 9.1 了解数据

让我们首先直接和间接了解我们要使用的数据，我们主要依赖两个数据集：

- ILSVRC ImageNet 数据集（http://image-net.org/download）
- MS-COCO 数据集（http://cocodataset.org/#download）

我们不会直接使用第一份数据集，但该数据集对于标题学习至关重要，它包含图像及其各自的分类标签（例如，猫、狗和汽车）。我们将使用已经在此数据集上训练得到的 CNN，因此我们无须从头开始下载和训练此数据集。接下来，我们将使用 MS-COCO 数据集，该数据集包含图像及其各自的标题。我们将使用 CNN 将图像映射到固定大小的特征向量，然后使用 LSTM 将此向量映射到相应的标题，通过这种方式直接从该数据集中进行学习（稍后我们将详细讨论这个过程）。

## 9.1.1　ILSVRC ImageNet 数据集

ImageNet 是一个图像数据集，该数据集包含大量图像（约 100 万个）及其各自的标签，这些图像属于 1000 个不同的类别。此数据集非常富于表现力，几乎包含我们想用于图像标题生成的图像中的所有对象。因此，我认为在用于获取生成标题所需的图像编码方面，ImageNet 是一个很好的训练数据集。前面说要间接使用这个数据集，是因为我们将使用在该数据集上已经训练好的 CNN。因此，我们不会下载此数据集，也不会在此数据集上训练 CNN。图 9.1 展示了一些在 ImageNet 数据集中的类别。

图 9.1　ImageNet 数据集的少量样本

## 9.1.2　MS-COCO 数据集

现在转到我们实际使用的数据集 MS-COCO，我们将使用 2014 年的数据集。如前所述，该数据集由图像及其各自的描述组成。该数据集非常大（例如，训练数据集由大约 120 000 个样本组成，大小超过 15 GB）。数据集每年更新，并举办比赛以表彰模型效果最好的团队。如果目标是使模型效果最佳，则使用完整的数据集非常重要。但是，在我们的实例中，我们想要学习一个合适的模型，该模型能告诉我们一张图像到底是什么。因此，我们将使用相对较小的数据集（约 40 000 张图像和约 2 亿个标题）来训练我们的模型，图 9.2 展示了一些可用的样本。

A pink and green marker, next to another object.
A pair of red scissors on top of a desk.
A close up image of the finger holes on a pair of scissors and sharpie markers.
A close up of a red pair of scissors and a green sharpie marker.
A very close up view of some scissors and markers.

A bathroom that has magazine rack and small cabinet.
Compact bathroom area, tub, toilet, magazine area and sink.
Small residential bath room decorated in wood tones
A tissue box on top of a toilet in a bathroom.
an image of a clean full bathroom

A woman exercising a brown horse in a riding ring.
A woman is in a barn with a brown horse.
A woman training her beautiful brown horse.
A woman with a brown horse in a dirt area of building.
A woman and a horse in a barn with dirt floor.

Man in mid air reaching between his legs to reach a frisbee.
A man is doing tricks with a frisbee
A person is jumping with a Frisbee in the air.
a person jumping in the air while playing with a frisbee
A man in mid air attempting to catch a frisbee.

A grey motorcycle on dirt road next to a building.
A motorcycle is parked on a dirt road in front of an old farm truck selling produce.
there is a bike on a dirt road
Motorcycle sitting on a dirt road in front of a farm house advertising produce.
A motorcycle that is sitting in the dirt.

图 9.2    MS-COCO 数据集的少量样本

为了测试我们的端到端图像标题生成模型并用它进行学习，我们将使用 2014 年的验证数据集，该数据集由 MS-COCO 数据集官方网站提供。数据集由约 41 000 张图像和约 200 000 个标题组成。我们将使用初始的 1000 个样本作为验证集，其余的作为训练集。

 **提示**  实践中，我们应该使用独立的数据集进行测试和验证。但是，为了用有限的数据最大限度地提升学习效果，我们考虑对测试集和验证集使用相同的数据集。

在图 9.3 中，我们可以看到验证集中的一些图像。这些图像是验证集中一些人工挑选的示例，表示各种不同的对象和场景。我们将使用这些图像作为目测结果，因为目测验证集中的 1000 个样本是不可行的。

图 9.3    用于测试图像标题生成算法能力的未见过的图像

图 9.3　（续）

## 9.2　图像标题生成实现路径

在这里，我们将站在更高的视角来看一下图像标题生成的实现路径，然后逐个讨论，直到形成完整的模型。

图像标题生成框架由三个主要组件和一个可选组件组成：

- 用于生成图像编码向量的 CNN
- 用于学习词向量嵌入层
- （可选）用于将给定的嵌入维度转换为任意维度的适配层（详细信息将在后面讨论）
- 用于输入图像的编码向量并输出相应标题的 LSTM

首先，让我们看一下生成图像编码向量的 CNN。我们可以先在大型分类数据集（如 ImageNet）上训练 CNN 来得到图像编码向量，然后使用该向量生成图像的压缩向量化表达。

有人可能会问，为什么不将输入 LSTM 的图像直接输入 CNN？我们在前一章中提到过，输入层增加 500 个单元会导致模型参数数量增加 200 000。

我们要处理的图像大约是 150 000 张，尺寸为 $224 \times 224 \times 3$，这让我们了解到这会导致 LSTM 的参数数量大幅增加。因此，找到一种图像的压缩表达方式至关重要。LSTM 不适合直接处理原始图像数据的另一个原因是，与使用 CNN 处理图像数据相比，LSTM 不够简单直接。

---

提示　存在一种 LSTM 的卷积变体，称为卷积 LSTM。卷积 LSTM 能够通过使用卷积运算处理图像输入，而不是通过全连接层来处理。这种网络大量用于处理有空间和时间维度的时空类问题（例如，天气数据或视频预测）。有关卷积 LSTM 的更多信息请阅读 "*Long-term Recurrent Convolutional Networks for Visual Recognitionand Description*"（作者是 Jeff Donahue 等人，发表于 IEEE 大会（Computer Vision and Pattern Recognition (2015)）。

---

尽管训练过程完全不同，但这个训练过程的目标与学习词嵌入后的目标相似。对于词嵌入而言，我们希望相似的单词具有相近的向量（即高相似度），并且不同的单词具有不同的向量（即低相似度）。换句话说，如果 $Image_x$ 表示图像 $x$ 的编码向量，那么应该有这样的表示：

$$Distance(Image_{cat}, Image_{volcano}) > Distance(Image_{cat}, Image_{dog})$$

接下来，我们将学习一个文本语料库的词嵌入，这个文本语料库是用 MS-COCO 数据集中可用的所有标题中的所有单词创建的。同样，学习词嵌入有助于减少 LSTM 输入的维度，还有助于生成更有意义的特征来作为 LSTM 的输入。而且，这也会帮助实现路径中的另一个核心目的。

当使用 LSTM 生成文本时，我们要么使用单词的独热编码，要么使用词嵌入 / 向量。因此，LSTM 的输入始终是固定大小的。如果输入大小是动态的，则无法使用标准 LSTM 处理它。但是，我们不必担心这一点，因为我们只处理文本。

而在这里，我们既要处理图像，又要处理文本，并且我们需要保证图像编码向量与对应于该图像标题的每个单词的表达方式具有完全相同的维度。此外，使用词向量，可以为所有单词创建任意固定长度的特征表达方式。因此，我们使用词向量来匹配图像编码向量的长度。

最后，我们将为每个图像创建一个数据序列，序列中的第一个元素是该图像的向量化表达，其后是图像标题中每个单词的词向量都采用相同顺序。我们将使用该数据序列来训练 LSTM，就像之前所做的那样。

该方法与论文 "*Show, Attend and Tell: NeuralImage Caption Generation with Visual Attention*"（作者是 Xu 等人，发表于第 32 届 *International Conference on Machine Learning*，2015）中的方法类似。图 9.4 描述了该流程。

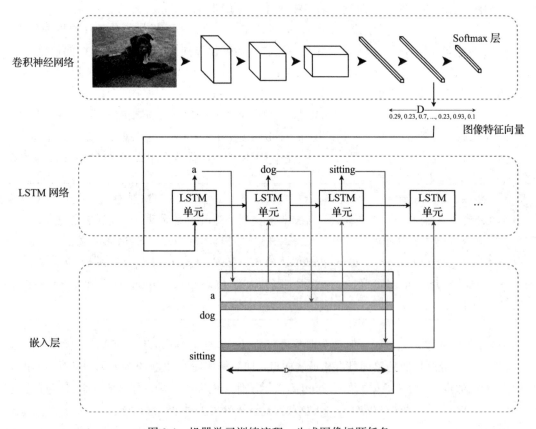

图 9.4　机器学习训练流程：生成图像标题任务

## 9.3　使用 CNN 提取图像特征

我们已经较好地介绍了整个实现流程，现在，我们来详细介绍如何使用 CNN 提取图像的特征向量。为了得到高质量的特征向量，首先，我们需要用图像及其对应的类别训练 CNN，也可以使用在互联网上免费提供的经过预训练的 CNN。既然有预训练模型可供免费下载，那么从头开始训练 CNN 就相当于重新发明轮子。还需要记住，如果需要 CNN 能够描述多个对象，则需要用对应于多个对象的一组类别来训练它。这就是用大型数据集（如 ImageNet）训练出来的模型（例如，与只有 10 个类别的小型数据集的训练相比）很重要的原因。如前所述，ImageNet 包含 1000 个对象类别，这对我们试图解决的任务来说已经足够了。

但请记住，ImageNet 包含约 100 万张图像和 1000 个类，因此，使用结构简单的小型 CNN（例如，层数较少的 CNN）不能得到很好的学习效果。我们需要更强大和更深层的 CNN，但由于 CNN 模型和数据集自身的复杂性，在 GPU 上训练这样的网络需要花费数天（甚至数周）。例如，训练 VGG（一个知名的 CNN，它在 ImageNet 数据集上有非常好的分类准确度）可能需要花费 2 ～ 3 周。

因此，我们需要更灵巧的方法来解决这个问题。幸运的是，像 VGG 这样的 CNN 模型可以随时下载，所以我们可以直接使用它。VGG 这类模型被称为预训练模型，使用预训练模型可以节省数周的计算时间。这会使我们的任务变得很容易，因为我们要做的只是利用 CNN 的学习权重和实际结构来重建网络，并立即用它来做推断。

在练习中，我们将使用 VGG CNN（可从 http://www.cs.toronto.edu/~frossard/post/vgg16/ 获取）。在 2014 年 ImageNet 竞赛中，VGG 架构获得了第二名。VGG 有几种变体：13 层深度网络（VGG-13）、16 层深度网络（VGG-16）和 19 层深度网络（VGG-19）。我们将使用 16 层深度的 VGG-16，图 9.5 展示 VGG-16 网络的架构。

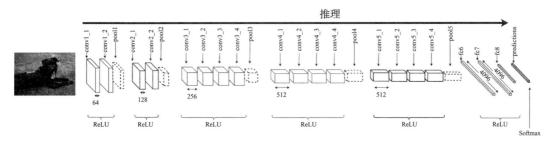

图 9.5　16 层 VGG 架构

## 9.4　实现：使用 VGG-16 加载权重和推理

网站 http://www.cs.toronto.edu/~frossard/post/vgg16/ 以 NumPy 数组字典的形式提供权

重，16 层 VGG-16 网络有 16 个权重值和 16 个偏置值，它们保存在类似如下键的下面：

```
conv1_1_W, conv1_1_b, conv1_2_W, conv1_2_b, conv2_1_W, conv2_1_b…
```

首先，请从该网站下载文件，并将其放在 ch9/image_caption_data 文件夹中。现在我们来介绍如何实现，包括从加载已经下载的 CNN 到使用预训练 CNN 进行预测。首先，我们将介绍如何创建需要的 TensorFlow 变量，并使用下载的权重加载它们。接下来，我们定义一个输入读取管道来读取图像，将其作为 CNN 的输入，并介绍几个预处理的步骤。然后，我们定义 CNN 的推理操作，用于获取输入数据的预测。之后，我们定义相应的计算方法，以获得实际类别以及 CNN 认为针对给定输入最适合该类别的预测结果。最后一步操作不是为图像生成标题所必需的，但是，它对确保预训练 CNN 配置正确非常重要。

### 9.4.1　构建和更新变量

首先，我们把包含 CNN 权重的 NumPy 数组字典加载到内存中，代码如下：

```
weight_file = os.path.join('image_caption_data', 'vgg16_weights.npz')
weights = np.load(weight_file)
```

然后，我们将创建 TensorFlow 变量，并为它们分配实际的权重。同样，这可能占用相当多的内存。因此，为了避免程序崩溃，我们将要求 TensorFlow 通过 CPU 而不是 GPU 执行保存。我们在此概述按正确权重构建和加载 TensorFlow 变量的代码。首先，我们将在 Python 列表 TF_SCOPES 中定义所有字典的键（表示 CNN 的不同层的 ID）。然后，我们将迭代遍历每个层 ID，并使用对应的权重矩阵和偏置向量作为初始化器，来初始化以对应层 ID 命名的特定 TensorFlow 变量：

```
def build_vgg_variables(npz_weights):
    '''
    Build the required tensorflow variables to
    populate the VGG-16 model
    and populate them with actual weights
    :param npz_weights: loaded weights as a dictionary
    :return:
    '''

    params = []
    print("Building VGG Variables (Tensorflow)...")

    with tf.variable_scope('CNN'):
        # Iterate through each convolution and fully connected layer
        # and create TensorFlow variables using variable scoping
        for si,scope in enumerate(TF_SCOPES):
            with tf.variable_scope(scope) as sc:
                weight_key, bias_key = TF_SCOPES[si]+'_W',
                                        TF_SCOPES[si]+'_b'

                with tf.device('/cpu:0'):
```

```
                weights = tf.get_variable(TF_WEIGHTS_STR,
                        initializer= npz_weights[weight_key])
                bias = tf.get_variable(TF_BIAS_STR,
                        initializer = npz_weights[bias_key])

                params.extend([weights,bias])

    return params
```

## 9.4.2   预处理输入

接下来，我们定义一个输入管道把图像输入到 VGG-16。为保证预测正确，VGG-16 对输入图像有以下要求：

- 输入大小应该为 [224，224，3]
- 输入应该是零均值（但单位方差不是零）

以下代码创建一个管道，该管道直接通过一组给定的文件名读取数据，并应用前面的转换，然后创建一批按这种方式转换后的图像。在练习文件中的 preprocess_inputs_with_tfqueue 函数内定义了此过程。

首先，我们将定义一个文件名队列，其中存放要读取的文件名（即图像的文件名）：

```
# FIFO Queue of file names
# creates a FIFO queue until the reader needs them
filename_queue = tf.train.string_input_producer(filenames,
                capacity=10, shuffle=False)
```

接下来，我们将定义一个读取器，其输入为文件名队列，输出为一个缓冲区，该缓冲区存放在任何时间读取队列中的文件所获取的图像。

```
# Reader which takes a filename queue and read()
# which outputs data one by one
reader = tf.WholeFileReader()
_, image_buffer = reader.read(filename_queue,
                name='image_read_op')


# Read the raw image data and return as uint8
dec_image = tf.image.decode_jpeg(contents=
            image_buffer,channels=3,name='decode_jpg')
# Convert uint8 data to float32
float_image = tf.image.convert_image_dtype(dec_image,
            dtype=tf.float32,name= 'float_image')
```

接下来，我们将按上面介绍的方法进行预处理：

```
# Resize image to 224x224x3
resized_image = tf.image.resize_images(float_
                image,[224,224])*255.0


# For VGG, images are only zero-meaned
# (not standardized to unit variance)
```

```
std_image = resized_image - tf.reduce_mean(resized_
image,axis=[0,1], keepdims=True)
```

定义了预处理管道之后，我们让 TensorFlow 一次性生成一批预处理的图像，并且不打乱顺序：

```
image_batch = tf.train.batch([std_image],
                batch_size = batch_size, capacity = 10,
                allow_smaller_final_batch=False,
                name='image_batch')
```

## 9.4.3 VGG-16 推断

到目前为止，我们已经创建了 CNN，并定义一个管道，用于读取图像，并通过读取保存在磁盘上的图像文件来创建批次数据。现在，我们想用通过管道读取的图像来做 CNN 推断。推断是指传入输入数据（即图像）并获得预测（即图像属于某个类别的概率）作为输出的过程。为此，我们将从第一层开始迭代，直到到达 softmax 层。此过程由练习文件中的 inference_cnn 函数定义。

在每一层中，我们将获得权重和偏置，如下所示：

```
def inference_cnn(tf_inputs, device):

    with tf.variable_scope('CNN'):
        for si, scope in enumerate(TF_SCOPES):
            with tf.variable_scope(scope,reuse=True) as sc:
                weight, bias = tf.get_variable(TF_WEIGHTS_STR),
                               tf.get_variable(TF_BIAS_STR)
```

然后，我们计算第一个卷积层的输出：

```
h = tf.nn.relu(tf.nn.conv2d(tf_inputs,weight,strides=[1,1,1,1],
                padding='SAME')+bias)
```

对于其余的卷积层，我们用前一层的输出作为输入来计算其输出：

```
h = tf.nn.relu(tf.nn.conv2d(h, weight, strides=[1, 1, 1, 1],
                padding='SAME') + bias)
```

计算池化层的输出如下：

```
h = tf.nn.max_pool(h,[1,2,2,1],[1,2,2,1],padding='SAME')
```

最后一个卷积池化层之后是第一个全连接层，我们将该层的输出定义如下。我们需要把最后一个卷积 / 池化层的输入形状 [batch_size，height，width，channels] 变更为 [batch_size，height * width * channels]，因为这是一个全连接层：

```
h_shape = h.get_shape().as_list()
h = tf.reshape(h,[h_shape[0], h_shape[1] * h_shape[2] * h_shape[3]])
h = tf.nn.relu(tf.matmul(h, weight) + bias)
```

对于除最后一层之外的下一组全连接层，按如下代码得到输出：

```
h = tf.nn.relu(tf.matmul(h, weight) + bias)
```

最后，对于最后一个全连接层，我们不使用任何类型的激活函数，而是将其作为图像特征表达提供给 LSTM，这将是一个 1000 维的向量：

```
out = tf.matmul(h,weight) + bias
```

## 9.4.4  提取图像的向量化表达

我们从 CNN 中提取的最重要的信息就是图像特征表达，我们将获取应用 softmax 之前最后一层的网络输出作为图像特征表达。因此，与单个图像对应的向量长度为 1000：

```
tf_train_logit_prediction = inference_cnn(train_image_batch, device)
tf_test_logit_prediction = inference_cnn(test_image_batch, device)
```

## 9.4.5  使用 VGG-16 预测类别概率

接下来，我们定义用于获取图像的特征表达所需的操作，以及实际的 softmax 预测，以确保我们的模型在实践中是正确的。我们将为训练数据和测试数据都定义这些操作：

```
tf_train_softmax_prediction = tf.nn.softmax(tf_train_logit_prediction)
tf_test_softmax_prediction = tf.nn.softmax(tf_test_logit_prediction)
```

现在，让我们运行这些操作，看看它们是否正常工作（参见图 9.6）。

图 9.6  基于 VGG 的图像测试集类别预测

CNN 似乎知道它在做什么。当然，有错误分类的样本（例如，长颈鹿被识别为美洲驼），但大多数时候它是正确的。

提示  当运行前面定义的操作来获取特征向量和预测时，请注意 batch_size 变量，增大该变量的值将使代码运行速度变快。但是，如果没有足够大的 RAM（>8GB），它也可能导致系统崩溃。如果你没有高端机器，建议你将此值设置在 10 以下。

## 9.5　学习词嵌入

接下来，我们介绍如何学习标题中单词的词嵌入。首先，我们对标题预处理以减少词汇量：

```
def preprocess_caption(capt):
    capt = capt.replace('-',' ')
    capt = capt.replace(',','')
    capt = capt.replace('.','')
    capt = capt.replace('"','')
    capt = capt.replace('!','')
    capt = capt.replace(':','')
    capt = capt.replace('/','')
    capt = capt.replace('?','')
    capt = capt.replace(';','')
    capt = capt.replace('\' ',' ')
    capt = capt.replace('\n',' ')

    return capt.lower()
```

以下面句子为例：

*A living room and dining room have two tables, couches, and multiple chairs.*

句子将被转换为：

*a living room and dining room have two tables couches and multiple chairs*

然后，我们使用连续词袋（CBOW）模型来学习词嵌入，就像我们在第 3 章中所做的那样。在学习词嵌入时，我们必须牢记的一个关键条件是，嵌入维度应该与从图像获取的特征表达维度一致，因为标准 LSTM 无法处理动态大小的输入。

如果我们使用预训练的词嵌入，则嵌入的维度很可能与图像特征表达的维度不一致。在这种情况下，我们可以使用适配层（类似于神经网络层）使词向量维度与图像特征表达的维度一致。稍后会看到一个这样的练习。

现在，让我们看一下运行 100 000 步后学习到的一些词嵌入：

```
Nearest to suitcase: woman
Nearest to girls: smart, racket
Nearest to barrier: obstacle
Nearest to casings: exterior
Nearest to normal: lady
Nearest to developed: natural
Nearest to shoreline: peninsula
Nearest to eating: table
Nearest to hoodie: bonnet
Nearest to prepped: plate, timetable
Nearest to regular: signs
Nearest to tie: pants, button
```

## 9.6　准备输入 LSTM 的标题

现在，在把词向量与图像特征向量一起馈送（输入）LSTM 之前，需要对标题数据做一些预处理。

在预处理之前，让我们看一下关于标题的几个基本统计数据。一个标题平均大约有 10 个单词，标准差大约为 2 个单词。这些信息对于我们截断不必要的长标题非常重要。

首先，按照前面的统计数据，让我们设置最大标题长度为 12。

接下来介绍两个新的单词标记：SOS 和 EOS。SOS 表示句子的开头，而 EOS 表示句子的结尾，它们有助于让 LSTM 轻松识别句子的开头和结尾。

接下来，我们将使用 SOS 和 EOS 标记补充长度小于 12 的标题，使标题长度为 12。

以下列标题为例：

*a man standing on a tennis court holding a racquet*

标记后，将如下所示：

*SOS a man standing on a tennis court holding a racquet EOS*

又以下列标题为例：

*a cat sitting on a desk*

它会变成这样：

*SOS a cat sitting on a desk EOS EOS EOS EOS EOS*

然而，对于以下标题：

*a well lit and well decorated living room shows a glimpse of a glass front door through the corridor*

这个标题将变成：

*SOS a well lit and well decorated living room shows a EOS*

请注意，即使在被截断之后，图像的标题仍然被大部分保留。

将所有标题设置为相同的长度非常重要，这样我们就可以按批处理图像和标题，而不是逐个处理。

## 9.7 生成 LSTM 的数据

在这里，我们将定义如何提取一批数据用来训练 LSTM。每当处理一批新数据时，第一个输入应该是图像特征向量，标签应该是 SOS。我们将定义一批数据，如果 first_sample 布尔值为 True，则从图像特征向量中提取输入，如果 first_sample 为 False，则从词嵌入中提取输入。生成一批数据后，我们将游标移动一下，以便下次生成一批数据时，将获取序列中的下一项。这样，我们就可以为 LSTM 展开一个序列的数据批次，其中，序列的第一个批次是图像特征向量，然后是对应于该批图像标题的词嵌入：

```
# Fill each of the batch indices
for b in range(self._batch_size):

    cap_id = cap_ids[b] # Current caption id
```

```
    # Current image feature vector
    cap_image_vec = self._image_data[self._fname_caption_tuples[
                                     cap_id][0]]
    # Current caption
cap_text = self._fname_caption_tuples[cap_id][1]

# If the cursor exceeds the length of the caption, reset
if self._cursor[b]+1>=self._cap_length:
    self._cursor[b] = 0

# If we're processing a fresh set of cap IDs
# The first sample should be the image feature vector
if first_sample:
    batch_data[b] = cap_image_vec
    batch_labels[b] = np.zeros((vocabulary_size),
                       dtype=np.float32)
    batch_labels[b,cap_text[0]] = 1.0
# If we're continuing from an already processed batch
# Keep producing the current word as the input and
# the next word as the output
else:
    batch_data[b] = self._word_embeddings[
                    cap_text[self._cursor[b]],:]
    batch_labels[b] = np.zeros((vocabulary_size),
                       dtype=np.float32)
    batch_labels[b,cap_text[self._cursor[b]+1]] = 1.0

    # Increment the cursor
    self._cursor[b] = (self._cursor[b]+1)%self._cap_length
```

在 batch_size = 1 和 num_unrollings = 5 的情况下，我们对数据生成过程进行可视化，如图 9.7 所示。要想执行更大的批处理大小，可以并行执行序列的 batch_size。

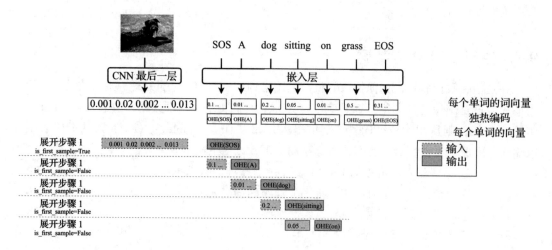

图 9.7 数据生成可视化

## 9.8 定义 LSTM

我们已经定义了数据生成器来输出一批数据，首先是一批图像特征向量，然后是各个图像的逐单词标题，下面我们将定义 LSTM 单元，LSTM 的定义和训练过程与前一章类似。

首先，我们将定义 LSTM 单元的参数，它们是用于输入门、遗忘门、输出门以及用于候选值计算的两组权重和偏置：

```
# Input gate (i_t) - How much memory to write to cell state
# Connects the current input to the input gate
ix = tf.Variable(tf.truncated_normal([embedding_size, num_nodes],
stddev=0.01))
# Connects the previous hidden state to the input gate
im = tf.Variable(tf.truncated_normal([num_nodes, num_nodes],
stddev=0.01))
# Bias of the input gate
ib = tf.Variable(tf.random_uniform([1, num_nodes],0.0, 0.01))

# Forget gate (f_t) - How much memory to discard from cell state
# Connects the current input to the forget gate
fx = tf.Variable(tf.truncated_normal([embedding_size, num_nodes],
stddev=0.01))
# Connects the previous hidden state to the forget gate
fm = tf.Variable(tf.truncated_normal([num_nodes, num_nodes],
stddev=0.01))
# Bias of the forget gate
fb = tf.Variable(tf.random_uniform([1, num_nodes],0.0, 0.01))

# Candidate value (c~_t) - Used to compute the current cell state
# Connects the current input to the candidate
cx = tf.Variable(tf.truncated_normal([embedding_size, num_nodes],
stddev=0.01))
# Connects the previous hidden state to the candidate
cm = tf.Variable(tf.truncated_normal([num_nodes, num_nodes],
stddev=0.01))
# Bias of the candidate
cb = tf.Variable(tf.random_uniform([1, num_nodes],0.0,0.01))

# Output gate - How much memory to output from the cell state
# Connects the current input to the output gate
ox = tf.Variable(tf.truncated_normal([embedding_size, num_nodes],
stddev=0.01))
# Connects the previous hidden state to the output gate
om = tf.Variable(tf.truncated_normal([num_nodes, num_nodes],
stddev=0.01))
# Bias of the output gate
ob = tf.Variable(tf.random_uniform([1, num_nodes],0.0,0.01))
```

然后，定义 softmax 权重：

```
# Softmax Classifier weights and biases.
w = tf.Variable(tf.truncated_normal([num_nodes, vocabulary_size],
```

```
stddev=0.01))
b = tf.Variable(tf.random_uniform([vocabulary_size],0.0,0.01))
```

现在，定义状态和输出变量，以维护 LSTM 针对训练和验证数据的状态和输出：

```
# Variables saving state across unrollings.
# Hidden state
saved_output = tf.Variable(tf.zeros([batch_size, num_nodes]),
trainable=False, name='test_cell')
# Cell state
saved_state = tf.Variable(tf.zeros([batch_size, num_nodes]),
trainable=False, name='train_cell')

# Hidden and cell state variables for test data
saved_test_output = tf.Variable(tf.zeros([batch_size, num_
nodes]),trainable=False, name='test_hidden')
saved_test_state = tf.Variable(tf.zeros([batch_size, num_
nodes]),trainable=False, name='test_cell')
```

接下来，定义 LSTM 单元运算：

```
def lstm_cell(i, o, state):
    input_gate = tf.sigmoid(tf.matmul(i, ix) + tf.matmul(o, im) +
                      ib)
    forget_gate = tf.sigmoid(tf.matmul(i, fx) + tf.matmul(o, fm) +
                       fb)
    update = tf.matmul(i, cx) + tf.matmul(o, cm) + cb
    state = forget_gate * state + input_gate * tf.tanh(update)
    output_gate = tf.sigmoid(tf.matmul(i, ox) + tf.matmul(o, om) +
                      ob)
    return output_gate * tf.tanh(state), state
```

然后，在每一步训练过程中迭代计算 LSTM 单元的状态和输出（num_unrollings 步）：

```
# These two python variables are iteratively updated
# at each step of unrolling
output = saved_output
state = saved_state

# Compute the hidden state (output) and cell state (state)
# recursively for all the steps in unrolling
for i in train_inputs:
    output, state = lstm_cell(i, output, state)
    # Append each computed output value
    outputs.append(output)

# Calculate the score values
logits = tf.matmul(tf.concat(axis=0, values=outputs), w) + b

# Predictions.
train_prediction = tf.nn.softmax(logits)
```

然后，在把 LSTM 的输出和状态保存到我们之前定义的变量后，我们将跨展开轴进行求和，并对各批次轴取平均值，来计算损失。

```
# State saving across unrollings.
with tf.control_dependencies([saved_output.assign(output),
                              saved_state.assign(state)]):
    # When define the loss we need to sum accross all time steps
    # But average across the batch axis
    loss = 0
    split_logits = tf.split(logits,num_or_size_splits=num_unrollings)

    for lgt,lbl in zip(split_logits, train_labels):
        loss += tf.reduce_mean(
            tf.nn.softmax_cross_entropy_with_logits_v2(logits=lgt,
            labels=lbl)
        )
```

最后，定义一个优化器，用于针对损失优化 LSTM 和 softmax 层的权重：

```
optimizer = tf.train.AdamOptimizer(learning_rate)
gradients, v = zip(*optimizer.compute_gradients(loss))
gradients, _ = tf.clip_by_global_norm(gradients, 5.0)
optimizer = optimizer.apply_gradients(
    zip(gradients, v))
```

在生成图像特征向量，并准备好要提供给 LSTM 的数据，以及定义了 LSTM 学习需要的计算之后，下面我们将介绍评估指标，可用于对为验证数据集生成的标题进行评估。

## 9.9　定量评估结果

有很多不同的方法可用于评估生成的标题的质量和相关性，我们将详细介绍四个可用于评估标题的指标 BLEU、ROGUE、METEOR 和 CIDEr。所有这些评估指标都有一个关键目标，即衡量所生成的文本的适当性（文本的含义）和流畅性（文本的语法正确性）。为了计算所有这些指标，我们将使用候选句子和参考句子，其中，候选句子是由我们的算法预测的句子 / 短语，而参考句子是我们想要与预测进行比较的真实句子 / 短语。

### 9.9.1　BLEU

Bilingual Evaluation Understudy（BLEU）由 Papineni 等人在论文 "*BLEU: A Method for Automatic Evaluation of Machine Translation*"（发表于第 40 届 Annual Meeting of the Association for Computational Linguistics (ACL)，费城 2002 年 7 月，311-318）中提出。它以与位置无关的方式测量参考短语和候选短语之间的 n-gram 相似性。这意味着在参考句子中任意位置出现候选短语内的给定 n-gram 都认为是匹配的。BLEU 以准确率的方式计算 n-gram 相似度，有多种变体（BLEU-1、BLEU-2、BLEU-3 等），其中的数字表示 n-gram 中 $n$ 的值。

$$BLEU(\text{candidate}, \text{ref}) = \frac{\sum_{\forall n-gram\ in\ candidate} Count_{clip}(n-gram)}{\sum_{n-gram\ in\ candidate} Count(n-gram)} \times BP$$

这里，*Count(n-gram)* 是候选句子中给定的 n-gram 出现的总次数。$Count_{clip}(n\text{-}gram)$ 是给定 n-gram 的 *Count(n-gram)* 除 n-gram 最大值的度量。n-gram 的最大值为参考句子中该 n-gram 的出现次数。以如下两个句子为例：

候选：**the** the the the the the the

参考：**the** cat sat on **the** mat

$$Count("the") = 7$$
$$Count_{clip}("the") = 2$$

注意，$\dfrac{\sum_{\forall n-gram\ in\ candidate} Count_{clip}(n-gram)}{\sum_{\forall n-gram\ in\ candidate} Count(n-gram)}$ 为一种准确率的形式。实际上，它被称为修正 n-gram 准确率。当有多个参考出现时，则认为 BLEU 最大：

$$BLEU = \max(BLEU(candidate, ref_i))$$

然而，修正 n-gram 准确率常常对较小的候选短语更高，因为它会除以候选短语中 n-gram 的数量，这意味着该度量将使模型更倾向于产生更短的短语。为了避免这种情况，一个惩罚项 BP 被添加到上面的词项中，用来惩罚候选集中较短的短语。BLEU 度量有很多缺点，例如，BLEU 在计算得分时忽略同义词，并且不考虑召回，召回是衡量准确性的重要指标。此外，对于某些语言来说，BLEU 表现很差。然而，这是一个简单的指标，在大多数情况下与人工判断相关度较好。我们将在下一章中更详细地讨论 BLEU。

## 9.9.2　ROUGE

Recall-Oriented Understudy for Gisting Evaluations (ROUGE) 由 Chin-Yew Lin 在以下论文 *"ROUGE: A Package for Automatic Evaluation of Summaries"* （发表于 *Workshop on Text Summari-zation Branches Out*，2004）。ROUGE 可被看作 BLEU 的变体，它使用召回作为基本评估指标，其计算公式如下：

$$ROUGE - N = \frac{Count_{match}}{Count_{ref}}$$

这里，$Count_{match}$ 是参考中出现候选 n-gram 的数量，而 $Count_{ref}$ 是参考中出现的总 n-gram 数量。如果有多个参考，ROUGE-N 的计算公式如下：

$$ROUGE - N = \max(ROUGE - N(ref_i, candidate))$$

这里，$ref_i$ 是可用参考池中的单个参考。ROGUE 指标有很多变体，分别对标准 ROGUE 指标做了各种改进。ROGUE-L 基于候选句子和参考句子对之间的最长公共子序列计算指标得分，注意，在这种情况下，最长公共子序列不需要是连续的。ROGUE-W 基于以子序列内出现的分片量进行惩罚的最长公共子序列来计算得分。ROGUE 也有一些缺点，例如不考虑得分计算的准确率。

## 9.9.3　METEOR

Michael Denkowski 和 Alon Lavie 在其论文 *"Meteor Universal: Language SpecificTranslation*

*Evaluation for Any Target Language*"（发表于第 9 届 *Workshop on Statistical Machine Translation*，2014 年，376-380）中提出 METEOR，它是更先进的评估指标，用于评估候选句和参考句的对齐情况。METEOR 与 BLEU 和 ROUGE 的不同之处在于 METEOR 考虑了词的位置。在计算候选句和参照句之间的相似度时，以下情况被视为匹配：

- **精确匹配**：来自候选句中的词与参照句中的词完全匹配
- **词干匹配**：词干（例如，单词 walked 的 walk）与参考句中的词匹配
- **同义词匹配**：候选句中的词是参考句中词的同义词

要计算 METEOR 得分，可通过图 9.8 所展示的信息和辅助表格来计算参考句和候选句的匹配情况，然后，基于候选句和参考句中的匹配数量来计算准确率（$P$）和召回率（$R$）。最后，用 $P$ 和 $R$ 的调和平均数来计算 METEOR 分数。

$$F_{mean} = \frac{P.R}{\alpha P + (1-\alpha)R}(1 - \gamma \times \text{frag}^{\beta})$$

这里，$\alpha$、$\beta$ 和 $\gamma$ 是可调整参数，*frag* 是对不完整的匹配进行惩罚的系数，以便侧重于在匹配中具有更小间隙并紧密跟从参考句单词顺序的候选句。通过查看最终 unigram 映射中的交叉点个数，查表可以计算 *frag*（见图 9.8）：

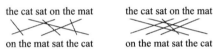

图 9.8　两个字符串的可能对齐方式

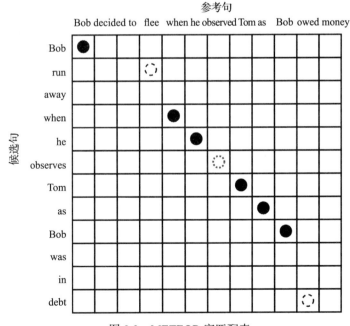

图 9.9　METEOR 字匹配表

可以看到，我们用圆圈表示候选句和参照句的匹配。例如，用实心黑色圆圈表示完全

匹配，用虚线空心圆圈表示同义匹配，虚线圆圈表示词干匹配。

METEOR 的计算方式更复杂，但与 BLEU 相比，它更接近人类的判断，这表明 METEOR 是比 BLEU 更好的评估指标。

### 9.9.4 CIDEr

基于共性的图像描述评估（CIDEr）由 Ramakrishna Vedantam 等人在其论文 *"CIDEr: Consensus-based Image Description Evaluation"*（发表于 IEEE Conference on Computer Vision and Pattern Recognition (CVPR)，2015 年）中提出，是评估候选句与一组给定参考句的一致情况的另一种方法。CIDEr 可以衡量候选句的语法、显著性、准确性（即精确率和召回率）。

首先，CIDEr 通过 TF-IDF 对候选句和参考句中的每个 n-gram 进行赋权，这样，频次高的 n-gram（例如，a 和 the）将具有较小的权重，而罕见的词会有更高的权重。最后，计算在候选句和参照句中找到的经 TF-IDF 加权的 n-gram 所形成的向量的余弦相似度得到 CIDEr：

$$CIDEr(cand, ref) = \frac{1}{m} \sum_j \frac{TF-IDF_{vec}(cand).TF-IDF_{vec}(ref_j)}{\|TF-IDF_{vec}(cand)\| \, \|TF-IDF_{vec}(ref_j)\|}$$

这里，*cand* 是候选句集合，*ref* 是参考句集合，$ref_j$ 是 *ref* 的第 *j* 个句子，*m* 是给定候选项的参考句数量。最重要的是，$TF-IDF_{vec}(cand)$ 是针对候选句中的所有 n-gram 计算的 TF-IDF 值形成的向量。同样，$TF-IDF_{vec}(ref_j)$ 是参考句 $ref_i$ 的向量。$\|TF-IDF_{vec}(.)\|$ 表示向量的大小。

总而言之，应该指出的是，在自然语言处理中，没有任何一种模型能够在所有任务中都表现良好。这些指标明显依赖于任务，应根据任务仔细选择。

### 9.9.5 模型随着时间变化的 BLEU-4

在图 9.10 中，我们展示了在实验中 BLEU-4 值的变化情况。可以看到，分数随着时间的

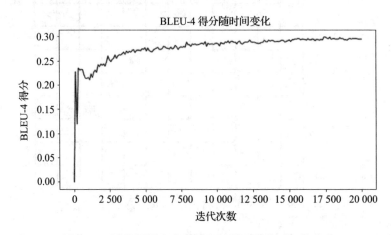

图 9.10   图像标题生成示例 BLEU-4 随着时间的变化

推移而增大并接近 0.3。请注意，MS-COCO 数据集的当前阶段最佳值（在撰写本书时）大约为 0.369（请参考论文 *"Bottom-Up and Top-Down Attention for Image Captioning and Visual QuestionAnswering"*，作者是 Anderson 等人，2017 年），获得该结果使用了更复杂的模型以及更高级的正则化。此外，MS-COCO 实际的全部训练集数据量是我们使用的训练集的三倍。因此，在使用有限训练数据集、单个 LSTM 单元和没有特殊正则化的情况下，BLEU-4 得分为 0.3 是一个非常好的结果。

## 9.10 为测试图像生成标题

让我们看看模型为测试图像生成了哪种标题。

经过 100 步后，我们的模型学到的唯一内容就是标题以 SOS 标记开头，有一些单词后面跟着一堆 EOS 标记（见图 9.11）。

 SOS a a a EOS a EOS a EOS a EOS a EOS a EOS

 SOS a a a EOS a EOS a EOS a EOS a EOS a EOS

 SOS a a a EOS a EOS a EOS a EOS a EOS a EOS

 SOS a a a EOS a EOS a EOS a EOS a EOS a EOS

 SOS a a a EOS a EOS a EOS a EOS a EOS a EOS

 SOS a a a EOS a EOS a EOS a EOS a EOS a EOS

 SOS a a a EOS a EOS a EOS a EOS a EOS a EOS

 SOS a a a EOS a EOS a EOS a EOS a EOS a EOS

 SOS a a a EOS a EOS a EOS a EOS a EOS a EOS

 SOS a a a EOS a EOS a EOS a EOS a EOS a EOS

图 9.11 100 步后生成的标题

在 1000 步后，模型知道生成轻微的语义短语并正确识别某些图像中的对象（例如，一个拿着网球拍的男人，如图 9.12 所示）。然而，生成的文本看似短而模糊，此外，几个图像的描述有错误。

经过 2000 步后，模型已经能很好地生成由正确语法组成的表达短语（见图 9.13），并没有如前面 1000 步后那样出现短而模糊的文本描述。

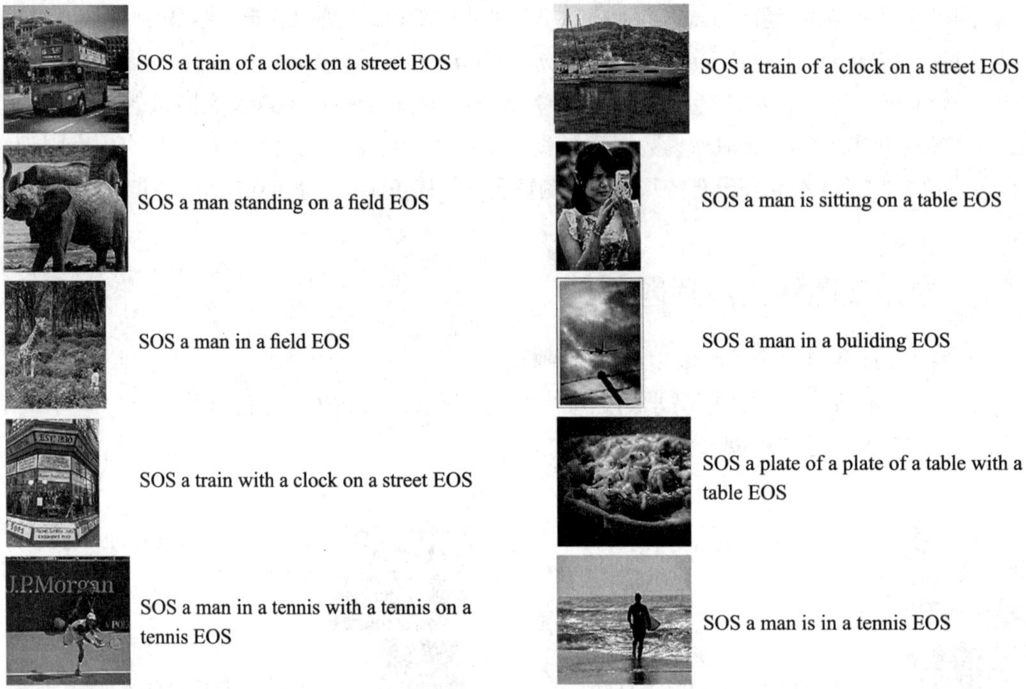

 SOS a train of a clock on a street EOS

 SOS a train of a clock on a street EOS

 SOS a man standing on a field EOS

 SOS a man is sitting on a table EOS

 SOS a man in a field EOS

 SOS a man in a buliding EOS

 SOS a train with a clock on a street EOS

 SOS a plate of a plate of a table with a table EOS

 SOS a man in a tennis with a tennis on a tennis EOS

 SOS a man is in a tennis EOS

图 9.12　1000 步后生成的标题

 SOS a bus is parked on a street EOS

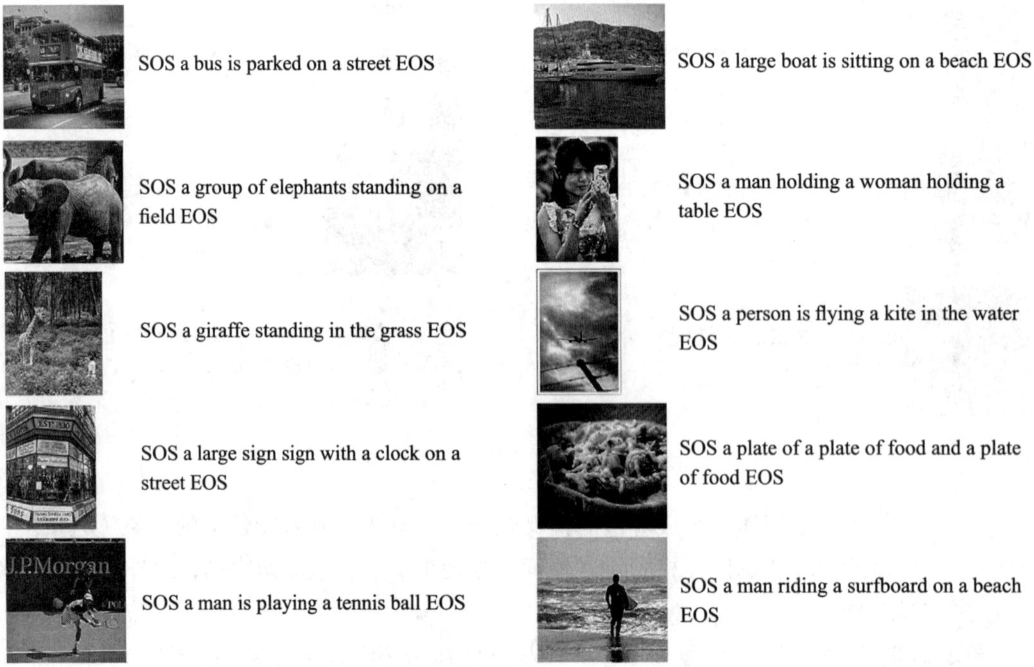

 SOS a large boat is sitting on a beach EOS

 SOS a group of elephants standing on a field EOS

 SOS a man holding a woman holding a table EOS

 SOS a giraffe standing in the grass EOS

 SOS a person is flying a kite in the water EOS

 SOS a large sign sign with a clock on a street EOS

 SOS a plate of a plate of food and a plate of food EOS

 SOS a man is playing a tennis ball EOS

 SOS a man riding a surfboard on a beach EOS

图 9.13　2000 步后生成的标题

　　经过 5000 步后，模型现在可以正确识别大部分图像（见图 9.14）。此外，它可以生成非常相关并且语法正确的短语，来解释图像中发生的事情。但请注意，模型并不完美。例如，算法对第 4 张图像生成的标题是完全错误的，图像实际上是一个建筑物，而我们的算法认为它是属于城市的东西，但又无法区分是不是建筑物，而将其误描述为时钟。第 8 张图像也被错误识别，图像描绘了天空中的飞机，但算法将其误认为是放风筝的人。

 SOS a red and white bus is parked on a street EOS

 SOS a boat boat on a beach with a boat EOS

 SOS a group of elephants standing in a field EOS

 SOS a man is holding a cell phone EOS

 SOS a herd of sheep grazing in a field EOS

 SOS a man flying a kite on a runway EOS

 SOS a street sign with a clock on it EOS

 SOS a plate of food on a plate EOS

 SOS a man holding a tennis racket on a tennis court EOS

 SOS a man in a wetsuit suit on a surfboard EOS

图 9.14　5000 步后生成的标题

　　经过 10 000 步后，算法已能很好地描述图像。它正确描述了大多数图像，但第 9 张图像仍然被错误描述。图像显示了披萨，但算法似乎认为这是一个三明治（见图 9.15）。另一个观察是，第 7 张图像实际上是一名拿手机的女性，但算法似乎认为她是一个男人。但是，我们可以看到该图像背景中有人，因此该算法可能会将前景中的人误认为成背景。从这一点来看，算法会随着图像中发生的变化产生差异，因为每个图像都有多个用于训练的标题。

　　请记住，这些是基于完整训练数据集的大约三分之一的数据量所训练得到的结果。此外，我们使用了简单的单个单元的 LSTM。我们鼓励你尝试使用全部训练数据并使用正则化（dropout）的多层 LSTM（或 GRU）来最大程度提升模型效果。

SOS a bus is parked on a street EOS

 SOS a boat is sitting on a river EOS

 SOS a group of elephants standing in a field EOS

 SOS a man is holding a cell phone EOS

 SOS a giraffe standing in a field with a tree EOS

 SOS a large jet flying through the sky EOS

 SOS a large building with a clock on the side of a street EOS

 SOS a plate of food with a sandwich and a sandwich EOS

 SOS a man is holding a tennis racket on a tennis court EOS

 SOS a man riding a surfboard on a surfboard EOS

图 9.15　10 000 步后生成的标题

## 9.11　使用 TensorFlow RNN API 和预训练的 GloVe 词向量

到目前为止，为了理解这种系统的底层机制，我们已经从头开始实现了所有内容。在这里，为了减少算法的代码和学习量，我们将介绍如何使用 TensorFlow RNN API 以及预训练的 GloVe 词向量。可以从 ch9 文件夹内的 lstm_image_caption_pretrained_wordvecs_rnn_api.ipynb 笔记中获取这些代码，并将其作为练习使用。

首先，我们将介绍如何下载词向量，然后讨论如何从下载的文件中加载相关的词向量，因为预训练的 GloVe 向量的字典大约有 400 000 个单词，而我们只有 18 000 个单词。接下来，我们将对标题进行一些基本的拼写校正，因为似乎存在很多拼写错误。然后我们将介绍如何使用 RNN API 中的 tf.nn.rnn_cell.LSTMCell 模块处理已清洗过的数据。

### 9.11.1　加载 GloVe 词向量

首先，从 https://nlp.stanford.edu/projects/glove/ 下载网站提供的 GloVe 嵌入文件，并将其放在 ch9 文件夹中。接下来，我们将定义一个 NumPy 数组来保存加载的 GloVe 词向量：

```
pret_embeddings = np.empty(shape=(vocabulary_size,50),
                           dtype=np.float32)
```

然后，我们打开包含所下载的 GloVe 词向量的 ZIP 文件，并逐行读取。ZIP 文件包含不同嵌入大小的几种不同变体的 GloVe（例如，嵌入大小为 50 或 100）。我们将使用 ZIP 文件中 glove.6B.50d.txt 文件，因为这个文件最小并且足以解决我们试图解决的问题。文件中的每一行的格式如下（以空格分隔行中的值）：

```
dog 0.11008 -0.38781 -0.57615 -0.27714 0.70521 ...
```

在下面的代码中，我们将展示如何从文件中提取相关的词嵌入。首先，打开 ZIP 文件并读取识别的文本文件（glove.6B.50d.txt）：

```
with zipfile.ZipFile('glove.6B.zip') as glovezip:
    with glovezip.open('glove.6B.50d.txt') as glovefile:
```

接下来，我们将枚举文本文件中的每一行，然后读取该行对应的单词（即该行的第一个元素），然后读取该单词的对应词向量：

```
for li, line in enumerate(glovefile):
    # Decode the line to get rid of any
    # unparsable symbols
    line_tokens = line.decode('utf-8').split(' ')

    # Get the word
    word = line_tokens[0]

    # Get the vector
    vector = [float(v) for v in line_tokens[1:]]
```

然后，如果单词能在我们的数据集中被找到，则将该单词的词向量保存到刚才定义用于存储词向量的 NumPy 数组中。我们将把一个给定的向量保存在由 dictionary 变量给定的行中，该变量存储着单词到唯一 ID 的映射。同时，除了给定的单词之外，我们还会处理在单词的末尾添加撇号和 "s" 而生成的单词（例如，cat → cat's）。我们统一使用对应原始单词（例如，cat）的词向量来初始化这两种变体，因为 GloVe 文件不包含表示拥有关系的单词（例如，cat's）。我们还会把标题中与 GloVe 内的某些单词相匹配的所有单词保存到 words_in_glove 列表中。这将在下一步中使用：

```
if word in dictionary.keys():
    words_in_glove.append(word)
    pret_embeddings[dictionary[word],:] = vector
    words_found += 1
    found_word_ids.append(dictionary[word])

    word_with_s = word + '\'s'
    if word_with_s in dictionary.keys():
        pret_embeddings[dictionary[word_with_s],:] =
            vector
        words_found += 1
        found_word_ids.append(dictionary[word_with_s])
```

## 9.11.2 清洗数据

现在，我们必须处理一个从头学习词向量时忽视的问题。MS-COCO 数据集标题中存在许多拼写错误，因此，为了最大限度地利用预训练的词向量，我们需要纠正这些拼写错误，以确保分配给这些单词的词向量正确无误。我们使用以下程序来纠正拼写错误。

首先，我们将计算在 GloVe 文件中找不到的单词的 ID（可能是由于拼写错误找不到）：

```
notfound_word_ids = list(set(list(range(0,vocabulary_size))) -
                          set(found_word_ids))
```

然后，如果在标题中找到任何这类单词，我们将使用以下逻辑对单词的拼写进行更正：

首先，使用字符串匹配方法来计算不正确的单词（由 cw 表示）与 words_in_glove 列表中所有单词（由 gw 标识）的相似度：

```
# for each word not found in pretrained embeddings
# we find most similar spellings
                    for gw in words_in_glove:
                        cor, found_sim = correct_spellings.correct_
wrong_word(cw,gw,cap)
```

如果相似度大于 0.9（经启发式选择），则用以下逻辑替换不正确的单词。我们必须手动更正一些单词，因为有些单词与单词相似度很高（例如，stting、setting 和 sitting 都很相似）：

```
def correct_wrong_word(cw,gw,cap):

    '''
    Spelling correction logic
    This is a very simple logic that replaces
    words with incorrect spelling with the word that highest
    similarity. Some words are manually corrected as the words
    found to be most similar semantically did not match.
    '''

    correct_word = None
    found_similar_word = False
    sim = string_similarity(gw,cw)
    if sim>0.9:
        if cw != 'stting' and cw != 'sittign' and \
            cw != 'smilling' and \
            cw!='skiies' and cw!='childi' and cw!='sittion' and \
            cw!='peacefuly' and cw!='stainding' and \
            cw != 'staning' and cw!='lating' and cw!='sking' and \
            cw!='trolly' and cw!='umping' and cw!='earing' and \
            cw !='baters' and cw !='talkes' and cw !='trowing' and \
            cw !='convered' and cw !='onsie' and cw !='slying':
            print(gw,' ',cw,' ',sim,' (',cap,')')
            correct_word = gw
            found_similar_word = True
        elif cw == 'stting' or cw == 'sittign' or cw == 'sittion':
            correct_word = 'sitting'
```

```
                    found_similar_word = True
            elif cw == 'smilling':
                    correct_word = 'smiling'
                    found_similar_word = True
            elif cw == 'skiies':
                    correct_word = 'skis'
                    found_similar_word = True
            elif cw == 'childi':
                    correct_word = 'child'
                    found_similar_word = True
            .
            .
            .
            elif cw == 'onsie':
                    correct_word = cw
                    found_similar_word = True
            elif cw =='slying':
                    correct_word = 'flying'
                    found_similar_word = True
            else:
                    raise NotImplementedError

    else:
            correct_word = cw
            found_similar_word = False
    return correct_word, found_similar_word
```

虽然并非所有拼写错误都会被前面的代码捕获，但会捕获大多数错误，这对练习来说已经足够了。

## 9.11.3　使用 TensorFlow RNN API 和预训练的词嵌入

在预处理标题数据之后，我们将继续学习如何使用 RNN API 和预训练的 GloVe 嵌入。首先，我们将介绍如何把 GloVe 向量的嵌入大小（50）与图像特征向量的大小（1000）相匹配。此后，我们将探索如何使用 TensorFlow RNN API 的现成 LSTM 模块从数据中学习。最后，我们将学习如何把不同模态（图像和文本）的数据提供给模型，因为图像和文本必须以不同方式处理。现在，我们将逐步介绍每个细节。图 9.16 是完整的学习模型图：

### 9.11.3.1　定义预训练嵌入层和适配层

首先，我们将定义一个用于包含预训练嵌入的 TensorFlow 变量。并将其当作可训练变量，因为我们只对某些单词进行了粗略的初始化（也就是说，对于单词的 's 扩展，我们将使用相同的词向量）。所以，随着训练的进行，词向量表达将会得到改善：

```
embeddings = tf.get_variable(
        'glove_embeddings',shape=[vocabulary_size, 50],
        initializer=tf.constant_initializer(pret_embeddings,
        dtype=tf.float32)
)
```

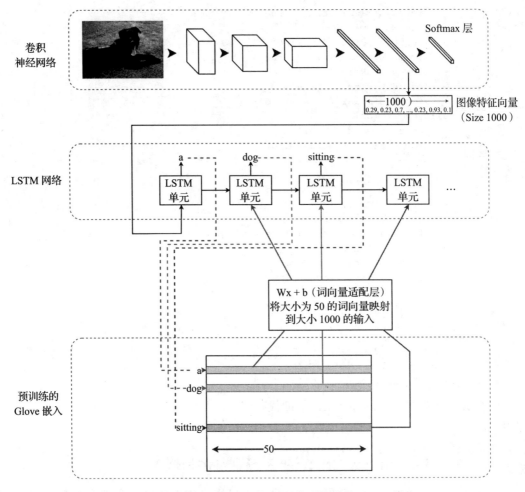

图 9.16  使用 TensorFlow RNN API 和预训练的 GloVe 嵌入

然后，我们将定义适配层的权重和偏置。适配层接受 [batch_size，50] 大小的输入，这是一批 GloVe 词向量，我们将它转换为大小为 [batch_size，1000] 的一批向量。这批向量将充当线性层，使 GloVe 词向量适配到正确的输入大小（以匹配图像特征向量的大小）。

```
with tf.variable_scope('embeddings'):
    # We need to match the size of the input to the LSTM to
    # be same as input_size always
    # For that we use a dense layer that will take the input
    # of size 50 and produce inputs of size 1000 (input size)
    embedding_dense = tf.get_variable('embedding_dense',
                    shape=[50,1000],
                    dtype=tf.float32,
            initializer=tf.contrib.layers.xavier_initializer())
    embedding_bias = tf.get_variable('embedding_bias',
                    dtype=tf.float32,
```

```
initializer=tf.random_uniform(
    shape=[1000],
    minval=-0.1,
    maxval=0.1))
```

### 9.11.3.2　定义 LSTM 单元和 softmax 层

接下来，我们将定义 LSTM 单元，用于对后面跟随一个单词序列的图像建模，并定义一个 softmax 层，用于将 LSTM 单元输出转换为以概率表示的预测结果。我们将使用 Dropout-Wrapper（在第 8 章出现过）来提高性能。

```
# LSTM cell and Dropout Cell
with tf.variable_scope('rnn'):
lstm = tf.nn.rnn_cell.LSTMCell(num_nodes)
# We use dropout to improve the performance
dropout_lstm = rnn.DropoutWrapper(
    cell=lstm, input_keep_prob=0.8,
    output_keep_prob=0.8, state_keep_prob=1.0,
    dtype=tf.float32
)
```

下面定义 softmax 层的权重和偏置：

```
# Defining the softmax weights and biases
with tf.variable_scope('rnn'):
    w = tf.Variable(tf.truncated_normal([num_nodes, vocabulary_size],
                    stddev=0.01),
                    name='softmax_weights',
                    trainable=True)
    b = tf.Variable(tf.random_uniform([vocabulary_size],0.0,0.01),
                    name='softmax_bias',trainable=True)
```

### 9.11.3.3　定义输入和输出

现在，我们将定义输入和输出占位符，用于存放训练模型所需的输入和输出，有三个重要的占位符用来输入相关变量的值：

- is_train_text：这是一个长度为 num_unrollings 的占位符列表，其中每个占位符都包含一个布尔值，该值表示当前在给定时间步正在输入图像特征向量还是文本。这是必不可少的，因为稍后将定义一个根据输入条件进行的处理操作（如果布尔值为 false，则按原样返回图像特征；如果布尔值为 true，则对输入执行 tf.nn.embedding_lookup 操作）。
- train_inputs：这是拥有 num_unrollings 个占位符的占位符列表，其中每个占位符包含一个大小为 [batch_size, 1000]（其中 1000 是 input_size）的输入。对于图像，我们将输入图像特征向量；对于文本，我们将输入来源于标题的一个批次的单词 ID。（ID 由包含从单词到唯一 ID 映射的字典变量返回）。但是，我们会为每个单词 ID 追加 999 个零，使输入大小为 1000（在处理时，丢弃 999 个零）。
- train_labels：这是一个包含 num_unrollings 个占位符的占位符列表，它将包含给定输入的输出（如果输入是图像特征向量，则为 SOS；如果输入是标题中的单词，则为标题中的下一个单词）。

代码如下所示：

```
is_train_text, train_inputs, train_labels = [],[],[]

for ui in range(num_unrollings):
    is_train_text.append(tf.placeholder(tf.bool,
        shape=None, name='is_train_text_data_%d'%ui))
    train_inputs.append(tf.placeholder(tf.float32,
        shape=[batch_size,input_size],name='train_inputs_%d'%ui))
    train_labels.append(tf.placeholder(tf.int32,
        shape=[batch_size], name = 'train_labels_%d'%ui))
```

### 9.11.3.4  图像和文本的不同处理

在这里，我们将了解预训练好的嵌入与从头学习的嵌入在使用时有何最大的不同。当我们从头开始学习嵌入时，我们可以自由灵活地使嵌入大小与图像特征向量的大小相匹配，并且必须具有相同的输入维度，因为 LSTM 无法处理任意维度的输入。但是，由于我们现在要使用预训练好的嵌入，并且它们与我们指定的输入大小不匹配，因此我们需要通过一个适配层把 50 维的输入映射到 1000 维的输入。此外，我们需要告诉 TensorFlow，我们不需要对图像特征向量进行之前的变换。我们将详细介绍如何实现这一点。

首先，我们将使用 tf.cond 操作来区分两种不同的处理机制。tf.cond（pred，true_fn，false_fn）操作可以在不同的操作（即 true_fn 和 false_fn）之间进行切换，具体取决于布尔值 pred 是 true 还是 false。具体如下：

- 如果数据是图像特征向量（即 is_train_text 为 false），则不需要额外的处理。我们将使用 tf.identity 操作简单地转发数据。
- 如果数据是文本（单词 ID）（即 is_train_text 为 true），首先，我们对一批单词 ID（在第 0 列中开始找）执行 tf.nn.embedding_lookup 操作。接下来，我们将使用 embedding_dense 和 embedding_bias 对词向量（大小为 [batch_size，1000]）进行处理，通过适配层传递返回的单词向量（大小为 [batch_size，50]），该操作类似于经典的没有非线性激活的全连接神经网络。

我们将处理后的输入写入 train_inputs_processed：

```
train_inputs_processed = []
for ui in range(num_unrollings):

    train_inputs_processed.append(
        tf.cond(is_train_text[ui],
            lambda: tf.add(
                tf.matmul(tf.nn.embedding_lookup(
                    embeddings, tf.reduce_sum(tf.cast(
                        train_inputs[ui],tf.int32),
                    axis=1)
```

```
),embedding_dense),embedding_bias),
lambda: tf.identity(train_inputs[ui]))
)
```

我们还需要设置 train_inputs_processed 列表中每个张量的形状，因为执行 tf.cond 操作之后，形状信息会丢失。而且，进行 LSTM 单元计算时需要形状信息：

```
[t_in.set_shape([batch_size,input_size]) for t_in in train_inputs_
processed]
```

### 9.11.3.5 定义 LSTM 输出计算

接下来，我们定义 LSTM 单元的初始状态：

```
initial_state = lstm.zero_state(batch_size, dtype=tf.float32)
```

然后，使用 tf.nn.dynamic_rnn 函数来计算 num_unrollings 窗口中所有时间步的输出，我们将在一个单独步骤中计算 LSTM 的输出：

```
# Gives a [num_unrolling, batch_size, num_nodes] size output
train_outputs, initial_state = tf.nn.dynamic_rnn(
    dropout_lstm, tf.concat([tf.expand_dims(t_in,axis=0) for t_in in
train_inputs_processed],axis=0),
    time_major=True, initial_state=initial_state
)
```

### 9.11.3.6 定义 logit 和预测

前面计算的 train_output 的大小为 [num_unrollings, batch_ size, vocabulary_size]。这种格式被称为 time-major 格式。然后，为了用 LSTM 输出一次地计算所有 num_unrollings 时间步的 logit 和预测，我们将重塑最终输出，如下所示：

```
final_output = tf.reshape(train_outputs,[-1,num_nodes])
logits = tf.matmul(final_output, w) + b
train_prediction = tf.nn.softmax(logits)
```

### 9.11.3.7 定义序列丢失

然后，我们将 logit 和标签重塑为 time-major 格式，因为这是损失函数所要求的：

```
time_major_train_logits = tf.reshape(logits,[
    num_unrollings,batch_size,vocabulary_size])

time_major_train_labels = tf.reshape(tf.concat(
    train_labels,axis=0),[num_unrollings,batch_size])
```

现在，我们使用 tf.contrib.seq2seq.sequence_loss 函数来计算损失。我们需要得到每个批次的损失平均值，然后对各时间步的结果求和：

```
loss = tf.contrib.seq2seq.sequence_loss(
    logits = tf.transpose(time_major_train_logits,[1,0,2]),
    targets = tf.transpose(time_major_train_labels),
    weights= tf.ones([batch_size, num_unrollings],
                    dtype=tf.float32),
    average_across_timesteps=False,
    average_across_batch=True
```

```
)
loss = tf.reduce_sum(loss)
```

### 9.11.3.8 定义优化器

最后，我们将定义优化器，该优化器将针对前面定义的损失对预训练嵌入、适配层、LSTM 单元和 softmax 权重进行优化。我们将使用 AdamOptimizer 和随时间推移学习率衰减来提高性能，还会像第 8 章那样进行学习率衰减：

```
# This variable and operation are used to decay the learning rate
# as we saw in chapter 8
global_step = tf.Variable(0, trainable=False)
inc_gstep = tf.assign(global_step,global_step + 1)

# We define a decaying learning rate
learning_rate = tf.train.exponential_decay(
    0.001, global_step, decay_steps=1, decay_rate=0.75,
    staircase=True)
# We define Adam Optimizer
optimizer = tf.train.AdamOptimizer(learning_rate)

# Gradient clipping
gradients, v = zip(*optimizer.compute_gradients(loss))
gradients, _ = tf.clip_by_global_norm(gradients, 5.0)
optimizer = optimizer.apply_gradients(
    zip(gradients, v))
```

在定义了所有必要的 TensorFlow 操作之后，你可以以预定义的步数执行优化过程，并在优化过程中插入对测试数据的 BLEU 得分的计算以及对几个测试图像的预测，具体过程可以在练习文件中找到。

## 9.12  总结

在本章中，我们聚焦一个非常有趣的任务，该任务为给定的图像生成标题，我们的学习模型是一个复杂的机器学习管道，其中包括：

- 使用 CNN 推断给定图像的特征向量
- 学习标题中的单词的词嵌入
- 使用图像特征向量及其相应的标题训练 LSTM

我们详细介绍了每个组件。首先，介绍了如何在大型分类数据集（即 ImageNet）上使用预训练的 CNN 模型提取较好的特征向量，而无须从头开始训练模型，为此，我们使用了 16 层的 VGG。接下来，我们逐步介绍如何创建 TensorFlow 变量、将权重加载到变量以及创建网络。最后，我们通过模型对一些测试图像进行预测，以确保模型在实践中能够识别图像中的对象。

然后，我们使用 CBOW 算法来学习标题中的单词的词嵌入，并得到较好的效果。之后，确保词嵌入的维度与图像特征向量维度相匹配，因为标准 LSTM 无法处理动态维度的输入。

最后，我们使用一个简单的 LSTM 网络，并在其中输入一个数据序列，序列的第一个元素是图像特征向量，在它之前是图像标题中每个单词的词嵌入。首先，我们通过引入两个标记来指示标题的开始和结尾，然后对标题进行截断，以便所有标题有相同的长度。

此后，我们讨论了几个不同的评估指标（BLEU、ROUGE、METEOR 和 CIDEr），我们可以用它们来定量评估生成的标题。我们发现，通过训练数据运行算法时，BLEU-4 得分随着时间的推移而增加。此外，我们目测生成的标题，并看到 ML 管道在生成图像标题时的效果逐渐变得更好。

最后，我们介绍了如何使用预训练的 GloVe 嵌入和 TensorFlow RNN API，以便用更少的代码量和更高的效率执行相同的任务。

在下一章中，我们将学习如何实现一个机器翻译系统，该系统将源语言中的句子 / 短语作为输入，并输出一个翻译成其他语言的句子 / 短语。

第 $10$ 章

# 序列到序列学习：神经机器翻译

序列到序列学习这一术语主要用于描述将任意长度的序列映射到另一个任意长度序列的任务。在涉及学习多对多映射的任务中，这是最复杂任务之一。此任务的示例包括神经机器翻译（NMT）和创建聊天机器人。NMT 用于将句子从一种语言（源语言）翻译成另一种语言（目标语言），谷歌翻译是 NMT 系统的一个例子。聊天机器人（即可与人交流 / 回答问题的软件）能够以逼真的方式与人进行交谈，这对服务提供商特别有用，因为聊天机器人可以用来为客户解答可能已有答案的简单问题，而不是直接求助于人工操作员。

在本章中，我们将学习如何实现 NMT 系统。然而，在深入探讨最新进展之前，我们将先简要介绍一些统计机器翻译（SMT）方法，在 NMT 之前，这是最先进的系统，NMT 只是后来居上。接下来，我们将介绍构建 NMT 所需的步骤。最后，我们将学习如何实现一个真正的 NMT 系统，逐步把德语翻译成英语。

## 10.1 机器翻译

相比于其他沟通方式（例如，手势），人类常用的沟通方式是语言。目前，全世界使用的语言超过 5000 种。此外，把一门语言学习到母语水平是一项艰巨的任务。然而，沟通对于知识分享、社交和扩展人脉网络至关重要。因此，语言是与世界其他地区进行交流的障碍。这就是机器翻译（MT）的来源。机器翻译系统允许用户输入自己语言的句子（称为源语言），并输出目标语言的句子。

MT 的问题可以表述如下。比如说，给定一个源语言 S 的句子（或单词序列），定义如下：

$$W_s = \{w_1, w_2, w_3, \ldots, w_L\}$$

在这里，$W_s \in S$。

源语言将被翻译成句子 $W_T$，其中 $T$ 是目标语言，表示如下：

$$W_T = \{w'_1, w'_2, w'_3, \ldots, w'_M\}$$

在这里，$W_T \in T$。

$W_T$ 通过 MT 系统得到，其输出如下：

$$p(W_T \mid W_s) \forall W_T \in W^*{}_T$$

这里，$W^*{}_T$ 是算法发现的源语句的可能的翻译候选集。此外，候选集中的最佳候选项可通过以下公式给出：

$$W_T^{best} = argmax_{W_T \in W^*{}_T} \left( p(W_T \mid W_S); \theta \right)$$

这里，$\theta$ 是模型参数，在训练时，我们用它来优化模型，以便最大化与已知源语言集合相关的目标语言的概率（即训练数据）。到目前为止，我们正式讨论了我们致力解决的语言翻译问题。接下来，我们将介绍 MT 的历史，以了解人们以前是如何解决这个问题的。

## 10.2　机器翻译简史

MT 从基于规则的系统开始，然后，出现了更具有统计学背景的 MT 系统。统计机器翻译（SMT）使用各种不同的语言统计手段来将一种语言翻译成另一种语言。然后，NMT 的时代到来，与其他方法相比，目前 NMT 在大多数机器学习任务中在翻译效果上保持领先。

### 10.2.1　基于规则的翻译

NMT 在统计机器学习之后很久后才出现，统计机器学习已经存在了半个多世纪。SMT 方法的出现可以追溯到 1950 年至 1960 年，当时在第一个被记录的项目（乔治城 –IBM 实验）中，超过 60 个俄语句子被翻译成英语。MT 的最初技术之一是基于单词的机器翻译，该系统通过使用双语词典进行单词到单词的翻译。但是，可以想象，这种方法有严重的局限性，明显的局限就是单词到单词的翻译不是不同语言之间的一对一映射。此外，因为它不考虑给定单词的上下文内容，因此单词到单词的翻译可能会导致错误的翻译结果。源语言中给定单词的翻译应该根据它的上下文而改变，我们通过一个更具体的例子来理解这一点，比如图 10.1 中展示的从英语到法语的翻译示例。可以看到，在给定的两个英语句子中，逐个单词进行翻译是不可行的，这会在翻译中会产生巨大的错误。

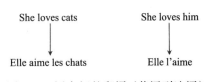

图 10.1　语言间的翻译（英语到法语）不是单词间的一对一映射

在 20 世纪 60 年代，自动语言处理咨询委员会（ALPAC）发布了一份报告"Languages and machines: computers in translation and linguistics"（National Academy of the Sciences，1966 年），它对关于 MT 的前景得出的结论如下：可用的机器翻译没有直接或可预测的前景。这是因为当时 MT 比人工翻译更慢，缺少准度，也更加昂贵。这对 MT 的进步造成了巨大打击，MT 在随后十年一直在沉默中。

接下来出现了基于语料库的 MT，它使用源句子和平行语料库获取相对应的目标句子所构成的元组来训练算法，并行语料库格式如下：[ (<source_sentence_1>，<target_sentence_1>)，( <source_sentence_2>，<target_sentence_2>)，...]。平行语料库是一个由大型文本语料库形成的元组，元组由来自源语言的文本和该文本的相应翻译组成。如图 10.2 所示。应该注意的是，构建平行语料库比构建双语词典更容易，并且更准确，因为其训练数据比单词到单词的训练数据更为丰富。而且，它不直接依赖人工创建的双语词典，而是使用平行语料库来构建两种语言的双语词典（即过渡模型）。过渡模型显示了在给定当前源词 /短语的情况下，目标词 / 短语成为正确翻译的可能性。除了学习过渡模型以外，基于语料库的 MT 还会学习单词对齐模型。单词对齐模型可以表示来自源语言的短语中的单词如何对应于该短语的翻译。图 10.2 描述了平行语料库和单词对齐模型的示例。

| 源语句（英语） | 目标语句（法语） |
| --- | --- |
| I went home | Je suis allé à la maison |
| John likes to play guitar | John aime jouer de la guitare |
| He is from England | Il est d'Angleterre |
| ... | ... |

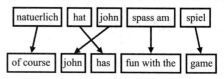

图 10.2    两种不同语言的单词对齐

另一种流行的方法是语际机器翻译，它涉及将源语句翻译成语言中间语际（即元语言），然后从语际中生成翻译语句。更具体地说，语际机器翻译系统包括两个重要部件，即解析器和合成器。解析器接受源语句作为输入，并识别指代（例如，名词）、动作（例如，动词）等以及它们之间如何交互。接下来，通过语际词典表示这些被识别的元素。可以用 WordNet 中使用的同义词集（即具有相同含义的同义词组）作为语际词典的示例。然后，从这个语际表示开始，合成器将创建翻译。由于合成器通过语际表示知道名词、动词等，因此它可以通过结合特定语言的语法规则来生成目标语言翻译结果。

## 10.2.2    统计机器翻译（SMT）

接下来，更多统计意义上的系统开始出现。这个时代的开创性模型之一是 IBM 模型1-5，这是基于单词的翻译。但是，正如我们之前讨论的那样，单词翻译不是从源语言到目标语言的一对一的翻译（例如，复合词和形态变化）。最终，研究人员开始尝试基于短语的翻译系统，这些翻译系统在机器翻译方面取得了一些显著的进展。

基于短语的翻译与基于单词的翻译以类似的机制工作，但它使用语言的短语而不是单个单词作为翻译的原子单位。这是一种更明智的方法，因为它可以更轻松地对单词之间的一对多、多对一或多对多关系进行建模。基于短语的翻译的主要目标是学习"短语 – 翻译模型"，该模型包含给定源短语的不同候选目标短语的概率分布。可以想象，这种方法需要维护两种语言中各种短语的庞大数据库，还要对短语进行重排序，因为在两种语言的句子不会是单调的重排序单词，图 10.2 展示了这方面的一个例子。如果不同语言只需单调排序单词，则单词映射之间不应该存在交叉情况。

该方法的一个局限是解码过程（找到给定源短语的最佳目标短语）的成本很昂贵。这是由于短语数据库的大小以及源短语通常包含多个目标短语。为了减轻负担，出现了基于语法的翻译。

在基于语法的翻译中，源句子由语法树表示。在图 10.3 中，NP 表示名词短语，VP 表示动词短语，S 表示句子。然后进行短语重排序，其中，树节点被重排序以根据目标语言特性改变主语、动词和宾语的顺序。这是因为句子结构会根据语言而改变（例如，在英语中，它是主动宾，而在日语中它是主宾动）。重排序是根据 r 表来决定的，r 表包含树节点被改变为某个其他顺序的似然概率。

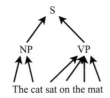

图 10.3  句子的语法树

然后，执行插入阶段。在插入阶段，我们随机地将一个单词插入到树的每个节点中。这是因为假定存在一个不可见的 NULL 单词，并且它在树的随机位置生成目标单词。此外，插入单词的概率由称为"n 表"的一个表确定，该表包含将特定单词插入树中的概率。

接下来是转换阶段，其中，每个叶节点以逐单词方式转换为目标单词。最后，从语法树中读出翻译的句子，以构造目标句子。

### 10.2.3  神经机器翻译（NMT）

最后，在 2014 年左右出现了 NMT 系统。NMT 是一个端到端系统，它以完整的句子作为输入，执行某些转换，然后输出源句对应的翻译句子。因此，NMT 消除了对机器翻译所需的特征工程的要求，例如构建短语翻译模型和构建语法树，这对 NLP 社区来说是一个巨大的胜利。

此外，NMT 仅用两三年时间就超越其他流行的 MT 技术。在图 10.4 中，我们展示了 MT 文献中报道的各种 MT 系统的成果。例如，2016 年的成果主要来自 Sennrich 以及其他人的论文"Edinburgh Neural Machine Translation Systems for WMT 16, Association for Computational Linguistics"（发表于第一次 Conference on Machine Translation, 2016 年 8 月, 371-376），还有 Williams 以及其他人的论文"Edinburgh'sStatistical Machine Translation Systems for WMT16, Association for ComputationalLinguistics"（发表于第一次 Conference on Machine Translation, 2016 年 8 月, 399-410）。所有 MT 系统都使用 BLEU 得分进行评估。如第 9 章中所述，BLEU 得分表示候选翻译的 n-grams（unigrams 和 bigrams）在参照翻译中的匹配数量，所以 MT 系统的 BLEU 得分越高越好，我们将在本章后面详细讨论 BLEU 指标。

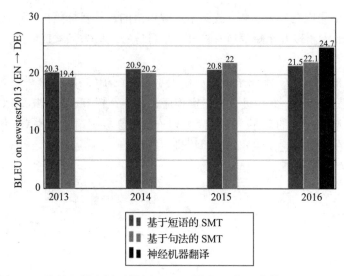

图 10.4　统计机器翻译系统与 NMT 系统的比较，感谢 Rico Sennrich

　　一个用于评估 NMT 系统潜力的研究案例可从以下论文中获取："Is Neural Machine Translation Ready for Deployment? A Case Study on 30 Translation Directions"（作者是 Junczys-Dowmunt、Hoang 和 Dwojak，发表于第 3 届 International Workshop on SpokenLanguage Translation，Seattle，2016）。该研究着眼于不同系统在不同语言（英语、阿拉伯语、法语、俄语和中文）的几个翻译任务上的效果表现。结果还表明 NMT 系统（NMT 1.2M 和 NMT 2.4M）比 SMT 系统（PB-SMT 和 Hiero）效果更好。

　　图 10.5 显示了 2017 年最先进的机器翻译器的几组统计数据，内容来自 Intento 的联合创始人兼首席执行官康斯坦丁·萨文科夫（Konstantin Savenkov）的演讲（State of the Machine Translation, Intento, Inc，2017），我们可以看到 DeepL（https://www.deepl.com）的 MT 翻译性能似乎与其他 MT 巨头（包括谷歌）保持密切竞争。对比的 MT 系统包括 DeepL（NMT）、Google（NMT）、Yandex（NMT-SMT 混合）、Microsoft（同时具有 SMT 和 NMT）、IBM（SMT）、Prompt（基于规则）和 SYSTRAN（基于规则 /SMT 混合）。该图清楚地表明 NMT 系统正在引领当前 MT 的进步。LEPOR 评分用于评估不同的 MT，它是比 BLEU 更为先进的指标，试图解决语言偏差问题。语言偏差问题是指某些评估指标（如 BLEU）对某些语言表现良好但对其他语言表现不佳的现象。

　　但是，还应注意的是，由于在对比中使用了平均机制，结果确实包含一些偏差。例如，谷歌翻译已经在一组更大的语言（包括困难的翻译任务）上取平均值，而 DeepL 已经在较小且相对容易的语言子集上取平均值。因此，我们不应该断定 DeepL MT 系统比 Google MT 系统更好。不过，整体结果提供了当前 NMT 和 SMT 系统性能的常规比较。

　　我们看到 NMT 在短短几年内已经超越了 SMT 系统，这是目前最先进的翻译技术。下面，我们将讨论 NMT 系统的细节和架构，最后，我们将从头开始实现一个 NMT 系统。

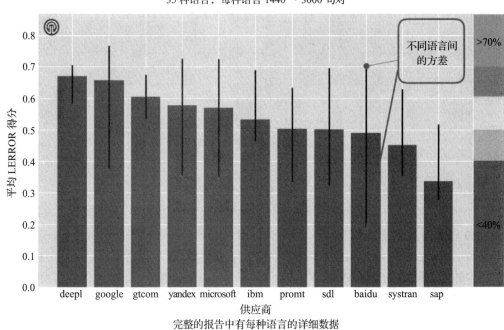

图 10.5　各种 MT 系统的性能。感谢 Intento 公司

## 10.3　理解神经机器翻译

我们已经了解随着时间的推移机器翻译如何发展，让我们来看看最先进的 NMT 是如何工作的。首先，我们将看一下神经机器翻译器使用的模型架构，然后理解实际的训练算法。

### 10.3.1　NMT 原理

首先，让我们理解 NMT 系统设计的原理。比如说，你能说流利的英语和德语，现在被要求将以下句子翻译成英语：

*Ich ging nach Hause*

句子译成下面这句英语：

*I went home*

虽然英语和德语流利的人翻译它的时间可能不会超过几秒钟，但翻译中仍然涉及某个过程。首先，你阅读德语句子，然后，针对句子构建一个关于该句子所表示或暗示的内容的想法或概念。最后，你把句子翻译成英文。同样的思路可用于构建 NMT 系统（见图 10.6）。编码器读取源句（类似于阅读德语子）。然后，编码器输出上下文向量（上下文向量对应于你在阅读句子后想象的思想 / 概念）。最后，解码器接收上下文向量并输出英语翻译。

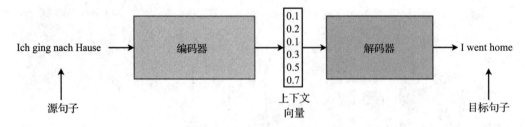

图 10.6　NMT 系统的概念性架构

## 10.3.2　NMT 架构

现在，我们将更详细地探究 NMT 的架构。这里所讨论的序列到序列方法是由 Sutskever、Vinyals 和 Le 在他们的论文"Sequence to Sequence Learning with Neural Networks"（27 届 International Conference on Neural Information Processing Systems 会议记录卷 2：3104-3112）。从图 10.6 的图中可以看出，NMT 架构中有两个称为编码器和解码器的主要组件。换句话说，NMT 可以被视为编码器 – 解码器架构。编码器将给定源语言的句子转换为一种想法，并且解码器将想法解码或翻译成目标语言。如你所见，这与我们讨论过的语际机器翻译方法有一些共同点。如图 10.7 所示，上下文向量的左侧表示编码器（它逐字逐句地获取源句子以训练时间序列模型）。右侧表示解码器，它逐字输出（同时使用前一个词作为当前输入）源语句的相应翻译。我们还将使用（源语言和目标语言的）嵌入层来提供单词向量作为模型的输入。

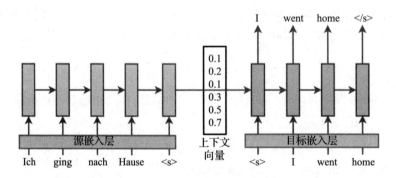

图 10.7　随时间推移展开的源句和目标句子

我们基本了解了 NMT 是什么，下面来正式定义 NMT 的目标。NMT 系统的最终目标是在给定源句 $x_s$ 及其对应的 $y_T$ 的情况下最大化对数似然率，即最大化以下公式：

$$\frac{1}{N}\sum_{i=1}^{N}logP(y_T\,|\,x_s)$$

在这里，$N$ 指的是作为训练数据的源句子和目标句子元组的数量。

然后，在推理时，对于给定的源句 $x_s^{infer}$，我们将使用以下公式找到 $y_T^{best}$ 翻译：

$$y_T^{best} = argmax_{y \in Y_T} P(y_T \mid x_s^{infer}) = argmax_{y \in Y_T} \prod_{i=1}^{M} P(y_T^i \mid x_s^{infer})$$

这里，$Y_T$ 是可能的候选句子集合。

在我们考查 NMT 架构的每个部分之前，让我们定义数学符号以便更具体地理解 NMT 系统。

我们定义编码器 LSTM 为 $LSTM_{enc}$，定义解码器 LSTM 为 $LSTM_{dec}$。在时间步 $t$，将 LSTM 的单元状态定义为 $c_t$，将外部隐藏状态定义为 $h_t$。因此，将 $x_t$ 输入 LSTM 会产生 $c_t$ 和 $h_t$：

$$c_t, h_t = LSTM(x_t \mid x_1, x_2, \ldots, x_{t-1})$$

现在，我们将讨论嵌入层、编码器、上下文向量，最后讨论解码器。

### 10.3.2.1  嵌入层

在第 8 章和第 9 章中，我们详细讨论了使用词嵌入而不是独热编码作为单词表示方式的好处，特别是当词汇量很大时。在这里，我们使用两个词嵌入层：$Emb_s$ 用于源语言，$Emb_T$ 用于目标语言。因此，不是把 $x_t$ 直接输入 LSTM，而是获得 $Emb(x_t)$。但是，为了避免不必要地增加符号，我们假定 $x_t = Emb(x_t)$。

### 10.3.2.2  编码器

如前所述，编码器负责生成中间向量或表示源语言含义的上下文向量。为此，我们将使用 LSTM 网络（见图 10.8）。

编码器以 $c_0$ 和 $h_0$ 初始化为零向量，并以一系列单词 $x_s = \{x_s^1, x_s^2, \cdots, x_s^L\}$ 作为输入，然后计算一个上下文向量，$v = \{v_c, v_h\}$，其中 $v_c$ 是最终的单元状态，$v_h$ 是在处理序列 $x_T$ 的最终元素 $x_T^L$ 之后获得的最终外部隐藏状态，表示如下：

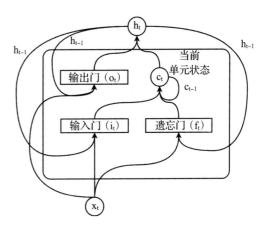

图 10.8  LSTM 单元

$$c_L, h_L = LSTM_{enc}(x_s^L \mid x_s^1, x_s^2, \ldots, x_s^{L-1})$$

$$v_c = c_L$$

$$v_h = h_L$$

### 10.3.2.3  上下文向量

上下文向量（$v$）的思想是要简洁地表征源语言的句子。而且，相比于如何初始化编码器的状态（即用零初始化），上下文向量变成解码器 LSTM 的初始状态。换句话说，解码器 LSTM 不以零作为初始状态，而是以上下文向量作为其初始状态。接下来，我们将更详细地讨论这个问题。

#### 10.3.2.4 解码器

解码器负责将上下文向量解码为想要的翻译，我们的解码器是 LSTM 网络。尽管编码器和解码器可以共享权重，但最好为编码器和解码器使用两个不同的网络。这会增加模型的参数数量，使我们能更有效地学习翻译。

首先，使用上下文向量 $v = \{v_c, v_h\}$ 初始化解码器的状态，如下所示：

$$c_0 = v_c$$

$$h_0 = v_h$$

这里，$c_0, h_0 \in LSTM_{dec}$。

$v$ 是连接编码器和解码器以形成端到端计算链的关键链路（参见图 10.6，编码器和解码器共享的唯一内容是 $v$）。而且，这是解码器关于源句子的唯一可用信息。

然后，我们将用以下公式计算被翻译的句子的第 $m$ 个预测：

$$c_m, h_m = LSTM_{dec}\left(y_T^{m-1} \mid v, y_T^{1}, y_T^{2}, \ldots, y_T^{m-2}\right)$$

$$y_T^{m} = softmax\left(w_{softmax} \times h_m + b_{softmax}\right)$$

图 10.9 是完整的 NMT 系统示意图，它详细说明了编码器中的 LSTM 单元如何连接到解码器中的 LSTM 单元，以及 $softmax$ 层如何用于输出预测。

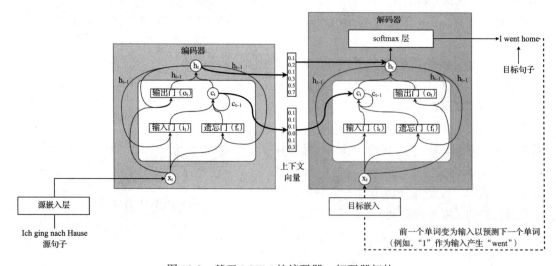

图 10.9　基于 LSTM 的编码器 – 解码器架构

## 10.4　为 NMT 系统准备数据

在本节中，我们将讨论为 NMT 系统的训练和预测阶段准备数据的具体过程。首先，我们将讨论如何准备训练数据（即源句子和目标句子的配对）来训练 NMT 系统。然后，输入给定的源句子以产生源句的翻译。

## 10.4.1　训练阶段

- 训练数据由源句子及其对应的目标语言的翻译所构成的配对组成，例如：
- (*Ich ging nach Hause , I went home*)
- (*Sie hat in der Schule gewartet , She was waiting at school*)

数据集中有 $N$ 个这样的配对，如果我们要实现一个较好的翻译器，$N$ 需要达到数百万的规模，增加训练数据也意味着增加训练时间。

接下来，我们将介绍两个特殊标记：<s> 和 </s>。<s> 标记表示句子的开头，而 </s> 表示句子的结尾。现在，数据如下：

- (<s> *Ich ging nach Hause* </s> , <s> *I went home* </s>)
- (<s> *Sie hat in der Schule gewartet* </s> , <s> *She was waiting at school* </s>)

此后，我们将使用 </s> 标记填充句子，使得源句子长度固定为 $L$，并且目标句子长度固定为 $M$。应当注意，$L$ 和 $M$ 不需要相等。该步骤生成以下结果：

- (<s> *Ich ging nach Hause* </s> </s> </s> , <s> *I went home* </s> </s> </s>)
- (<s> *Sie hat in der Schule gewartet* </s> , <s> *She was waiting at school* </s>)

如果句子的长度大于 $L$ 或 $M$，则将其截断以适应长度。然后句子通过一个标记器进行处理，来获取标记化的单词。在这里，忽略第二个元组（即一对句子），因为两者的处理方式类似：

(['<s>' , 'Ich' , 'ging' , 'nach' , 'Hause' , '</s>' , '</s>' , '</s>'] , ['<s>' , 'I' , 'went' , 'home' , '</s>' , '</s>' , '</s>'])

应该注意的是，句子固定长度并不重要，因为 LSTM 能够处理动态的序列大小。但是，使它们固定长度有助于让句子按批而不是逐个进行处理。

## 10.4.2　反转源句

接下来，我们将对源句执行特殊操作。比如说，在源语言中有句子 $ABC$，我们希望将其翻译成目标语言的 $\alpha\beta\gamma\phi$。我们将首先反转源句子，使句子 $ABC$ 被读作 $CBA$。这意味着为了将 $ABC$ 转换为 $\alpha\beta\gamma\phi$，需要以 $CBA$ 作为输入。这种方法显著改善了模型的性能，特别是当源语言和目标语言具有相同的句子结构（例如，主谓宾顺序相同 subject-verb-object）时。

让我们试着理解反转源句为什么会有所帮助，这主要是因为它有助于在编码器和解码器之间建立良好的通信。下面从前面的例子开始，连接源和目标句子：

$$ABC\alpha\beta\gamma\phi$$

如果计算从 $A$ 到 $\alpha$ 或 $B$ 到 $\beta$ 的距离（即分隔两个单词的单词数），它们将是相同的。但是，当反转源句时，情况发生了变化，如下所示：

$$CBA\alpha\beta\gamma\phi$$

这里，$A$ 与 $\alpha$ 距离很近，以此类推。而且，要建立良好的翻译，开始就建立良好的通信非常重要。这可以帮助 NMT 系统通过这个简单的技巧来改善性能。

现在，我们的数据集变成如下样式：

*(['</s>' , '</s>' , '</s>' , 'Hause' , 'nach' , 'ging' , 'Ich' , '<s>'] , ['<s>' , 'I' , 'went' , 'home' , '</s>' , '</s>' , '</s>'])*

接下来，使用学习到的嵌入 *Emb_s* 和 *Emb_T*，将每个单词替换为其对应的嵌入向量。

另一个好消息是，我们的源语句以 <s> 标记结束，目标语句以 <s> 标记开头，因此在训练期间，不必进行任何特殊处理来构建源句子结尾和目标句子开始之间的链接。

---

提示 注意，源句子反转步骤是主观的预处理步骤。对于某些翻译任务，可能不是必需的。例如，如果你的翻译任务是将日语（通常采用主宾谓格式）翻译为菲律宾语（通常采用谓主宾），那么反转源句可能实际上会造成伤害，而不是帮助。这是因为反转日语中的文本将增加目标句子的起始元素（即菲律宾语的谓语与相应的源语言实体（即日语的谓语）之间的距离。

---

### 10.4.3 测试阶段

在测试时，我们只有源句子，没有目标句子。而且，我们将像在训练阶段所做的那样准备源数据。接下来，将解码器的最后一个预测作为下一个输入额来馈送数据，从而逐字地获得翻译的输出。预测过程通过馈送第一个 <s> 标记至解码器来触发。

对于给定的源句子，我们将讨论具体的训练过程和预测过程。

## 10.5 训练 NMT

定义 NMT 架构和预处理的训练数据后，训练模型非常简单。在这里，我们将定义用于训练的具体过程，并用图进行说明（见图 10.10）：

1. 如前所述，对 $(x_S, y_T)$ 进行预处理
2. 将 $x_s$ 输入 $LSTM_{enc}$ 并计算 $x_s$ 条件下的 $v$
3. 用 $v$ 初始化 $LSTM_{dec}$
4. 对应于来自 $LSTM_{dec}$ 的输入句子 $x_s$ 预测 $\hat{y}_T = \{\hat{y}_T^1, \hat{y}_T^2, \cdots, \hat{y}_T^M\}$，其中，目标词汇表 $v$ 中的第 $m$ 个预测的计算过程如下：

$$\hat{y}_T^m = softmax(w_{softmax}h^m + b_{softmax})$$

$$w_T^m = argmax_{w^m \in V} P(\hat{y}_T^{(m,w^m)} | v, \hat{y}_T^1, ..., \hat{y}_T^{m-1})$$

因此，$W_T^m$ 表示第 $m$ 个位置的最佳目标单词。

5. 计算损失：这是预测单词 $\hat{y}_T^m$ 与第 $m$ 个位置的实际单词 $y_T^m$ 之间的分类交叉熵
6. 针对损失分别优化 $LSTM_{enc}$、$LSTM_{dec}$ 和 $softmax$ 层

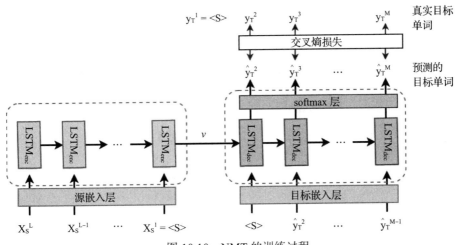

图 10.10　NMT 的训练过程

## 10.6　NMT 推理

推理过程与 NMT 训练过程略有不同（图 10.11）。由于在推理时没有目标句子，因此需要一个在编码阶段结束时触发解码器的方法。这与我们在第 9 章中所做的图像标题练习有相似之处。在该练习中，我们使用 <SOS> 标记添加到标题的开头以表示标题的开头，并用 <EOS> 表示结尾。

同样，我们可以把 <s> 作为解码器的第一个输入，然后将预测作为输出，并将最后一个预测作为 NMT 的下一个输入。

1. 如前所述预处理 $x_s$

2. 将 $x_s$ 输入 $LSTM_{enc}$ 并计算 $x_s$ 条件下的 $v$

3. 用 $v$ 初始化 $LSTM_{dec}$

4. 对于初始预测步骤，通过以 $\hat{y}_T^1 = <s>$ 和 $v$ 的预测为条件来预测 $\hat{y}_T^2$

5. 对于之后的时间步，当 $\hat{y}_T^i \neq </s>$ 时，通过以 $\{\hat{y}_T^m, \hat{y}_T^{m-1}, \cdots, <s>\}$ 和 $v$ 的预测为条件来预测 $\hat{y}_T^{m+1}$。

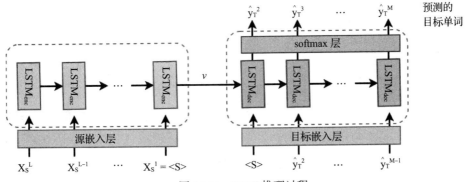

图 10.11　NMT 推理过程

## 10.7 BLEU 评分：评估机器翻译系统

BLEU 代表 Bilingual Evaluation Understudy，是一种自动评估机器翻译系统的方法。该指标首先在下面论文中介绍："BLEU: A Method for Automatic Evaluation of Machine Translation"（作者是 Papineni 和其他人，发表于第 40 届 Association for ComputationalLinguistics (ACL) 年会，费城，2002 年 7 月，311-318）。我们将实现 BLEU 的算法，代码可以在 bleu_score_example.ipynb 中得到并作为练习使用，先来了解 BLEU 是如何计算的。

让我们以一个例子来认识如何计算 BLEU。比如说，我们有两个候选句子（即 MT 系统预测的句子）和一个给定源句子的参考句子（即对应的实际翻译）。

- 参考 1：The cat sat on the mat
- 候选 1：The cat is on the mat

要了解翻译的好坏，可以使用一种衡量标准，即精确度。精确度是用于衡量候选句中有多少单词实际出现在参考句中的指标。通常，对于一个二分类（标记为正向和负向）问题，则精确度由以下公式给出：

$$\text{精确度} = \frac{\text{正确分类为阳性的样本数}}{\text{所有分类为阳性的样本数}}$$

现在，让我们计算候选 1 的精确度：

精确度 = 候选句中的每个单词出现在参考句中的次数 / 出现在候选句中的次数

数学上，可以通过以下公式表示：

$$Precision = \frac{\sum_{unigram \in Candidate} IsFoundInRef(unigram)}{|Candidate|}$$

候选 1 的精确度 = 5/6。

这也称为一元精确度，因为一次只考虑一个单词。现在来介绍一个新的候选句：

候选 2：The the the cat cat cat

不难看出，候选 1 比候选 2 好得多。让我们来计算精确度：

$$\text{候选 2 的精确度} = 6/6 = 1$$

我们可以看到，精确度分数与我们的判断不一致。因此，单靠精确度不能成为衡量翻译质量的有效方法。

### 10.7.1 修正的精确度

为了解决精确度度量的限制，可以使用修正的一元精确度。修正后的精确度将候选句中每个唯一单词的出现次数按照该单词出现在参考句中的次数进行了优化：

$$p_1 = \frac{\sum_{unigram \in \{Candidate\}} Min(Occurences(unigram), unigram_{max})}{|Candidate|}$$

因此，对于候选 1 和 2，修正后的精确度如下：

候选 1 的一元修正精确度 = （ 1 + 1 + 1 + 1 + 1 ）/ 6 = 5/6

候选 2 的一元修正精确度 = （ 2 + 1 ）/ 6 = 3/6

已经可以看到，这是一个很好的修正，因为候选 2 的精度降低了。通过一次考虑 $n$ 个单词而不是单个单词，可以将该度量方法扩展到任何 n-gram。

### 10.7.2　简短惩罚项

精确度在小句子上表现良好，但在评估中会出现一个问题，因为 MT 系统可能会为长参考句子生成小句子，并且仍然有更高的精度。因此，人们引入简短惩罚来避免这种情况。可以通过以下公式计算简短惩罚项：

$$BP = \begin{cases} 1 & if\ c > r \\ e^{(1-r/c)} & if\ c \leqslant r \end{cases}.$$

这里，$c$ 是候选句子长度，$r$ 是参照句子长度。在我们的示例中，计算过程如下所示：

候选 1 的简短惩罚项 = $e^{(1-(6/6))}$ = $e^0$ = 1

候选 2 的简短惩罚项 = $e^{(1-(6/6))}$ = $e^0$ = 1

### 10.7.3　最终 BLEU 得分

接下来，为了计算 BLEU 得分，首先针对不同的 $n = 1, 2. ..., N$ 值计算几个不同的修正 n-gram 精确度，然后计算 n-gram 精确度的加权几何平均值：

$$BLEU = BP \times exp\left( \sum_{i=1}^{N} w_n p_n \right)$$

这里，$w_n$ 是修正的 n-gram 精确度 $p_n$ 的权重。默认情况下，所有 n-gram 值都使用同样的权重。总之，BLEU 可以计算修正的 n-gram 精确度，并以简短惩罚项惩罚修正的 n-gram 精确度。修正后的 n-gram 精确度避免了无意义句子的潜在高精确度值（例如，候选 2）。

## 10.8　从头开始实现 NMT：德语到英语的翻译

现在，我们将实现一个真正的神经机器翻译器。我们将使用原始 TensorFlow 操作变量来实现 NMT。该练习可在 ch10/neural_machine_translation.ipynb 中找到。但是，TensorFlow 中有一个子库，称为 seq2seq 库，你也可以阅读有关 seq2seq 的更多信息，并在"附录：数学基础与高级 TensorFlow"中学习如何使用 seq2seq 实现 NMT。

我们使用原始 TensorFlow 的原因是，一旦你学会从头开始实现机器翻译而不使用任何辅助函数，你将能够快速学习使用 seq2seq 库。此外，使用原始 TensorFlow 实现序列到序列模型的在线资源非常少。但是，有很多关于如何使用 seq2seq 库进行机器翻译的资源或教程。

TensorFlow 为关注 NMT 的人提供了非常丰富的序列到序列学习指导，资料位于 https://www.tensorflow.org/tutorials/seq2seq。

## 10.8.1　数据介绍

我们使用 https://nlp.stanford.edu/projects/nmt/ 上提供的英语 – 德语句子对。该数据集有大约 450 万个句子对可用。但是，由于计算可行性，我们将仅使用 250 000 个句子对。词汇表包括 50 000 最常用的英语单词和 50 000 个最常见的德语单词，词汇表中没有出现的单词会用特殊记号 <UNK> 来代替。这里列出了在数据集中的示例句子：

```
DE:  Das Großunternehmen sieht sich einfach die Produkte des kleinen
Unternehmens an und unterstellt so viele Patentverletzungen , wie es
nur geht .

EN:  The large corporation will look at the products of the small
company and bring up as many patent infringement assertions as
possible .

DE:  In der ordentlichen Sitzung am 22. September 2008 befasste
sich der Aufsichtsrat mit strategischen Themen aus den einzelnen
Geschäftsbereichen wie der Positionierung des Kassamarktes im
Wettbewerb mit außerbörslichen Handelsplattformen , den Innovationen
im Derivatesegment und verschiedenen Aktivitäten im Nachhandelsbereich
.

EN:  At the regular meeting on 22 September 2008 , the Supervisory
Board dealt with strategic issues from the various business areas ,
such as the positioning of the cash market in competition with OTC
trading platforms , innovation in the derivatives segment and various
post ##AT##-##AT## trading activities .
```

## 10.8.2　处理数据

按照练习文件中的说明下载训练数据（train.en 和 train.de）后，让我们看一下这些文件中的内容。train.en 文件包含英语句子，而 train.de 包含相应的德语句子。接下来，将从我们拥有的大型语料库中选择 250 000 个句子对作为数据。我们还将从训练数据中收集 100 个句子作为测试数据。最后，这两种语言的词汇表可以在 vocab.50K.en.txt 和 vocab.50K.de.txt 中找到。

然后，我们将按照本章前面介绍过的方法对这些数据进行预处理。对于词嵌入学习（如果单独执行）而言，反转句子是可选的，因为反转句子不会改变给定单词的上下文。我们将使用以下简单的标记化算法将句子标记为单词。基本上，将在各种标点符号之前引入空格，以便将它们标记为单个元素。然后，对于未在词汇表中发现的词，用一个特殊的标记 <UNK> 替换它。is_source 参数告诉我们是否正在处理源语句（is_source = True）或目标语句（is_source = False）：

```
def split_to_tokens(sent,is_source):
    '''
    This function takes in a sentence (source or target)
    and preprocess the sentency with various steps
    (e.g. removing punctuation)
    '''

    global src_unk_count, tgt_unk_count

    # Remove punctuation and new-line chars
    sent = sent.replace(',',' ,')
    sent = sent.replace('.',' .')
    sent = sent.replace('\n',' ')

    sent_toks = sent.split(' ')
    for t_i, tok in enumerate(sent_toks):
        if is_source:
            # src_dictionary contain the word ->
            # word ID mapping for source vocabulary
            if tok not in src_dictionary.keys():
                if not len(tok.strip())==0:
                    sent_toks[t_i] = '<unk>'
                    src_unk_count += 1
        else:
            # tgt_dictionary contain the word ->
            # word ID mapping for target vocabulary
            if tok not in tgt_dictionary.keys():
                if not len(tok.strip())==0:
                    sent_toks[t_i] = '<unk>'
                    # print(tok)
                    tgt_unk_count += 1
    return sent_toks
```

## 10.8.3　学习词嵌入

接下来，我们将继续学习词嵌入。为了学习嵌入词，我们将使用连续词袋（CBOW）模型。但是，欢迎你尝试其他嵌入学习方法，例如 GloVe。我们不会列出全部代码（可以在 word2vec.py 文件中找到），只在这里分享一些学习好的词嵌入：

德语词嵌入：

```
Nearest to In: in, Aus, An, Neben, Bei, Mit, Trotz, Auf,
Nearest to war: ist, hat, scheint, wäre, hatte, bin, waren, kam,
Nearest to so: verbreitet, eigentlich, ausserdem, ziemlich, Rad-,
zweierlei, wollten, ebenso,
Nearest to Schritte: Meter, Minuten, Gehminuten, Autominuten, km,
Kilometer, Fahrminuten, Steinwurf,
Nearest to Sicht: Aussicht, Ausblick, Blick, Kombination, Milde,
Erscheinung, Terroranschläge, Ebenen,
```

英语词嵌入：

```
Nearest to more: cheaper, less, easier, better, further, greater,
bigger, More,
Nearest to States: Kingdom, Nations, accross, attrition, Efex,
Republic, authoritative, Sorbonne,
Nearest to Italy: Spain, Poland, France, Switzerland, Madrid,
Portugal, Fuengirola, 51,
Nearest to island: shores, Principality, outskirts, islands, skyline,
ear, continuation, capital,
Nearest to 2004: 2005, 2001, 2003, 2007, 1996, 2006, 1999, 1995,
```

可以在训练机器翻译系统的同时学习嵌入。另一种方法是，使用预训练的词嵌入，我们将在本章后面讨论如何这样做。

### 10.8.4　定义编码器和解码器

我们将使用两个相互独立的 LSTM 作为编码器和解码器。首先，定义超参数：

- batch_size：设置批次大小时，必须非常小心。NMT 在运行时可以占用相当多的内存。
- num_nodes：LSTM 中隐藏单元的数量，较大的 num_nodes 超参数将导致更好的性能和更高的计算成本。
- enc_num_unrollings：它被设置为源句子中的单词数，它是进行单次计算时 LSTM 展开整个句子的长度。enc_num_unrollings 越高，模型的性能越好，但是会降低算法速度。
- dec_num_unrollings：它被设置为目标句子中的单词数。更高的 dec_num_unrollings 也将带来更好的性能，但是计算成本很高。
- embedding_size：这是我们学习的向量的维度。对于现实中使用词向量的大多数问题，嵌入大小为 100 ～ 300 就足够了。

下面的代码定义了这些超参数：

```python
# We set the input size by loading the saved word embeddings
# and getting the column size
tgt_emb_mat = np.load('en-embeddings.npy')
input_size = tgt_emb_mat.shape[1]

num_nodes = 128
batch_size = 10

# We unroll the full length at one go
# both source and target sentences
enc_num_unrollings = 40
dec_num_unrollings = 60
```

 **提示**　如果批次大小较大（在标准笔记本电脑上超过 20），则可能会遇到如下问题："Resource exhausted: OOM when allocating tensor with ..."，在这种情况下，你应该减小批次大小并重新运行代码。

接下来，定义 LSTM 和 softmax 层的权重和偏置。我们将使用编码器和解码器变量作用域来使变量的命名更直观。这是标准的 LSTM 单元，我们不会重复定义权重。

然后，我们将定义 4 个 TensorFlow 占位符用于训练：

- enc_train_inputs：这是 enc_num_unrollings 占位符的列表，其中每个占位符的大小为 [batch_size，input_size]。它用于将一批源语言句子馈送给编码器。
- dec_train_inputs：这是 dec_num_unrollings 占位符的列表，其中每个占位符的大小为 [batch_size，input_size]。它用于馈送相应批次的目标语言句子。
- dec_train_labels：这是 dec_num_unrollings 占位符的列表，其中每个占位符的大小为 [batch_size，vocabulary_size]。它包含 dec_train_inputs 中偏移 1 后的单词。因此，dec_train_inputs 和 dec_train_labels 中具有相同列表索引的两个占位符分别为第 i 个单词和第 i + 1 个单词。
- dec_train_masks：与 dec_train_inputs 的大小相同，用于屏蔽具有 </s> 标签的任何元素，使之不进入损失计算中。这个处理很重要，因为有许多数据点带 </s> 标记，该标记用于将句子填充到固定长度：

```
for ui in range(dec_num_unrollings):
    dec_train_inputs.append(tf.placeholder(tf.float32,
        shape=[batch_size,input_size],
        name='dec_train_inputs_%d'%ui))
    dec_train_labels.append(tf.placeholder(tf.float32,
        shape=[batch_size,vocabulary_size],
        name = 'dec_train_labels_%d'%ui))
    dec_train_masks.append(tf.placeholder(tf.float32,
        shape=[batch_size,1],
        name='dec_train_masks_%d'%ui))

for ui in range(enc_num_unrollings):
    enc_train_inputs.append(tf.placeholder(tf.float32,
        shape=[batch_size,input_size],
        name='train_inputs_%d'%ui))
```

> 提示　为初始化 LSTM 单元和 softmax 层的权重，我们将使用 Xavier 初始化方法，该方法由 Glorot 和 Bengio 于 2010 年在他们的论文 "Understanding the difficulty oftraining deep feedforward neural networks"（Proceedings of the 13thInternational Conference on Artificial Intelligence and Statistics，2010）中引入。这是一种原则化的初始化技术，旨在缓解较深网络中的梯度消失问题。这可以通过 TensorFlow 中提供的 tf.contrib.layers.xavier_initializer（）变量初始化器获得。具体来说，在 Xavier 初始化中，神经网络的第 j 层的权重根据均匀分布 U [a,b] 进行初始化，其中 a 是最小值，b 是最大值：
>
> $$W \sim U\left[-\frac{\sqrt{6}}{\sqrt{n_j + n_{j+1}}}, \frac{\sqrt{6}}{\sqrt{n_j + n_{j+1}}}\right]$$
>
> 这里，$n_j$ 是第 j 层的大小。

## 10.8.5 定义端到端输出计算

这里，通过定义的变量和输入/输出占位符，我们将继续定义从编码器到解码器的输出计算以及损失函数。

对于输出，我们将首先计算给定批次的句子中所有单词的 LSTM 单元状态和隐藏状态。这是通过运行 for 循环来实现的，其中，在第 $i$ 次迭代中，我们输入 enc_train_inputs 中的第 $i$ 个占位符，以及第 $i-1$ 次迭代中的单元状态和输出隐藏状态。enc_lstm_cell 函数的工作方式与我们在第 8 章和第 9 章中看到的 lstm_cell 函数类似：

```
# Update the output and state of the encoder iteratively
for i in enc_train_inputs:
    output, state = enc_lstm_cell(i, output,state)
```

接下来，类似地计算整个目标句子的解码器的输出。但是，为了实现它，我们应该完成上面代码片段中的计算，这样我们就可以获得 $v$ 来初始化解码器状态，这是通过 tf.control_dependencies（...）语句来实现的。因此，with 语句中的嵌套命令仅在编码器输出被全部计算完成后执行：

```
# With the computations of the enc_lstm_cell done,
# calculate the output and state of the decoder
with tf.control_dependencies([saved_output.assign(output),
                              saved_state.assign(state)]):
    # Calculate the decoder state and output iteratively
    for i in dec_train_inputs:
        output, state = dec_lstm_cell(i, output, state)
        outputs.append(output)
```

然后，在计算解码器输出之后，我们将使用 LSTM 的隐藏状态作为该层的输入来计算 softmax 层的 logit。

```
# Calculate the logits of the decoder for all unrolled steps
logits = tf.matmul(tf.concat(axis=0, values=outputs), w) + b
```

现在，通过所计算的 logit，我们可以计算损失。请注意，我们使用掩码来屏蔽掉对损失不相关的元素（即我们附加的 </s> 元素，它们使得句子具有固定长度）：

```
loss_batch = tf.concat(axis=0,values=dec_train_masks)*
             tf.nn.softmax_cross_entropy_with_logits_v2(
                 logits=logits, labels=tf.concat(axis=0,
                 values=dec_train_labels))
loss = tf.reduce_mean(loss_batch)
```

此后，与前几章的内容不同，我们将使用两个优化器：Adam 和标准随机梯度下降。这是因为长时间使用 Adam 会给出了不理想的结果（例如，BLEU 评分突然大幅波动），我们还使用梯度剪裁来避免任何梯度爆炸。

```
# We use two optimizers: Adam and naive SGD
# using Adam in the long run produced undesirable results
# (e.g.) sudden fluctuations in BLEU
```

```
# Therefore we use Adam to get a good starting point for optimizing
# and then switch to SGD from that point onwards
with tf.variable_scope('Adam'):
    optimizer = tf.train.AdamOptimizer(learning_rate)
with tf.variable_scope('SGD'):
    sgd_optimizer = tf.train.GradientDescentOptimizer(sgd_learning_
rate)

# Calculates gradients with clipping for Adam
gradients, v = zip(*optimizer.compute_gradients(loss))
gradients, _ = tf.clip_by_global_norm(gradients, 5.0)
optimize = optimizer.apply_gradients(zip(gradients, v))
# Calculates gradients with clipping for SGD
sgd_gradients, v = zip(*sgd_optimizer.compute_gradients(loss))
sgd_gradients, _ = tf.clip_by_global_norm(sgd_gradients, 5.0)
sgd_optimize = optimizer.apply_gradients(zip(sgd_gradients, v))
```

我们将使用以下语句通过确保所有可训练变量的梯度都存在来确保梯度正确地从解码器流向编码器。

```
for (g_i,v_i) in zip(gradients,v):
    assert g_i is not None, 'Gradient none for %s'%(v_i.name)
```

请注意，与之前的练习相比，运行 NMT 会慢得多，而在单个 GPU 上运行 NMT 可能需要超过 12 个小时才能完成。

## 10.8.6 翻译结果

以下是在 10 000 步后获得的结果：

**DE: &#124; Ferienwohnungen 1 Zi &#124; Ferienhäuser &#124; Landhäuser &#124; Autovermietung &#124; Last Minute Angebote ! !**

EN (TRUE):&#124; 1 Bedroom Apts &#124; Holiday houses &#124; Rural Homes &#124; Car Rental &#124; Last Minute Offers !

EN (Predicted): Casino Tropez &#124; Club &#124; Club &#124; Aparthotels Hotels &#124; Club &#124; Last Minute Offers &#124; Last Minute Offers &#124; Last Minute Offers &#124; Last Minute Offers &#124; Last Minute Offers ! </s>

**DE: Wie hilfreich finden Sie die Demo ##AT##-##AT## CD ?**

EN (TRUE): How helpful do you find the demo CD ##AT##-##AT## ROM ?

EN (Predicted): How to install the new version of XLSTAT ? </s>

**DE: Das „ Ladino di Fassa " ist jedoch mehr als ein Dialekt - es ist eine richtige Sprache .**

EN (TRUE):This is Ladin from Fassa which is more than a dialect : it is a language in its own right .

```
EN (Predicted): The <unk> <unk> <unk> <unk> <unk> <unk> <unk> <unk>
<unk> <unk> <unk> <unk> <unk> <unk> <unk> <unk> <unk> <unk> <unk>
<unk> <unk> <unk> <unk> <unk> <unk> <unk> <unk> <unk> <unk> <unk>
<unk> <unk> <unk> <unk> <unk> <unk> <unk> <unk> <unk> <unk> <unk>
<unk> <unk> <unk> <unk> <unk> <unk> <unk> <unk> <unk> <unk> <unk>
<unk> <unk> <unk> <unk> <unk> <unk> <unk>
```

**DE: In der Hotelbeschreibung im Internet müßte die Zufahrt beschrieben werden .**

EN (TRUE): There are no adverse comments about this hotel at all .

EN (Predicted): The <unk> <unk> is a bit of the <unk> <unk> . </s>

我们可以看到第一句话的翻译效果非常好。但是，第二句翻译效果很差。
下面是在 100 000 步后获得的结果：

**DE: Das Hotel Opera befindet sich in der Nähe des Royal Theatre , Kongens Nytorv , ' Stroget ' und Nyhavn .**

EN (TRUE): Hotel Opera is situated near The Royal Theatre , Kongens Nytorv , " Strøget " and fascinating Nyhavn .

EN (Predicted): Best Western Hotel <unk> <unk> , <unk> , <unk> ,
<unk> , <unk> , <unk> , <unk> , <unk> , <unk> , <unk> , <unk> , <unk>
, <unk> , <unk> , <unk> , <unk> , <unk> , <unk> , <unk> , <unk> ,
<unk> , <unk> , <unk> , <unk> , <unk> , <unk> , <unk> , <unk> ,

**DE:  Alle älteren Kinder oder Erwachsene zahlen EUR 32,00 pro Übernachtung und Person für Zustellbetten .**

EN (TRUE):All older children or adults are charged EUR 32.00 per night and person for extra beds .

EN (Predicted): All older children or adults are charged EUR 15 <unk>
per night and person for extra beds . </s>

**DE:  Im Allgemeinen basieren sie auf Datenbanken , Templates und Skripts .**

EN (TRUE):In general they are based on databases , template and scripts .

EN (Predicted): The user is the most important software of the software . </s>

**DE: Tux Racer wird Ihnen helfen , die Zeit totzuschlagen und sie können OpenOffice zum Arbeiten verwenden .**
EN (TRUE): Tux Racer will help you pass the time while you wait , and you can use OpenOffice for work .

EN (Predicted): <unk> .com we have a very friendly and helpful staff . </s>

我们可以看到，即使翻译不完美，但它大多数情况下都能捕获源句的上下文，而且我们的 NMT 非常擅长生成语法正确的句子。

图 10.12 描绘了 NMT 随时间推移的 BLEU 得分。随着时间的推移，训练和测试数据集的 BLEU 得分有明显提升。

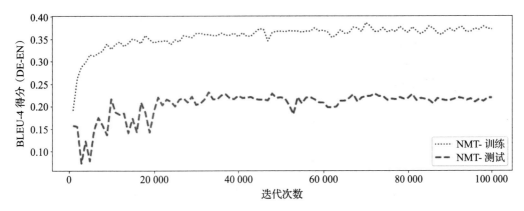

图 10.12　NMT 随时间的 BLEU 得分

## 10.9　结合词嵌入训练 NMT

在这里，我们将讨论如何结合词嵌入一起训练 NMT。在本节中将介绍两个概念：

- 结合词嵌入层训练 NMT
- 使用预训练的嵌入而不是随机初始化嵌入层

有几个多语言词嵌入库可用：

- Facebook 的 fastText：https://github.com/facebookresearch/fastText/blob/master/pretrained-vectors.md
- CMU 多语言嵌入：http://www.cs.cmu.edu/~afm/projects/multilingual_embeddings.html

在这些库中，我们将使用 CMU 的词嵌入（大约 200MB），因为与 fastText（大约 5GB）相比它要小得多。首先需要下载德语（multilingual_embeddings.de）和英语（multilingual_embeddings.en）嵌入。这些文件可以在 ch10 文件夹中的 nmt_with_pretrained_wordvecs.ipynb 内获取，并作为练习使用。

### 10.9.1　最大化数据集词汇表和预训练词嵌入之间的匹配

首先，我们必须获得与要解决的问题相关的预训练词嵌入的子集。这很重要，因为预训练词嵌入的词汇表可能很大，并且可能包含许多在数据集词汇表中找不到的单词。预训练的词嵌入是行的集合，其中每一行是一个单词和由空格分隔的词向量。预训练词嵌入的示例行可能如下所示：

```
door 0.283259492301 0.198089365764 0.335635845187 -0.385702777914
0.491404970211 …
```

实现这一目标的一种明显且简单的方法是逐行扫描预训练数据集词汇表，如果当前行中的单词与数据集词汇表中的任何单词匹配，则保存该词嵌入供将来使用。然而，这种方法非常低效，因为通常词汇表往往偏向于作者的个性化决策。例如，有些人可能认为 cat's、cat 和 Cat 是同一个单词，而其他人可能认为它们是独立的单词。如果我们简单地将预训练的词嵌入词汇表与数据集词汇表进行匹配，可能会错过很多单词。因此，我们将使用以下逻辑来确保从预训练的词向量中获得最大的收益。

首先，我们将定义两个 NumPy 数组来保存源语言和目标语言相关的词嵌入：

```
de_embeddings = np.random.uniform(size=(vocabulary_size, embeddings_
size),low=-1.0, high=1.0)
en_embeddings = np.random.uniform(size=(vocabulary_size, embeddings_
size),low=-1.0, high=1.0)
```

然后，我们将打开包含词向量的文本文件，如下所示。filename 参数针对德语的取值为 multilingual_embeddings.de，针对英语的取值为 miltilingual_embeddings.en。

```
with open(filename,'r',encoding='utf-8') as f:
```

接下来，我们将用以空格分割行的方式来分隔词和词向量：

```
line_tokens = line.split(' ')
lword = line_tokens[0]
vector = [float(v) for v in line_tokens[1:]]
```

如果单词为空（也就是说，只有空格、制表符或换行符），则忽略它：

```
if len(lword.strip())==0:
    continue
```

我们还将删除单词中出现的任何重音（特别是在德语单词中），以确保尽最大可能实现匹配：

```
lword = unidecode.unidecode(lword)
```

此后，我们将使用以下逻辑来检查是否存在匹配，我们将编写一组串联条件来检查源语言和目标语言是否匹配：

1. 首先检查来自预训练词嵌入（lword）的单词是否原样存在于数据集词汇表中。

2. 如果没有，则检查第一个字母是否大写（即 cat 变为 Cat），变换后看能否在数据集词汇表中找到。

3. 如果没有，则通过从数据集词汇表单词中删除特殊字符（例如，重音符号），检查来自预训练嵌入（lword）的单词是否与任何单词结果相似。

如果满足上述某个条件，则会获得该词嵌入向量，并将它分配到以该单词的 ID 为索引的行，然后将（单词→ID）映射对应两种语言分别存储在 src_dictionary 和 tgt_dictionary 中。我们将对这两种语言都执行此操作：

```
# Update the randomly initialized
# matrix for the embeddings
# Update the number of words
# matched with pretrained embeddings
try:
    dword = dictionary[lword]
    words_found_ids.append(dictionary[lword])
    embeddings[dictionary[lword],:] = vector
    words_found += 1


# If a given word is not found in our vocabulary,
except KeyError:
    try:
        # First try to match the same
        # with first letter capitalized
        # capitalized
        if len(lword)>0:
            firt_letter_cap = lword[0].upper()+lword[1:]

        else:
            continue


        # Update the word embeddings matrix
        dword = dictionary[firt_letter_cap]
        words_found_ids.append(dictionary[
                               firt_letter_cap])
        embeddings[dictionary[firt_letter_cap],:] = vector
        words_found += 1

    except KeyError:
        # If not found try to match the word with
        # the unaccented word
        try:
            dword = unaccented_dict[lword]
            words_found_ids.append(dictionary[lword])
            embeddings[dictionary[lword],:] = vector
            words_found += 1
        except KeyError:

            continue
```

## 10.9.2   将嵌入层定义为 TensorFlow 变量

我们将为嵌入层定义两个可训练的 TensorFlow 变量（即 tgt_word_embeddings 和 src_word_embeddings），如下所示：

```
tgt_word_embeddings = tf.get_variable(
    'target_embeddings',shape=[vocabulary_size,
        embeddings_size],
    dtype=tf.float32, initializer = tf.constant_initializer(
```

```
        en_embeddings)
)
src_word_embeddings = tf.get_variable(
    'source_embeddings',shape=[vocabulary_size,
        embeddings_size],
    dtype=tf.float32, initializer = tf.constant_initializer(
        de_embeddings)
)
```

然后，我们先把 dec_train_inputs 和 enc_train_inputs 中占位符的维度变更为 [batch_size]，数据类型变更为 tf.int32。这样，我们就可以使用它们为每个展开的输入执行嵌入查找（tf.nn.embedding_lookup（...）），如下所示：

```
# Defining unrolled training inputs as well as embedding lookup
(Encoder)
for ui in range(enc_num_unrollings):
    enc_train_inputs.append(tf.placeholder(tf.int32,
                            shape=[batch_size],
                            name='train_inputs_%d'%ui))
    enc_train_input_embeds.append(tf.nn.embedding_lookup(
                            src_word_embeddings,
                            enc_train_inputs[ui]))

# Defining unrolled training inputs, embeddings,
# outputs, and masks (Decoder)
for ui in range(dec_num_unrollings):    dec_train_inputs.append(tf.
placeholder(tf.int32,
                            shape=[batch_size],
                            name='dec_train_inputs_%d'%ui))
    dec_train_input_embeds.append(tf.nn.embedding_lookup(
                            tgt_word_embeddings,
                            dec_train_inputs[ui]))
    dec_train_labels.append(tf.placeholder(tf.float32,
                            shape=[batch_size,vocabulary_size],
                            name = 'dec_train_labels_%d'%ui))
    dec_train_masks.append(tf.placeholder(tf.float32,
                            shape=[batch_size,1],
                            name='dec_train_masks_%d'%ui))
```

然后，编码器和解码器的 LSTM 单元计算将按此处所示发生变化。在这部分中，首先使用源句输入来计算编码器 LSTM 单元输出。接下来，使用来自编码器的最终状态信息作为解码器的初始化状态（即使用 tf.control_dependencies（...）），来计算解码器输出以及 softmax logit 和预测值：

```
# Update the output and state of the encoder iteratively
for i in enc_train_inputs:
    output, state = enc_lstm_cell(i, output,state)


print('Calculating Decoder Output')
```

```
# With the computations of the enc_lstm_cell done,
# calculate the output and state of the decoder
with tf.control_dependencies([saved_output.assign(output),
                               saved_state.assign(state)]):
    # Calculate the decoder state and output iteratively
    for i in dec_train_inputs:
        output, state = dec_lstm_cell(i, output, state)
        outputs.append(output)
```

请注意，练习文件的输出计算与此处略有不同，即不以先前的预测作为输入，而是以真实的单词作为输入。这常常能比输入先前预测实现更好的性能，我们将在下一节中详细讨论它。但总的思想仍然是一样的。

最后的步骤包括计算解码器的损失和定义优化器来优化模型参数，如前所述。

最后，我们描绘了实现 NMT 的计算图，在这里，我们用计算图对模型进行可视化。

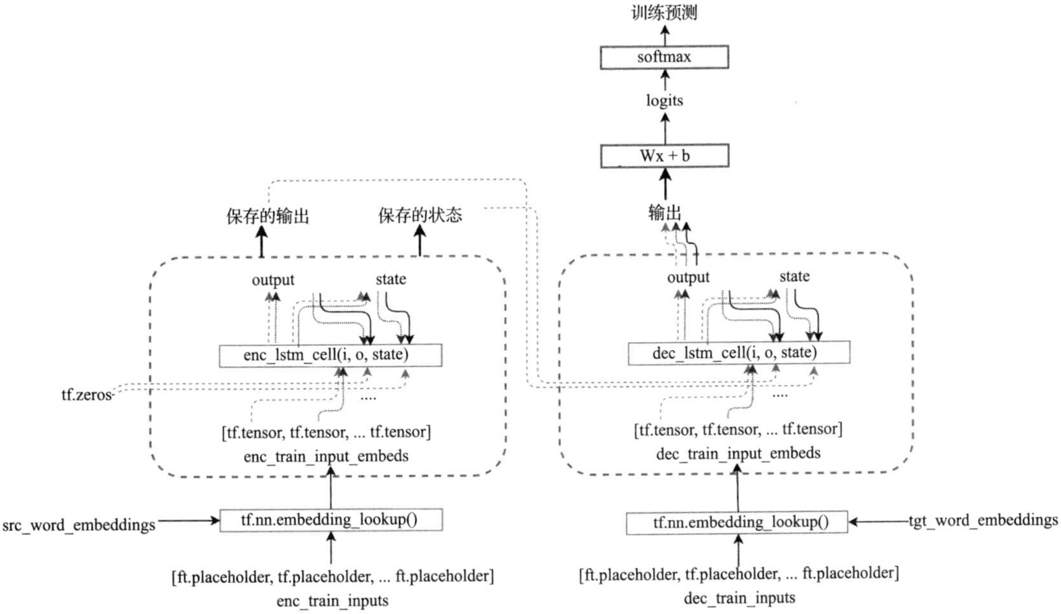

图 10.13　使用预训练词嵌入的 NMT 系统的计算图

## 10.10　改进 NMT

从前面的结果可以看出，我们的翻译模型表现不理想。这些结果是通过在单个 NVIDIA 1080 Ti GPU 上执行优化超过 12 小时获得的。还需要注意，这甚至不是完整的数据集，只使用了 250 000 个句子对进行训练。但是，如果你在使用 Google 神经机器翻译（GNMT）系统的 Google 翻译中输入内容，得到的翻译总是看起来非常真实，只有少数错误。因此，了解我们如何改进模型以便产生更好的翻译结果非常重要。在本节中，我们将讨论几种改进

NMT 的方法，如教师强迫、深度 LSTM 和注意力机制。

### 10.10.1 教师强迫

正如我们在 NMT 训练部分讨论的那样，我们采取以下步骤来训练 NMT：

- 首先，输入完整的编码器句子以获得编码器的最终状态输出。
- 然后，将编码器的最终状态设置为解码器的初始状态。
- 还要求解码器在除了编码器的最后一个状态输出之外没有任何附加信息的情况下，预测完整的目标句子。

对于翻译模型任务来说，这可能太困难了，我们通过如下现象来理解。比如说，老师要求幼儿园的学生在只给出第一个单词的情况下完成以下句子：

*I ___ ___ ___ ___ ___ ___*

这意味着孩子需要选择一个主语、谓语和宾语，还要知道语言的语法，并理解语言的语法规则等。因此，儿童产生错误句子的倾向很高。

但是，如果我们要求孩子逐字逐句地完成，他们可能会更好地生成一个句子。换句话说，我们要求孩子在下面给出下一个单词：

*I ___*

然后，我们要求他们填空：

*I like ___*

并以同样的方式继续：

*I like to ___, I like to fly ___, I like to fly kites ___*

通过这种方式，孩子可以更好地完成正确而有意义的句子。这种现象被称为教师强迫。我们可以采用相同的方法来减轻翻译任务的难度，如图 10.14 所示。

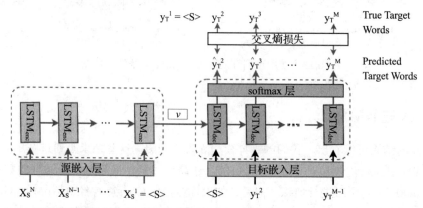

图 10.14 教师强制机制。输入中较暗的箭头表示新引入的到解码器的输入连接，右侧图显示解码器 LSTM 单元如何变化

如图中粗体文字所示，解码器的输入已被训练数据中的真实目标单词替换。因此，对于给定的源句子，NMT 解码器不再需要承担预测整个目标句子的负担。相反，解码器只需要在给定前一个单词的情况下正确地预测当前单词。值得注意的是，在前面的讨论中，我们讨论的训练过程都没有任何关于教师强制细节。但是，我们实际上在本章的所有练习中都使用了教师强迫。

## 10.10.2 深度 LSTM

我们可以做的一个明显改进是将 LSTM 堆叠在一起来增加层数，从而创建一个深度 LSTM（见图 10.15）。例如，Google NMT 系统使用八个相互堆叠的 LSTM 层（"Google's Neural Machine Translation System: Bridging the Gap between Human andMachine Translation" 作者是 Wu 和其他人，Technical Report (2016)）。虽然这会损害计算效率，但是拥有更多层可以极大地提高神经网络学习两种语言的语法和其他语言特性的能力。

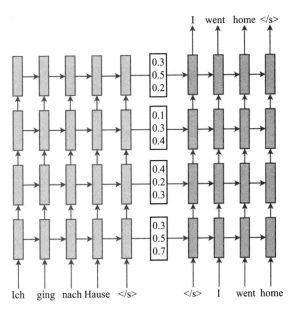

## 10.11 注意力

注意力是机器翻译的关键突破点之一，它使得 NMT 系统能更好地工作。注意力允许解码器访问编码器完整的状态历史，从而在翻译时能为源语句生成更丰富的表征。在深入研究注意力机制的细节之前，

图 10.15 深度 LSTM 的图示

让我们先来了解当前 NMT 系统中的一个关键瓶颈点，以及注意力机制在处理它后的收益。

## 10.11.1 突破上下文向量瓶颈

正如你可能已经猜到的，这个瓶颈是位于编码器和解码器之间的上下文向量，或者称为想法向量（参见图 10.16）。

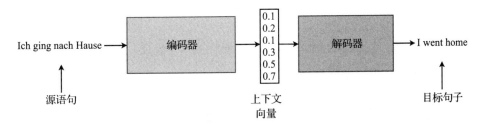

图 10.16 编码器 - 解码器架构

要理解为什么这里是一个瓶颈，让我们想象翻译下面的英语句子：

*I went to the flower market to buy some flowers*

翻译为以下内容：

*Ich ging zum Blumenmarkt, um Blumen zu kaufen*

如果我们要将其压缩为固定长度的向量，则生成的向量需要包含以下内容：

- 有关主语的信息（I）
- 有关谓语的信息（buy 和 went）
- 有关宾语的信息（flowers 和 flower market）
- 句子中主语、谓语和宾语之间的相互关系

通常，上下文向量元素大小为 128 或 256。这对系统来说是不切实际并且极其困难的要求。因此，大多数情况下，上下文向量无法提供进行良好翻译所需的完整信息。这会导致解码器表现不佳，翻译句子的效果不理想。

此外，在解码期间，仅在开始时观察上下文向量。此后，解码器 LSTM 必须记住上下文向量直到翻译结束。虽然 LSTM 擅长长期记忆，但实际上作用是有限的。这将严重影响翻译结果，尤其是针对长句。

这正是注意力派上用场的地方。利用注意力机制，解码器将在每个解码时间步访问编码器的完整状态历史，这将允许解码器获取源句的非常丰富的表征。此外，注意力机制的 softmax 层允许解码器计算过去观测到的编码器状态的加权平均值，这将用作解码器的上下文向量。该机制能让解码器在不同的解码步骤中对不同的单词给予不同分量的关注。

## 10.11.2 注意力机制细节

现在，让我们详细研究一下注意力机制的实际实现。我们将使用论文中详细介绍的注意力机制："Neural Machine Translationby Learning to Jointly Align and Translate"（作者是 Bahdanau、Cho 和 Bengio，arXiv:1409.0473(2014)）。为了与论文保持一致，我们将使用以下符号：

- 编码器的隐藏状态：$h_i$
- 目标句子单词：$y_i$
- 解码器的隐藏状态：$s_i$
- 上下文向量：$c_i$

到目前为止，解码器 LSTM 由输入 $y_i$ 和隐藏状态 $s_{i-1}$ 组成。我们将忽略单元状态，因为这是 LSTM 的内部组件。这可以表示为：

$$LSTM_{dec} = f(y_i, s_{i-1})$$

这里，$f$ 表示用于计算 $y_{i+1}$ 和 $s_i$ 的更新规则。基于注意力机制，我们为第 $i$ 个解码步骤引入一个新的依赖时间的上下文向量 $c_i$。$c_i$ 向量是所有展开的编码器步骤的隐藏状态的加权

平均值。如果第 $j$ 个单词对于翻译目标语言中的第 $i$ 个单词更重要，则给予编码器的第 $j$ 个隐藏状态更高的权重。现在解码器 LSTM 变为：

$$LSTM_{dec} = f(y_i, s_{i-1}, c_i)$$

从概念上讲，注意力机制可以被视为一个独立的层，如图 10.17 所示。在该图中，注意力函数作为一层。注意力层负责为解码过程的第 $i$ 个时间步产生 $c_i$：

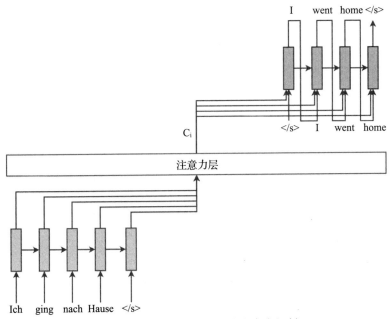

图 10.17   NMT 中概念上的注意力机制

让我们来看一下如何计算 $c_i$：

$$c_i = \sum_{j=1}^{L} \alpha_{ij} h_j$$

这里，$L$ 是源句子中的单词数，$\alpha_{ij}$ 是归一化权重，用于表示第 $j$ 个编码器隐藏状态对于计算第 $i$ 个解码器预测的重要度。这要使用 softmax 层进行计算。$L$ 是编码器句子的长度：

$$\alpha_{ij} = \frac{exp(e_{ij})}{\sum_{k=1}^{L} exp(e_{ik})}$$

这里，$e_{ij}$ 表示能量或重要度，用于度量编码器的第 $j$ 个隐藏状态和先前解码器状态 $s_{i-1}$ 对计算 $s_i$ 的贡献大小：

$$e_{ij} = v_a^T tanh(W_a s_{i-1} + U_a h_j)$$

实质上，这意味着 $e_{ij}$ 通过多层感知器来计算，而感知器权重为 $v_a$、$W_a$ 和 $U_a$，而 $s_{i-1}$ 和 $h_j$ 是网络的输入。注意力机制如图 10.18 所示。

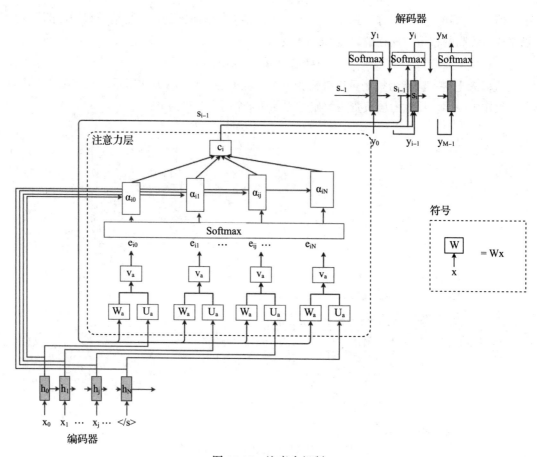

图 10.18　注意力机制

#### 10.11.2.1　实现注意力机制

在这里，我们将讨论如何实现注意力机制，系统的几个主要变化如下：

- 引入更多参数（即权重）(用于计算注意力并将注意力用作解码器 LSTM 单元的输入）
- 引入与注意力计算相关的新函数（即 attn_layer）
- 改变解码器 LSTM 单元计算，以便将所有编码器 LSTM 单元输出的注意力加权和作为输入

相比于标准的 NMT 模型，我们将仅讨论额外引入的变化。你可以在 neural_machine_translation_attention.ipynb 文件中找到完整的注意力 NMT 练习代码。

#### 10.11.2.2　定义权重

为了实现注意力机制，将引入三组新的权重。所有这些权重都用于计算我们之前讨论过的能量项（即 $e_{ij}$)：

```
W_a = tf.Variable(tf.truncated_normal([num_nodes,num_nodes],
    stddev=0.05),name='W_a')
```

```
U_a = tf.Variable(tf.truncated_normal([num_nodes,num_nodes],
    stddev=0.05),name='U_a')
v_a = tf.Variable(tf.truncated_normal([num_nodes,1],
    stddev=0.05),name='v_a')
```

此外，我们将定义一组新的权重，用于将 $c_i$ 作为解码器展开的第 $i$ 步的输入：

```
dec_ic = tf.get_variable('ic',shape=[num_nodes, num_nodes],
    initializer = tf.contrib.layers.xavier_initializer())
dec_fc = tf.get_variable('fc',shape=[num_nodes, num_nodes],
    initializer = tf.contrib.layers.xavier_initializer())
dec_cc = tf.get_variable('cc',shape=[num_nodes, num_nodes],
    initializer = tf.contrib.layers.xavier_initializer())
dec_oc = tf.get_variable('oc',shape=[num_nodes, num_nodes],
    initializer = tf.contrib.layers.xavier_initializer())
```

### 10.11.2.3　注意力计算

为了计算编码器和解码器的每个位置的注意力值，我们将定义函数 attn_layer（...）。对于解码器的单个展开步骤，该方法计算编码器的所有位置（即 num_enc_unrollings）的注意力。attn_layer（...）方法有两个输入参数：

```
attn_layer(h_j_unrolled, s_i_minus_1)
```

参数说明如下：

- h_i_unrolled：这是将源语句输入编码器时所计算的 num_enc_unrolling 编码器 LSTM 单元输出。它是一个 num_enc_unrolling 张量的列表，每个张量的大小为 [batch_size, num_nodes]。
- s_i_minus_1：这是前一个解码器的 LSTM 单元输出。它是一个大小为 [batch_size, num_nodes] 的张量。

首先，我们创建一个单独的张量，其中包含大小为 [num_enc_unrollings * batch_size, num_nodes] 并被展开的编码器输出的列表：

```
enc_logits = tf.concat(axis=0,values=h_j_unrolled)
```

然后，我们将通过以下操作计算 $W_a s_{i-1}$：

```
# of size [enc_num_unroll x batch_size, num_nodes]
w_a_mul_s_i_minus_1 = tf.matmul(enc_outputs,W_a)
```

接下来，我们将计算 $U_a h_j$：

```
    # of size [enc_num_unroll x batch_size, num_nodes]
    u_a_mul_h_j = tf.matmul(tf.tile(s_i_minus_1,[enc_num_
unrollings,1]), U_a)
```

现在，我们将通过 $e_{ij} = v_a^T tanh(W_a s_{i-1} + U_a h_i)$ 来计算能量值。这是一个大小为 [enc_num_unroll * batch_size, 1] 的张量：

```
e_j = tf.matmul(tf.nn.tanh(w_a_mul_s_i_minus_1 +
    u_a_mul_h_j),v_a)
```

现在，可以首先使用 tf.split(...) 将大的 e_j 分解为 enc_num_unrolling 长的张量列表，其中每个张量的大小为 [batch_size, 1]。此后，我们沿轴 1 连接此列表，以生成大小为 [batch_size, enc_num_unrollings] 的张量（即 reshaped_e_j）。因此，reshaped_e_j 的每一行将对应于编码器的展开时间步的所有位置的注意力值：

```
# list of enc_num_unroll elements, each
# element [batch_size, 1]
batched_e_j = tf.split(axis=0,
    num_or_size_splits=enc_num_unrollings,value=e_j)
# of size [batch_size, enc_num_unroll]
reshaped_e_j = tf.concat(axis=1,values=batched_e_j)
```

现在，我们可以很容易计算 reshaped_e_j 被归一化后的注意力值，这些值将跨展开的时间步（reshaped_e_j 的轴 1）进行归一化：

```
# of size [batch_size, enc_num_unroll]
alpha_i = tf.nn.softmax(reshaped_e_j)
```

然后，将 alpha_i 分解为 enc_num_unroll 个张量组成的列表，每个张量的大小为 [batch_size, 1]：

```
alpha_i_list = tf.unstack(alpha_i,axis=1)
```

之后，我们将计算每个编码器输出（即 h_j_unrolled）的加权和，并将其赋值给解码器 LSTM 单元的 c_i，c_i 将被用作展开的第 i 个时间步的输入。

```
    c_i_list = [tf.reshape(alpha_i_list[e_i],
        [-1,1])*h_j_unrolled[e_i] for e_i in range(enc_num_
unrollings)]
    c_i = tf.add_n(c_i_list) # of size [batch_size, num_nodes]
```

然后，为了将 c_i 作为解码器 LSTM 单元展开的第 i 步的输入，解码器 LSTM 单元计算代码变化如下：

```
# Definition of the cell computation (Decoder)
def dec_lstm_cell(i, o, state, c):
    """Create a LSTM cell"""
    input_gate = tf.sigmoid(tf.matmul(i, dec_ix) + tf.matmul(o, dec_
im) +
                tf.matmul(c, dec_ic) + dec_ib)
    forget_gate = tf.sigmoid(tf.matmul(i, dec_fx) + tf.matmul(o, dec_
fm) +
                tf.matmul(c, dec_fc) + dec_fb)
    update = tf.matmul(i, dec_cx) + tf.matmul(o, dec_cm) +
            tf.matmul(c, dec_cc) +dec_cb
    state = forget_gate * state + input_gate * tf.tanh(update)
    output_gate = tf.sigmoid(tf.matmul(i, dec_ox) + tf.matmul(o, dec_
om) +
                tf.matmul(o, dec_oc) + dec_ob)
    return output_gate * tf.tanh(state), state
```

## 10.11.3　注意力 NMT 的翻译结果

这里是训练 10 000 步得到的结果：

DE:　&#124; Ferienwohnungen 1 Zi &#124; Ferienhäuser &#124; Landhäuser &#124; Autovermietung &#124; Last Minute Angebote ! !

EN (TRUE):&#124; 1 Bedroom Apts &#124; Holiday houses &#124; Rural Homes &#124; Car Rental &#124; Last Minute Offers !

EN (Predicted): &#124; Apartments &#124; Hostels &#124; Hostels &#124; Last Minute Offers ! </s>

DE: Wie hilfreich finden Sie die Demo ##AT##-##AT## CD ?

EN (TRUE): How helpful do you find the demo CD ##AT##-##AT## ROM ?

EN (Predicted): How can you find the XLSTAT ##AT##-##AT## MX ? </s>

DE:　Das „ Ladino di Fassa " ist jedoch mehr als ein Dialekt - es ist eine richtige Sprache .

EN (TRUE):This is Ladin from Fassa which is more than a dialect : it is a language in its own right .

EN (Predicted): The <unk> " is a very important role in the world . </s>

DE: In der Hotelbeschreibung im Internet müßte die Zufahrt beschrieben werden .

EN (TRUE): There are no adverse comments about this hotel at all .

EN (Predicted): The <unk> <unk> is the <unk> of the Internet . </s>

与我们之前观测到的结果类似，注意力 NMT 擅长翻译某些句子，但在翻译其他句子时效果很差。

这些是训练 100 000 步得到的结果：

DE: Das Hotel Opera befindet sich in der Nähe des Royal Theatre , Kongens Nytorv , ' Stroget ' und Nyhavn .

EN (TRUE): Hotel Opera is situated near The Royal Theatre , Kongens Nytorv , " Støget " and fascinating Nyhavn .

EN (Predicted): Best Western Hotel <unk> <unk> , <unk> , <unk> , <unk> , <unk> , <unk> , <unk> , <unk> , <unk> , <unk> , <unk> , <unk> , <unk> , <unk> , <unk> , <unk> , <unk> , <unk> , <unk> , <unk> ,

DE:　Alle älteren Kinder oder Erwachsene zahlen EUR 32,00 pro Übernachtung und Person für Zustellbetten .

EN (TRUE):All older children or adults are charged EUR 32.00 per night and person for extra beds .

```
EN (Predicted): All older children or adults are charged EUR 15 <unk>
per night and person for extra beds . </s>
```

**DE:  Im Allgemeinen basieren sie auf Datenbanken , Templates und
Skripts .**

```
EN (TRUE):In general they are based on databases , template and
scripts .
```

```
EN (Predicted): The user is the most important software of the
software . </s>
```

**DE: Tux Racer wird Ihnen helfen , die Zeit totzuschlagen und sie
können OpenOffice zum Arbeiten verwenden .**

```
EN (TRUE): Tux Racer will help you pass the time while you wait ,
and you can use OpenOffice for work .
```

```
EN (Predicted): <unk> .com we have a very friendly and helpful
staff . </s>
```

为了便于比较，我们使用了用于评估标准 NMT 的同一组测试句子。可以看到，与标准 NMT 相比，注意力模型的 NMT 产生了更好的翻译。但由于我们使用数量有限的数据，因此，仍有可能导致某些翻译错误。

图 10.19 比较了基于注意力 NMT 和 NMT 随时间推移的 BLEU 评分。我们可以清楚地看到，基于注意力的 NMT 在训练和测试数据中都给出了更好的 BLEU 得分。

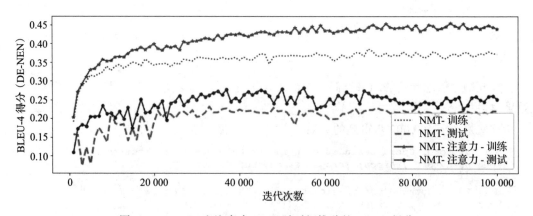

图 10.19   NMT 和注意力 NMT 随时间推移的 BLEU 得分

## 10.11.4   源句子和目标句子注意力可视化

在图 10.20 中，我们可以看到对于几个源句到翻译目标的配对，给定的目标词的不同源单词的注意力值的可视化外观。如果你还记得，在计算注意力时，我们得到了解码器给定位置的 enc_num_unrollings 个注意力值。因此，如果连接解码器中所有位置的全部注意力向量，就可以创建注意力矩阵。

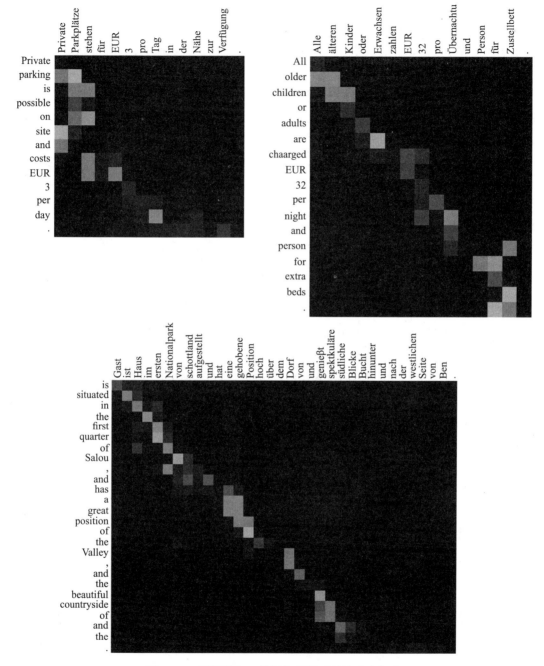

图 10.20  不同源句 – 目标句翻译对的注意力矩阵

在注意力矩阵中，我们把目标单词作为行，把源单词作为列。如果某些行和列的值较高（颜色较亮），则表示在预测该行中的目标单词时，解码器主要关注该列给定的源单词。

例如，可以看到目标句子中的 Hotel 与源语句中的 Hotel 高度相关。

对 NMT 的讨论到了尾声。我们讨论了 NMT 中使用的基本的编码器 – 解码器架构，并讨论了如何评估 NMT 系统。然后，讨论了几种改进 NMT 系统的方法，如教师强迫、深度 LSTM 和注意力机制。

重要的一点是要理解 NMT 在现实世界中的各种应用。其中，一个明显的应用是在许多国家 / 地区有分支机构的国际企业。在这些企业中，来自不同国家的员工需要更高效的沟通方式，而不能让语言沟通成为障碍。因此，对于一个企业而言，自动将电子邮件从一种语言翻译成另一种语言非常有用。接下来，在制造业中，MT 可用于为产品生成多语言产品描述或用户手册。然后，专家可以做很少的处理以确保翻译准确。最后，MT 可以用来完成日常任务，例如多语种翻译。比如说，用户的母语不是英语，需要搜索他们不知道如何用英语完整描述的内容。在这种场景下，用户可以编写一个多语言搜索查询语句，然后，MT 系统可以将其翻译成其他语言，并在互联网上搜索与用户的搜索请求相匹配的资源。

## 10.12　序列到序列模型的其他应用：聊天机器人

序列到序列模型的另一个广泛应用场景是创建聊天机器人，聊天机器人是一种能够与人进行真实对话的计算机程序，这种程序对于拥有庞大客户群的公司非常有用。已有明确答案的基本问题占了客户支持请求的很大比例，当聊天机器人能够找到这类答案时，就可以为客户提供基本的支持。此外，如果聊天机器人无法回答客户咨询的问题，则请求将被转交给人类工作人员。聊天机器人可以代替人类工作人员去回答基本问题，从而让他们专注于处理更困难的任务。

### 10.12.1　训练聊天机器人

那么，如何使用序列到序列模型来训练聊天机器人呢？答案很简单，因为我们已经学习了机器翻译模型。唯一的区别是源语句和目标语句对的构建。

在 NMT 系统中，句子对包括源句子及其在目标语言中对应的翻译。但是，在训练聊天机器人时，数据来源是两个人之间的对话。源句子是第一个人发出的句子 / 短语，目标句子是第二个人对第一个人的答复。这里有一个例子。例子中的数据包括两个人关于电影的对话，该内容可在以下地址找到：https://www.cs.cornell.edu/~cristian/Cornell_Movie-Dialogs_Corpus.html。

*BIANCA: They do not!*

*CAMERON: They do to!*

*BIANCA: I hope so.*

*CAMERON: She okay?*

*BIANCA: Let's go.*

*CAMERON: Wow*

*BIANCA: Okay -- you're gonna need to learn how to lie.*

*CAMERON: No*

*BIANCA: I'm kidding. You know how sometimes you just become this "persona"? And you don't know how to quit?*

*BIANCA: Like my fear of wearing pastels?*

*CAMERON: The "real you".*

下面是用于训练对话聊天机器人的其他几个数据集的链接：

- Reddit 评论数据集：https://www.reddit.com/r/datasets/comments/3bxlg7/i_have_every_publicly_available_reddit_comment/
- Maluuba 对话数据集：https://datasets.maluuba.com/Frames
- Ubuntu 对话语料库：http://dataset.cs.mcgill.ca/ubuntu- corpus-1.0/
- NIPS 会话智能挑战：http://convai.io/
- Microsoft 研究院的社交媒体文本语料库：https://tinyurl.com/y7ha9rc5

图 10.21 显示聊天机器人系统与 NMT 系统的相似性。例如，我们使用由两个人之间的对话组成的数据集来训练聊天机器人。编码器接收由一个人说的句子 / 短语作为输入，训练解码器去预测另一个人的回答。以这种方式训练之后，就可以使用聊天机器人来回答给定问题。

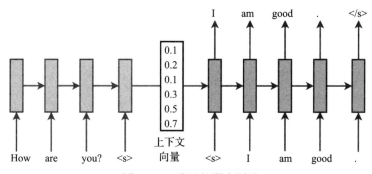

图 10.21　聊天机器人图示

## 10.12.2　评估聊天机器人：图灵测试

图灵测试由阿兰·图灵在 20 世纪 50 年代发明，作为衡量机器智能的一种方式。实验的设定非常适合评估聊天机器人，实验设定如下：

测试需要涉及三方：一个评估者（一个人）（A）、另一人（B）和一台机器（C）。三者在三个不同的房间，所以彼此看不见。唯一的通信媒介是文本，某一方可以键入计算机文本，接收方可以在其计算机上看到该文本。评估者与人和机器同时进行通信，在会话结束时，评估者需要将机器与人类区分开来。如果评估者无法区分，则称该机器已通过图灵测试。此设定如图 10.22 所示。

## 10.13　总结

在本章中，我们详细讨论了 NMT 系统。机器翻译是将给定的文本语料库从源语言翻译成目标语言的任务。首先，我们简要介绍了机器翻译的历史，以便对机器翻译内容产生兴趣，我们看到，当今性能最高的机器翻译系统实际上是 NMT 系统。接下来，我们讨论了这些系统的基本概念并将模型分解为嵌入层、编码器、上下文向量和解码器。我们首先介绍嵌入层

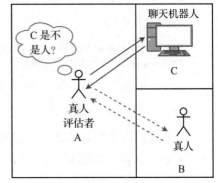

图 10.22　图灵测试

的好处，因为与独热编码向量相比，它可以提供单词的语义表示。然后，我们介绍了编码器的目标，即学习一个良好表征源句的固定维度向量，在学习了固定维度的上下文向量以后，就用它来初始化解码器。解码器负责产生源句的真实翻译。然后，我们介绍了 NMT 系统中的训练和推理是如何工作的。

之后，我们探究了如何实现一个将句子从德语翻译成英语的 NMT 系统，以理解 NMT 系统的内部机制。在这里，我们先使用基本 TensorFlow 操作来实现 NMT 系统，因为与使用 TensorFlow 中的现成库（如 seq2seq）相比，这可以使我们能够通过逐步执行来深入了解系统。然后，我们了解到上下文向量会导致系统出现瓶颈，因为系统被迫把源语句中的所有知识嵌入到固定维度（相对较小）的向量中，由于系统表现不佳，我们继续学习一种能避免这种瓶颈的技术：注意力机制。注意机制允许解码器在每个解码步骤观测编码器的完整状态历史，而不是仅仅依赖于用于学习翻译的固定维度向量，从而允许解码器形成丰富的上下文向量，我们看到这种技术使 NMT 系统的性能表现更好。

最后，我们介绍了序列到序列学习的另一种流行应用：聊天机器人。聊天机器人是机器学习应用程序，它能够与人类进行真实的对话甚至回答问题。我们发现 NMT 系统和聊天机器人的工作机制类似，只是训练数据有差异。我们还讨论了图灵测试，这是一个定性测试，可用于评估聊天机器人。在下一章中，我们将讨论 NLP 的未来发展趋势。

CHAPTER 11

第 11 章

# 自然语言处理的现状与未来

在本章中，我们将讨论 NLP 的最新趋势以及未来的发展方向。在第一节，我们将讨论 NLP 的最新趋势。对现有模型进行改进是最新趋势的关键点，这包括提高现有模型的效果（例如，词嵌入和机器翻译系统）。

本章的其余部分将介绍在 NLP 领域新出现的技术点。我们将通过该学科的一些独特的启发性论文，针对五个不同的分支展开讨论。首先，我们将看到 NLP 如何应用在其他研究领域，如计算机视觉和强化学习。接下来，我们将介绍在 NLP 中通过通用人工智能（AGI）实现的一些新尝试，其方法是训练单个模型去执行几个 NLP 任务。我们还将研究 NLP 领域中出现的一些新任务，例如检测讽刺和语言基础。然后，我们将看到 NLP 如何应用在社交媒体中，特别是挖掘社交媒体以获取信息。最后，我们将学习最近出现的一些时间序列学习模型，比如阶段 LSTM。例如，阶段 LSTM 在识别很长一段时间内发生的特定事件时效果要好得多。

总而言之，我们将讨论最新的 NLP 趋势，然后是新涌现的最重要的创新：

- NLP 当前趋势
- NLP 对其他领域的渗透
- NLP 在 AGI 方面的进展
- 出现的新颖 NLP 任务
- 社交媒体的 NLP 应用
- 更好的时间序列模型

---

提示　本章中，有关 NLP 当前趋势和新方向的大部分材料均基于该领域内的学术论文。我们引用了所有主要来源，以致敬作者并为进一步阅读提供资源。文本引用包含一个括号内的数字，该数字与本章末尾的参考文献部分中的编号相对应。

---

## 11.1　NLP 现状

在本节中，我们将讨论 NLP 的当前发展趋势。这些趋势来自于 2012 年至 2018 年初进行的 NLP 研究。首先，让我们谈谈词嵌入的现状。词嵌入是一个至关重要的主题，因为我们已经看到，很多依赖于词嵌入的有趣的任务效果良好。然后，我们将看一下 NMT 的重要进展。

## 11.1.1　词嵌入

随着时间的推移，出现了很多词嵌入的变体。随着 NLP 中高质量词嵌入（请参考 "Distributed representations of words and phrasesand their compositionality"，作者是 Mikolov 和其他人[1]）的开始，NLP 开始复兴，很多人对在各种 NLP 任务（例如，情感分析、机器翻译和问答）中使用词嵌入感兴趣。此外，已经有很多用于改进词嵌入的尝试能够产生更佳的词嵌入。我们将介绍 4 个词嵌入模型：区域嵌入、概率词嵌入、元嵌入和主题嵌入。

### 11.1.1.1　区域嵌入

tv 嵌入（双视图嵌入的简称）发表于 Rie Johnson 和张潼的论文（Semi-supervised Convolutional Neural Networks forText Categorization via Region Embedding[2]）。这种方法与词嵌入不同，是区域嵌入，它将文本区域嵌入固定维度的向量中。举例来说，不同于词嵌入对每个单词（例如 cat）设一个向量，tv 嵌入则对短语做嵌入（例如，the cat sat on a mat）。如果一个嵌入保留了从另一个视图（即上下文单词或上下文区域）预测视图（即单词或区域）所需的信息，则该嵌入称为双视图嵌入。

**输入表示**

现在，让我们详细来看看这种方法。双视图嵌入系统如图 11.1 所示。首先，找到词区域的数字表示。以下面短语为例：

*very good drama*

可表示为：

*very good drama | very good drama | very good drama*

　1　0　0　|　0　1　0　|　0　0　1

这称为序列独热编码向量，也可以表示为：

*very good drama*

　1　1　1

这称为词袋（Bag-of-Words，BOW）表示。可以看到 BOW 表示更紧凑，而且不会随着短语大小而增长。但请注意，这种表示会丢失上下文信息。还请注意，BOW 是我们用来表示单词或文本短语的特征表示，与我们在第 3 章中讨论的 CBOW 词嵌入学习算法无关。

**区域嵌入学习**

学习区域嵌入的方式与学习词嵌入相同。我们以包含文本区域的内容作为输入，并让模型预测目标上下文区域。例如，我们对短语使用大小为 3 的区域：

*very good drama I enjoyed it*

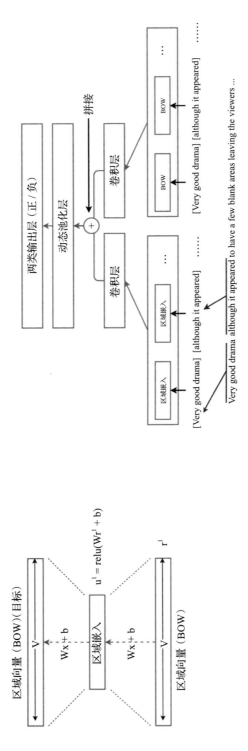

图 11.1　学习区域嵌入并使用区域嵌入进行情感分析

然后，使用如下内容作为输入：

*very good drama*

输出（目标）如下内容：

*I enjoyed it*

作为练习，我们将看看学习到的区域嵌入是否有助于改善情感分析任务。为此，我们将使用 http://ai.stanford.edu/~amaas/data/sentiment/ 上的数据集，这是一个包含 IMDB 电影评论的文本语料库。我们将首先通过训练嵌入层来学习有用的区域嵌入，以便为给定的输入文本区域正确地预测上下文区域。然后，我们将使用这些嵌入作为情感分析网络的附加输入。代码可以在 ch11 文件夹中的 tv_embeddings.ipynb 内获取并用于练习。

**实现区域嵌入**

在此例子中，我们将使用来自数据集的 400 个正样本和 400 个负样本作为训练数据，还将设置一个保留的验证集，其中包含大约 150 个正样本和 150 个负样本。我们对这个实现不做介绍，不讨论具体的细节。你可以参考练习文件以获取更多详细信息。

首先，为了学习区域嵌入，我们将定义一组全连接的权重和偏置：

```
w1 = tf.get_variable('w1', shape=[vocabulary_size,500],
    initializer = tf.contrib.layers.xavier_initializer_conv2d())
b1 = tf.get_variable('b1',shape=[500],
    initializer = tf.random_normal_initializer(stddev=0.05))
```

接下来，使用权重和偏置来计算线性单元纠正后的隐藏值，纠正的线性单元是在神经网络中使用的一种非线性特征。

```
h = tf.nn.relu(
    tf.matmul(train_dataset,w1) + b1
)
```

然后，我们将定义另一组权重和偏置作为顶部回归层。对于给定的文本区域，顶层用于预测上下文区域的 BOW 表示：

```
w = tf.get_variable('linear_w', shape=[500, vocabulary_size],
    initializer= tf.contrib.layers.xavier_initializer())
b = tf.get_variable('linear_b', shape=[vocabulary_size],
    initializer= tf.random_normal_initializer(stddev=0.05))
```

接下来，计算最终输出：

```
out =tf.matmul(h,w)+b
```

现在来定义损失，损失是所预测的上下文区域 BOW 和真实的上下文 BOW 之间的均方误差。我们将使用 train_mask 来掩盖一些不存在的单词（在实际的 BOW 表示中为 0），类似于我们在第 3 章中讨论的负采样方法。

```
loss = tf.reduce_mean(tf.reduce_sum(train_mask*(
    out - train_labels)**2,axis=1))
```

最后，使用优化器来优化已经定义的损失：

```
optimizer = tf.train.AdamOptimizer(
            learning_rate = 0.0005).minimize(loss)
```

然后，我们将使用学习好的嵌入作为附加输入对文本进行分类，如图 11.1 所示。为此，我们要将在给定评论中找到的所有文本区域的区域嵌入按顺序连接起来。我们将对 BOW 输入执行相同的操作。然后，对连接的向量（即区域嵌入和 BOW 向量）同时做卷积并连接卷积输出。接下来，把连接的卷积输出馈送给顶级分类层，由该层输出电影评论是正面还是负面。

### 分类准确性

当针对保留的验证数据集度量模型性能时，使用双视图嵌入的效果似乎好于不使用双视图嵌入的模型（见图 11.2），效果上的差异可通过采用诸如 dropout 正则化的技术或者更长时间来改进。因此，我们可以得出结论，与仅使用诸如 BOW 之类的简单表示相比，双视图嵌入实际上有助于提高文本分类任务的性能。

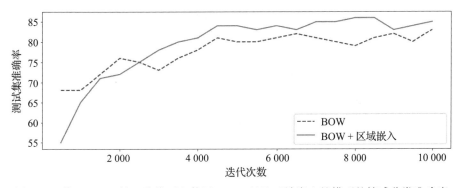

图 11.2　使用 BOW 输入的模型和使用 BOW 以及区域嵌入的模型的情感分类准确度

### 11.1.1.2　概率词嵌入

概率词嵌入模型是嵌入领域中的另一个新方向。在论文 "A Generative Word Embedding Model and Its Low Rank PositiveSemidefinite Solution[3]" 中，李少华及其其他人介绍了一种名为 PSDVec 的词嵌入技术，它产生的嵌入与在本书前面介绍的确定性单词向量模型（例如，skip-gram、CBOW、GloVe）不同，但信息量更大。PSDVecs 将为每个词嵌入提供嵌入分布，而不是精确的数字向量。例如，如果我们假设词向量的嵌入大小为 1，并且 GloVe 表示单词 dog 的单词向量为 0.5，则 PSDVec 将提供可能看起来如图 11.3 所示的所有可能值的分布。PSDVec 可能会说 dog 的嵌入值可能是有更高概率（例如，概率为 0.3）的取值 0.5，并且它可以有较低概率（例如，概率为 0.05）的取值 0.1：

概率模型比确定性模型（如 Word2vec）具有更

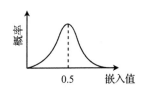

图 11.3　PSDVec 给出一维嵌入概率信息

丰富的解释性。为了学习词向量的这种概率分布，作者使用了一种称为"变分推理"的技术。在其工作中，他们学习了嵌入层以及用于捕获词之间噪声和非线性关系的残差层。作者表示，与标准的 Word2vec 和 GloVe 相比，PSDVec 在性能上更具有竞争力。

### 11.1.1.3　集成嵌入

在 Wenpeng Yin 和 HinrichSchütze 论文 "Learning Word Meta-Embeddings[4]" 中提出了一种学习元嵌入的方法，这是将几个公开嵌入集组合起来的一种集成嵌入模型。这种方法有两个好处：（1）增强性能，因为它们利用了多个词嵌入集成，（2）由于使用多个词嵌入集而拥有更高的词汇覆盖率。

### 11.1.1.4　主题嵌入

主题嵌入也引起了 NLP 社区的兴趣，它允许任何文档由一组主题（例如，信息技术、医学和娱乐）来表示，对于给定文档，我们将计算每个主题的权重，以表示文档与该主题的相关程度。举例来说，一篇关于将机器学习用于医疗健康的文档对于诸如信息技术和医学之类的主题将具有更高的权重，但是对于法律主题来说权重较低。

由 Yang Liu 及其他人撰写的论文 "Topical Word Embeddings[5]" 采用这种方法来学习词嵌入。主题词嵌入（TWE）学习多原型嵌入。多原型嵌入与标准词嵌入不同，因为它们根据所用词的上下文给出不同的嵌入值。举例来说，在信息技术（IT）的上下文中，Windows 这个词将提供与其在家庭上下文中不同的嵌入值。他们通过一个名为潜在狄利克雷分配（LDA）的过程来学习这些主题，这是一种用于主题建模的流行方法。作者在一个新闻组的多类文本分类任务中评估该方法，该新闻组包含各种主题，如 IT、医学和政治。TWE 优于其他主题建模方法，例如单独使用 BOW 和 LDA。

## 11.1.2　神经机器翻译

神经机器翻译（NMT）已经被广泛应用，许多公司和研究人员正在投资改进 NMT 系统。NMT 提供了当前最先进的翻译效果，这已经通过自主翻译系统得到证实。但是，这些系统仍然没有达到人类翻译能力。因此，人们正在为改进 NMT 系统付出很多努力。正如我们在第 10 章中讨论的那样，MT 在制造和商业等各个领域都具有潜力。另一个实时机器翻译的用例可以在旅游领域找到，游客可以在访问其他国家时（通过照片/语音/文本）获得各种语言的英语翻译。

### 11.1.2.1　改进注意力机制

我们已经谈到了注意机制，它消除了限制编码及解码器类型的 NMT 的性能瓶颈问题。基于注意力机制，解码器可以自由地在每个解码步骤查看完整的源句子。但是，改进并不止于此。论文 "Effective Approaches to Attention-based Neural Machine Translation[6]"（作者是 Minh-Thang Luong 和其他人）提出的一个改进输入馈送的方法。通过该方法，可以把之前的注意力向量作为输入提供给解码器的当前时间步。这个方法会使解码器知道之前的词对齐信息，这样做可以提升 MT 系统的性能。

由 Taiki Watanabe 等人撰写的 "CKY-based Convolutional Attention for Neural Machine Translation[7]" 论文引入了一种方法，该方法使用精密的卷积神经网络（CNN）来学习在源句中的注意位置。与多层感知器相比（多层感知器已用于原始的注意力机制），这有助于提升模型效果，因为 CNN 擅长捕获空间信息。

### 11.1.2.2 混合 MT 模型

正如我们通过在第 10 章中实现的 NMT 系统所看到的结果，预测通常包括 <UNK> 标记，该标记用于取代预测中出现的罕见词。但是，我们不希望出现这种情况。因此，应该通过一种方法用一些有意义的单词替换源语句和目标语句中的这些罕见单词。

但是，让词汇表包含某种语言的所有可能单词是不现实的，因为这会产生一个巨大的数据库。目前，牛津英语词典包含超过 150 000 个不同的单词。然而，加上世界上的动词、名称和对象的各种时态，庞大的数据会变得无法管理。

这正是混合模型派上用场的地方（见图 11.4）。在混合模型中，我们不使用 <UNK> 标记替换生僻单词。相反，把单词保留在句子中，当源句中出现罕见词时，我们将处理罕见词的任务交给字符级编码器。由于可能的字符是一个较小的集合，因此该方法可行。然后，字符级编码器的最后一个状态返回到基于词的机器翻译器，并继续正常处理该句子。而且，当解码器输出 <UNK> 标记时，对解码器执行同样的处理流程。该方法在 Minh-Thang Luong 的论文 "Neural Machine Translation[8]" 中有介绍，你可以在 https://github.com/lmthang/nmt.hybrid 获得混合 NMT 模型的实现代码。

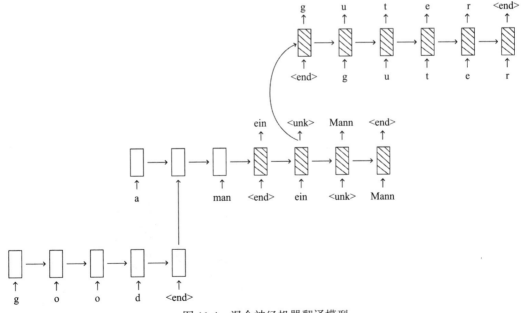

图 11.4 混合神经机器翻译模型

这里，为了清楚起见，我们将以伪代码的方式来展示混合 NMT 中使用的预测方法。

对于源句中的每个单词，执行如下所示的处理：

```
If word != <unk>
    encode the word with the word-based encoder
Else
    For each character in actual rare word
        Encode with the character-based encoder
    Return last hidden state of the char-based encoder as the input to
the word-based encoder, instead of the <unk> token
```

对于解码器预测的每个单词，预测如下：

```
If word != <unk>
    Decode with the word-based decoder
If word == <end>
    Stop prediction
Else
    Initialize the character level decoder with the word-based decoder
hidden state
    Output a sequence of characters using the character level decoder
until <end> is output
```

现在，让我们来看看一些将来会有前景的 NLP 方向。这些方向包括将 NLP 与其他已有的研究领域相结合，例如，强化学习和生成式对抗模型（GAN）。

## 11.2　其他领域的渗透

接下来，我们将讨论三个不同的领域，它们与 NLP 的结合产生了一些有趣的机器学习任务。我们将讨论三个具体领域：

- NLP 与计算机视觉
- NLP 与强化学习
- NLP 与生成对抗式网络

### 11.2.1　NLP 与计算机视觉结合

首先，我们将讨论两种应用场景，在这些应用场景中，NLP 与各种计算机视觉应用相结合以处理多模态数据（即图像和文本）。

#### 11.2.1.1　视觉问答（VQA）

VQA 是一个新兴的研究领域，其重点是为关于图像的文本问题生成答案，以图 11.5 的这些问题为例：

Q1：沙发是什么颜色？

Q2：有几把黑色椅子？

图 11.5　用于提出问题的图像

通过向系统提供此类问题信息，系统应输出以下内容（更好）：

答案 Q1：沙发的颜色是黑色

答案 Q2：房间里有两把黑色椅子

此类任务的学习模型与第 9 章中用于生成图像标题的体系结构非常相似。数据集将包括图像，以及与该图像对应的问题和答案。

训练过程如下：

1. 将图像输入 CNN（例如，ImageNet 上进行预训练）处理后得到上下文向量，作为图像的表达。

2. 创建序列数据，其格式为 ( 图像编码，<s>，问题，</s>，<s>，答案，</s>)，其中，<s> 表示开始，</s> 是一个特殊的标记，表示问题结束。

3. 使用该序列数据针对问题及其答案训练 LSTM。

预测期间，流程如下：

1. 将图像输入 CNN（例如，ImageNet 上进行预训练）处理后得到上下文向量，作为图像的表达。

2. 创建序列数据，其格式为 ( 图像编码，<s>，问题，</s>，<s>)。

3. 将序列数据输入 LSTM，并且一旦输入最后的 <s>，它会将最后预测的单词作为输入馈送到下一步，直到 LSTM 输出 </s>，以此来迭代地预测单词。新预测的单词将构成答案。

一个基于 CNN 和 LSTM 的早期模型成功地用于回答有关图像的问题，其论文 "Exploring Models and Data for Image QuestionAnswering[8]"（作者是 Mengye Ren 和其他人）提供了相关解释。另一种更先进的方法在以下论文提出："Hierarchical Question-Image Co-Attention for Visual Question Answering[9]"（作者是 Jiasen Luand 和其他人）。用 TensorFlow 编写的 VQA 系统代码可在以下地址获取："https://github.com/tensorflow/models/tree/master/research/qa_kg。该代码包含了下面论文描述的方法："Learning to Reason: End-to-End Module Networks for Visual Question Answering[10]"（作者是 Ronghang Hu 和其他人）。

用于训练和测试 VQA 模型的良好数据集（包括图像以及与每个图像对应的问题和答案）可在地址 http://www.visualqa.org/vqa_v1_download.html 中找到，其论文是 "VQA：Visual Question Answering[11]"（作者是 Stanislaw Antol 和其他人）。

## 11.2.1.2　注意力机制的图像标题生成

一篇名为 "show, Attend and Tell: Neural Image Caption Generation with VisualAttention[12]"（作者是 Kelvin Xu 和其他人）的论文介绍了一项有趣的研究，其关注点是通过学习基于图像中的位置来生成标题。论文的主要贡献是使用较低的卷积层作为图像的特征表示，这与标准的图像标题生成模型（使用 CNN 全连接层来提取特征向量）不同。然后，在卷积层的上面，它使用二维注意力层（类似于我们在第 10 章中使用的一维注意力层）来表示模型在生成单词时应该关注的图像部分。例如，给定一幅狗坐在地毯上的图像，当生成单词 dog 时，图像标题生成器可以更多地关注图像中狗的图像部分，而不是图像的其余部分。

## 11.2.2 强化学习

另一个 NLP 应用的研究领域是强化学习（RL）。几十年来，NLP 和 RL 之间没有任何交集，如何通过 RL 视角来表述并通过 RL 技术解决 NLP 问题是非常有趣的。让我们来快速了解 RL 是什么。在强化学习中，智能体与环境交互。智能体可以观察环境（完全或部分），环境以状态的形式反馈给智能体。然后，取决于反馈状态，智能体将执行从某个动作空间采样得到的动作。最后，在执行动作之后，将向智能体提供奖励。智能体的目标是使其积累的长期奖励最大化。

接下来，我们将讨论 RL 如何用于解决各种 NLP 任务。首先，我们将讨论如何使用 RL 来向几个智能体传授其用来与数据进行交流的"语言"。接下来，通过就用户未指定的信息提问，RL 将用于训练智能体以便更好地满足用户的需求。

### 11.2.2.1 教智能体使用自己的语言进行交流

在"Multi-agent cooperation and the emergence of (natural) language[13]"论文中，Angeliki Lazaridou 和其他人教几个智能体学习一种独特的交流语言，此过程通过从发送者和接收者组中选择两个智能体来完成。发送者被给予一对图像（其中一个图像是目标），并且发送者应该为接收者发送消息。该消息由固定词汇表中选择的符号组成，词汇表中符号间没有语义意义。接收者看到图像，但不知道目标图像，接收者应该从接收的消息中识别目标。最终目的是让智能体能为相似的图像激活相同的符号。如果接收者正确预测目标图像，则两个智能体将获得的奖励为 1；如果失败，奖励为 0，如图 11.6 所示。

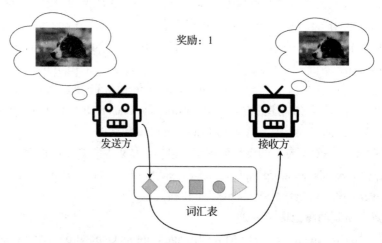

图 11.6 学习使用词汇表来进行图像交流的智能体，每次只提供单个图像。如果接收者正确识别图像，发送者和接收者都将获得正向的奖励

### 11.2.2.2 强化学习的对话系统

以下两篇论文使用 RL 来训练端到端的深度学习对话系统："Towards End-to-End Reinforcement Learning of Dialogue Agents for InformationAccess[14]"（作者是 Bhuwan Dhingra 和其他人）和"A Network-based End-to-End TrainableTask-oriented Dialogue System[15]"（作者

是 Tsung-Hsien Wen 和其他人）。对话系统以自然语言与人交谈，并试图完成由人发出的短语所暗示的任务。例如，人可能会问这个问题：

悉尼有哪些法国餐馆？

然后，代理应该将问题转换为系统所需的特征向量，这通过称为置信跟踪器可以的系统来实现。置信跟踪器可以将任意形式的自然语言请求映射到固定维度的特征向量，这也可以视为语义解析器。然后，使用特征向量查询结构化知识库以找到答案。

然而，可能存在棘手的情况，人在请求中仅提供一部分信息。例如，人可能会问以下问题：城里最好的餐馆是什么？然后系统可能会问：哪个城市？对此，人回答以下问题：悉尼。然后，系统可能会问：哪种菜？对此，人类回答：法国。

在得到完成请求所需的所有信息之后，系统将查询知识库并找到答案。奖励函数可以设计为在系统找到正确答案时给予正向奖励。这将激励智能体去询问能弥补用户请求的缺失信息所需的正确且相关的问题。

### 11.2.3　NLP 生成式对抗网络

生成模型是能够从一些观察到的样本分布中生成新样本的一系列模型。当使用 LSTM 生成文本时，我们已经看到过生成模型的示例。另一个例子是生成图像，即在手写数字上训练模型，然后让模型生成新的手写数字。为了生成图像，我们可以使用生成式对抗模型（GAN），这是一种流行的生成方法，GAN 如图 11.7 所示。

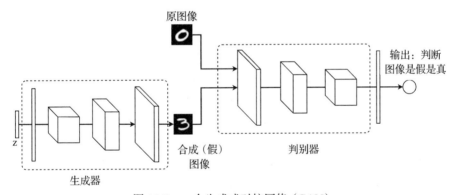

图 11.7　一个生成式对抗网络（GAN）

系统中有两个不同的组件：生成器和判别器。生成器的目标是生成看起来像真实图像的图像，判别器则试图正确地区分真实图像（例如，真正的手写图像）和伪图像（由生成器生成）。我们将为生成器提供一些噪声（即从正态分布产生的样本值），然后它会生成一个图像。生成器是逆向 CNN，它以向量作为输入并输出图像。这与标准 CNN 形成鲜明对比，CNN 以图像作为输入并输出预测向量。判别器试图区分真实图像和由生成器产生的图像。因此一开始，判别器很容易区分真和假。在以某种方式优化生成器后，可以使判别器更难以从真实的图像中识别出假图像。通过这个过程，生成器变得擅长生成看起来像真实图像的图像。

GAN 最初被设计成用于生成逼真的图像。然而，已经有过几次尝试使用 GAN 来产生句子。图 11.8 说明了使用 GAN 生成句子的常规方法。接下来，让我们来看一下这种方法的细节。

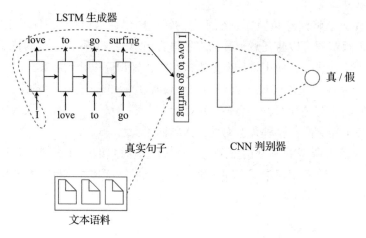

图 11.8　使用 LSTM 生成器和 CNN 判别器生成句子的理念

在 "Generating Text via Adversarial Training[16]" 论文中，Yizhe Zhang 和其他人使用修正的 GAN 来生成文本，他们的工作与之前讨论过的卷积 GAN 存在显著差异。首先，他们使用一个 LSTM 生成器从词汇表中取一些随机项作为输入，并生成一个任意长度的句子。接下来，判别器是 CNN，训练 CNN 的目标是将给定句子分类为两个类别之一（即假或真）。数据被馈送到 CNN 并进行训练，类似于我们在第 5 章中讨论的句子分类 CNN。一开始，CNN 非常擅长区分真实句子和假句子。随着时间的推移，LSTM 将被优化以产生越来越逼真的句子来欺骗分类器。

在 "SeqGAN: Sequence Generative Adversarial Nets with Policy Gradient[17]" 论文中，Lantao Yu 和其他人展示了使用生成模型生成文本的另一种方法。在这种情况下，生成器也是 LSTM 网络，判别器是 CNN 网络（例如，类似于 Zhang 和其他人撰写的 "Generating Text via Adversarial Training[16]" 论文中介绍的）。然而，不同的是，训练过程被看作强化学习问题。

状态是生成器当前生成的文本字符串，动作空间是从中选择单词的词汇表。继续该过程，直到为给定步骤生成全文。奖励仅在完整序列结束时获得，判别器的输出用作奖励，因此，如果判别器的输出接近 1（即判别器认为数据是实数），则为高奖励；如果输出接近 0，则为低奖励。然后，基于定义的奖励，作者以反向传播的方式使用策略梯度训练生成器。具体来讲，策略梯度对应由判别器产生的奖励来计算生成器中的参数（即权重）的梯度。SeqGAN 的 TensorFlow 实现可在以下地址获取：https://github.com/LantaoYu/SeqGAN。

## 11.3　走向通用人工智能

通用人工智能（AGI）使机器能够执行人可以做的认知或智力任务。这是一个与 AI 不同或比 AI 更困难的概念，因为 AGI 涉及实现智慧，而不是要求机器在给定必要数据的情况下执行任务。例如，假设我们将机器人置于一个新的环境中（比如，一个机器人从未访问过的房子）并要求它制作咖啡。如果它可以实际在房子中导航，然后找到咖啡器，并学习如何操作它，之后执行制作咖啡所需的一系列正确动作，最后将咖啡交给某人，那么我们就可以说机器人已经实现了 AGI。我们还远未实现 AGI，但正朝着这个方向迈出一步。此外，NLP 将在这方面发挥重要作用，因为人类互动的最自然方式是语音交流。

这里将讨论的论文是试图学习完成很多任务的单一模型。换句话说，单个端到端模型将能够进行图像分类、目标检测、语音识别、语言翻译等。我们可以将能够执行许多任务的机器学习模型视为迈向 AGI 的一步。

## 11.3.1 一个模型学习全部

在 "One Model To Learn Them All[18]" 论文中，Lukasz Kaiser 和其他人介绍了一个能够学习多任务的深度学习模型（例如，图像分类、图像标题生成、语言翻译和语音识别）。具体来说，这个模型（称为 MultiModel）由几个模块组成：若干个子网络、一个编码器、一个输入 / 输出混合器和一个解码器。

首先，MultiModel 包含多个子网络或模态网络。模态网络将属于某些特定模态（例如，图像）的输入转换为统一的表示形式。这样，具有不同模态的所有输入都可以由单个深度网络进行处理。请注意，模态网络不是特定于任务的，而只是特定于输入模态的。这意味着具有相同输入模态的若干任务将共享一个单独的模态网络。接下来，我们将列出编码器、输入 / 输出混合器和解码器所承担的角色。

编码器使用诸如卷积块、注意力块和混合专家块这样的计算模块来处理由模态网络产生的输入，我们稍后将介绍每个模块所实现的任务。

输入 / 输出混合器将编码的输入与先前观察到的输出进行组合（或混合），以产生经过编码的输出。该模块将输入和先前观察到的输出看作自回归模型。为了理解自回归模型是什么，请考虑以下情况，一个时间序列记为 $y = \{y_0, y_1, y_2, \cdots, y_{t-1}\}$。在其最简单的形式中，自回归模型将 $y_t$ 预测为 $y_{t-1}$ 的函数，即 $y_t = \beta_1 y_{t-1} + \beta_0 + \in$，其中，$\beta_0$ 和 $\beta_1$ 是可学习系数，$\in$ 代表 $y$ 中存在的噪声。但是，这可以泛化为任意数量的先前 $y$ 值，例如，$y_t = \beta_2 y_{t-2} + \beta_1 y_{t-1} + \beta_0 + \in$。这在多模型处理诸如语音和文本这样的多类型时间序列数据时是非常有用的。

解码器接收经过编码的输出和输入，并使用卷积块和注意力块以及专家块的混合产生经过解码的输出。我们将在这里介绍这些块：

- 卷积块：卷积块检测局部和空间模式，并将其转换为特征映射。
- 注意力块：注意力块在编码 / 解码时决定要在输入中关注什么。
- 混合专家块：混合专家块是一种以可忽略的额外计算成本来增加模型容量的方法。混合专家块是几个具有可训练（和可微分）门控机制的前馈网络（即专家）的集合，这些专家可以根据输入选择不同的网络。

虽然细节差异很大，但是，应该能够看到 MultiModel 与第 10 章中研究的 NMT 系统的有相似之处。它首先对输入进行编码，好比通过 NMT 编码器对源句进行编码。最后，MultiModel 解码并产生人类可读的输出，就像 NMT 解码器产生目标句子一样。

MultiModel 基于以下数据集进行训练，以执行各种任务，这些数据集在论文"One Model To Learn Them All"（作者是 Kaiser 和其他人）有介绍：

1. 华尔街日报（WSJ）语音语料库：WSJ 语音语料库是一个包含不同人（包括不同经验的记者）的话语（约 73 小时语音）的大型数据集，该数据集位于 https://catalog.ldc.upenn.edu/ldc93s6a。

2. ImageNet 数据集：ImageNet 数据集是我们在第 9 章中讨论过的图像数据集。它包含超过一百万个属于 1000 个不同类别的图像，该数据集可在 image-net.org/download 找到。

3. MS-COCO 图像标题数据集：MS-COCO 数据也在第 9 章中使用过，它包含图像和人工生成的图像描述，该数据集可在 http://cocodataset.org/#download 上找到。

4. 华尔街日报（WSJ）解析数据集：解析是在句子中识别名词、定语、动词、名词短语、动词短语等并构造该句子的解析树的过程。通过解析 WSJ 材料的语料库所构建的数据集可在 WSJ 解析数据集中找到，该数据集位于 https://catalog.ldc.upenn.edu/ldc99t42。

5. WMT 英语 – 德语翻译语料库：这是一个双语文本语料库，有英语句子和对应的德语翻译，与我们在第 10 章中使用的数据集类似，该数据集可在 http://www.statmt.org/wmt14/translation-task.html 找到。

6. 上面第 5 的反向数据集：这是德语 – 英语翻译。

7. WMT 英语 – 法语翻译语料库：这是一个双语文本语料库，具有英语句子和对应的法语翻译，类似于我们在第 10 章中使用的数据集，该数据集可在 http://www.statmt.org/wmt14/translation-task.html 找到。

8. 上面 7 的反向数据集：这是法语 – 英语的翻译。在"One Model ToLearn Them All"论文中，作者实际上说的是德语 – 法语，我们认为这是一个无心的错误，因为前面的语料库是带有法语翻译的英语。

在这些数据集上进行训练之后，模型有望以良好的准确度执行以下任务：

- 将语音转换为文本
- 为给定图像生成标题
- 识别给定图像中的对象
- 从英语翻译成德语或法语
- 为英语构建解析树

TensorFlow 实现位于 https://github.com/tensorflow tensor2tensor。

## 11.3.2　联合多任务模型：为多个 NLP 任务生成神经网络

在"A Joint Many-Task Model – Growing a Neural Network for Multiple NLP Tasks[19]"

论文中，Kazuma Hashimoto 和其他人在各种 NLP 任务上训练端到端模型。然而，该方法的构想与先前讨论的方法不同。在这种场景下，模型的较低层学习简单的任务，更高（或更深）层学习更高级的任务。为此，将用于训练所需的标签（例如，词性（POS）标签）提供给各级网络。这些任务按此顺序分为三类（即网络从低到高）：单词级别任务、语法任务和语义任务。以这种方式进行组织时，高层网络可以用完成简单任务的知识来完成更高级的任务（例如，句子依存识别可以受益于词性标签）。概念如图 11.9 所示。

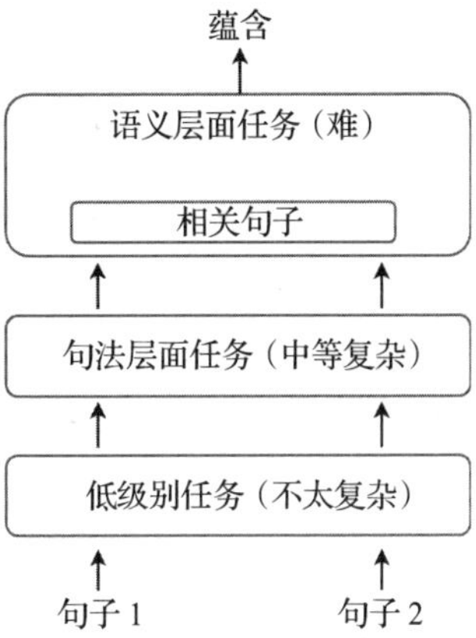

图 11.9　以自下而上的方式解决日益复杂的任务

### 11.3.2.1　第一层：基于词的任务

前两层执行单词级别任务。给定一个句子，第一层对句子中的每个单词进行词性（POS）标记。下一层执行分块，这是将标签再次分配给每个单词的过程。

### 11.3.2.2　第二层：句法任务

下一层对句子依存关系进行解析。依存解析是分析句子的语法结构并识别单词之间关系的任务。

### 11.3.2.3　第三层：语义级任务

下一层对句子的相关性信息进行编码。但是，需要在两个句子之间度量相关性。为了并行地处理两个句子，需要使用前面描述过的两个并行堆栈。因此，我们用两个不同的网络对两个句子的相关性进行编码。最后一层执行文本蕴涵。文本蕴涵是分析前提句（第二句）是否需要假设句（第一句）的任务。输出可以是蕴含、矛盾或中立。在这里，我们将列出正向 / 负向和中立文本蕴涵的例子：

- 正向：
  假设：多云的天空会下雨
  前提：如果天空多云，则会下雨
- 负向：
  假设：多云的天空不会下雨
  前提：如果天空多云，则会下雨
- 中立
  假设：多云的天空会下雨
  前提：如果天空多云，你的狗会吠叫

## 11.4　社交媒体 NLP

现在，我们将讨论 NLP 如何影响社交媒体挖掘。在这里，我们将讨论几篇论文中的研究成果。这些成果包括通过真相来检测谣言、情感检测、识别政客对言论的操纵。

### 11.4.1 社交媒体中的谣言检测

在论文 "Detect Rumors Using Time Series of Social Context Information on Microblogging Websites[20]" 中，Jing Ma 和其他人提出了一种检测微博中谣言的方法。谣言是是虚假的或者事实未得到证实的故事或陈述。在早期阶段，识别谣言对于防止向人们传递虚假 / 无效信息非常重要。在论文中，事件被定义为与该事件相关的一组微博。先抽取每个微博的时间敏感上下文特征，并根据微博发布时间进行时间分段。之后，使用动态序列时间结构（DSTS）来学习上下文特征的时间序列的"形状"。具体来讲，给定一系列时间上下文特征，DSTS 表示时间序列的形状，而形状具有随时间推移的特征向量组合（$f_0, f_1, f_2, \cdots, f_t$）和随时间变化的特征（$0, f_1 - f_0, f_2 - f_1, \cdots$）连续上下文间斜率的函数。这可以帮助识别谣言，因为这些模式对于谣言和非谣言的表现往往不同。例如，与非谣言事件相关的微博中的问号数量随着时间而下降，而对于谣言则不会。

### 11.4.2 社交媒体中的情绪检测

论文 "EmoNet: Fine-Grained Emotion Detection with Gated Recurrent Neural Networks[21]"（作者是 Muhammad Abdul-Mageed 和 Lyle Ungar）介绍了一种用于检测社交媒体帖子中情绪的方法（例如，推文）。在社交媒体帖子中检测情绪有着重要作用，因为情绪有助于确定一个人的身体和心理健康状况。检测情绪的能力能洞察客户的内心，这对企业很有价值。因此，正确挖掘社交媒体帖子中的情绪可以帮助父母知晓孩子的身心状态，也可以帮助企业成长。然而，由于情绪本身的争议性质，其数据量有限，因此自动化的情绪检测方法存在技术瓶颈。例如，当一个人说："我喜欢星期一"。这可能是一个讽刺的评论，表示工人的厌恶情绪。反之，由于星期一会举行每周一次的庆祝活动，这个人也可能是真正感到高兴。

作者使用 Plutchik 的情绪轮（见图 11.10）对情绪进行分类，最终分出 24 种不同的类别。然而，推文可能使用各种同义词来表示相同的事情（例如，快乐可以用高兴来表达，喜悦可以用激动来表达）。因此，作者使用谷歌的同义词和其他数据源，由此发现属于 24 个主要类别的 665 种不同的情感主题标签。

接下来，为了收集数据，他们浏览了并收集了大约 5 亿条推文，这些推文帖子可追溯到 2009 年。然后，对原始数据进行了预处理，主要是为了删除具有多种情绪的重复项和推文，最终得到大约 150 万条推文。最后，使用门控循环网络（即 GRU）对推文进行分类，并预测给定推文表达的情绪类别。

### 11.4.3 分析推特中的政治框架

社交媒体被广泛用作政治活动中各种任务的平台。在选举中，候选人大量利用推特宣传他们的议程，扩大他们的支持者基础，以及影响选举。这表明此类政治帖子对挖掘重要信息的重要性。识别政治框架是一项如此重要而艰巨的任务，政治框架是指精心操纵言论以控制公众的看法。

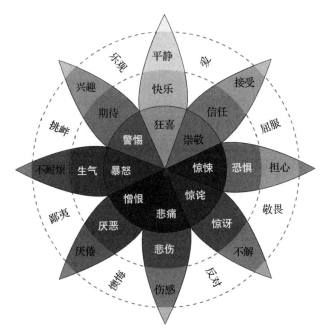

图 11.10　Plutchik 情绪轮

在 "Leveraging Behavioral and Social Information for Weakly Supervised Collective Classi-fication of Political Discourse on Twitter[22]" 论文中，克里斯汀约翰逊和其他人做了一个标记数据集，其中包含 40 名政客随机筛选的推文。首先，使用策略框架码本提取和标记推文来对推文进行标注。接下来，由于问题本身是动态的，使用弱监督模型来学习推文内容。弱监督模型旨在用有限的数据进行学习（与深度学习模型不同）。

## 11.5　涌现的新任务

现在，我们将研究最近出现的几个新领域。这些领域包括讽刺检测、语言基础（即从自然语言中引出常识的过程）和略读文本。

### 11.5.1　讽刺检测

讽刺是指一个人说出的话实际上意味着与其相反的东西（例如，"我喜欢星期一！"）。有时候，检测讽刺甚至对于人类来说也是困难的，而通过 NLP 来检测讽刺则是一项更加困难的任务。在论文 "Sarcasm SIGN: Interpreting Sarcasm with Sentiment Based Monolingual Machine Translation[23]" 中，Lotem Peled 和 Roi Reichart 使用 NLP 来检测 Twitter 帖子中的讽刺内容。首先，创建一个 3000 条推文对的数据集，其中，一条推文是讽刺性推文，另一条推文是破译的非讽刺推文。破译的推文是由五名人类评委创建的，他们查看了推文并解读了实际意义。然后，他们使用单语机器翻译机制来学习讽刺，这是一种我们在前面章节中讨论过的序列到序列模型，但在这里，我们提供讽刺和非讽刺的句子对，而不是一对属于两种不同语言的句子。

## 11.5.2 语言基础

语言基础是从自然语言中获得常识的任务。例如，当我们使用语言时，对于我们想要解释的对象和动作，通常会有一个强烈的实质性概念，这使我们能够得出与对象相关的各种结论，即使结论没有直接出现在句子中。但是，机器的情况有所不同，机器不能通过将自然语言与其代表的概念实体相关联来学习自然语言。但是，如果我们想要构建真正的AI，这是必不可少的部分。语言基础是实现这一特性的任务。例如，当我们说"汽车进入车库时"，它意味着车库比汽车大。然而，这一不一定能通过机器学习算法学习到，除非对学习这样的内容给予奖励。在论文 "VerbPhysics: Relative Physical Knowledge of Actions and Objects[24]" 中，Maxwell Forbes 和 Yejin Choi 提出了一种学习语言基础的方法。

在论文中，作者关注五种不同的属性或基础维度：尺寸、重量、强度、硬度和速度。最后，使用因子图模型来学习出现在对话中的对象的各种属性。因子图由两个子图组成，每个属性各有一个子图：对象子图和动词子图。

接下来，每个子图包含两种类型的节点：

- 对象对节点（在对象子图中找到的节点）：这些节点捕获两个对象属性的相对强度（例如，标记为

$$O_{(human,\ berry)}^{size}: probability\ of\ size\ (human) > size\ (berry))$$

- 动作帧节点（在动词子图中找到的节点）：这些节点捕获动词与属性的关系（即标记为 $F_{threw}^{size}$：对于句子 "$x$ threw $y$，概率为尺寸 $size\ (x) > size\ (y)$）。

然后，可以在两个对象对节点或动作帧节点之间创建链接（即二项因子），节点的链接取决于给定的节点对出现在类似上下文中可能性。例如，$O_{(human,\ ball)}^{size}$ 和 $O_{(human,\ stone)}^{size}$ 应该具有较高的二项因子，其中 $O_{(human,\ ball)}^{size}$ 和 $O_{(human,\ car)}^{size}$ 应该具有较低的二项因子。然后，通过从非结构化自然语言中学习，建立最关键的链接（即动作帧节点和对象对节点之间的链接）。

最后，基于这张图，如果我们需要知道 $weight\ (human)$ 和 $weight\ (ball)$ 之间的关系，我们就能推断 $F_{threw}^{weight}$ 和 $O_{(human,\ ball)}^{weight}$ 的链接强度。这是通过称为循环信念传递的方法来执行的。

## 11.5.3 使用 LSTM 略读文本

略读文本在许多 NLP 任务中起着重要作用。例如，如果 LSTM 需要回答一本书中的问题，则可能不应该阅读全文，而只阅读包含有助于回答问题的相关部分信息即可。另一种用途可能是文档检索，即需要从现有的大型文档库中获取包含一些文本的一组相关文档。在论文 "Learning to Skim Text[25]" 中，Adams Wei Yu 和其他人提出了一个名为 LSTM-Jump 的模型。

该模型有三个重要的超参数：

- $N$：允许跳跃的总次数
- $R$：两次跳转之间要读取的标记数
- $K$：允许的最大跳跃大小（在一步中）

接下来，构建 LSTM，其中具有 $K$ 个节点的 softmax 层在 LSTM 顶部。该 softmax 层决定在给定时间步进行跳跃的次数。softmax 层的这个函数有点类似于注意力机制。如果碰到以下某种情况，跳跃或略读将停止：

- 跳跃 softmax 采样为 0
- LSTM 到达文本末尾
- 跳跃次数超过 N

## 11.6 新兴的机器学习模型

现在，我们将讨论几种新的机器学习模型，这些模型的出现是为了解决当前模型（例如，标准 LSTM）的各种局限。其中一个模型是阶段 LSTM，它允许我们在学习过程中关注将来发生的非常具体的事件。另一个模型是扩张 RNN（DRNN），它提供了一种对输入中出现的复杂依赖关系建模的方法。与原始的迭代展开的 RNN 相比，DRNN 还能够并行计算展开的 RNN。

### 11.6.1 阶段 LSTM

当前，LSTM 网络在许多序列学习任务中表现出色。但是，它们不适合处理不规则的时序数据，例如事件驱动的传感器产生的数据。这主要是因为无论事件是否发生，LSTM 的单元状态和隐藏状态都会不断更新，该行为可能导致 LSTM 忽视可能很少或不定期发生的特殊事件。

阶段 LSTM 在 "Phased LSTM: Accelerating Recurrent NetworkTraining for Long or Eventbased Sequences[26]" 论文中，Daniel Neil 和其他人试图通过引入新的时间门来解决这个问题。仅在时间门开启时才允许更新单元状态和隐藏状态，因此，除非事件发生，否则时间门将被关闭，这会导致单元状态和隐藏状态保持不变。该行为有助于将信息保留更长时间，并关注已经发生的事件。图 11.11 说明了这个概念。

这种时间门的操作是通过新引入三个参数实现的：

- $\tau$：这个参数控制实时振荡周期

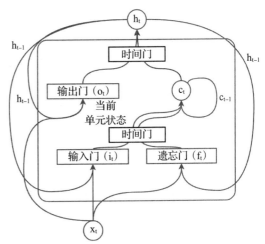

图 11.11 时间门的一般概念。仅当时间门打开时，才允许更新隐藏状态和单元状态

- $r_{on}$：这个参数控制门打开的持续时间
- $s$：这个参数控制门振荡的相位变化

这些变量可以与 LSTM 的其余参数一起学习。TensorFlow 已经发布了阶段 LSTM 的实现，可在以下地址找到：https://www.tensorflow.org/api_docs/python/tf/contrib/rnn/PhasedLSTMCell。

## 11.6.2　扩张 RNN（DRNN）

当前 RNN 在学习长期依赖关系方面存在一些限制，例如：
- 输入中存在复杂的依赖关系
- 梯度消失
- 有效的学习并行化

在"Dilated Recurrent Neural Networks[27]"论文中，Shiyu Chang 及其他人试图一次性解决上面这些限制。

DRNN 解决了学习复杂依赖关系的问题，主要解决办法是确保使给定状态连接到较旧的隐藏状态，而不仅仅是之前的隐藏状态，这种设计有助于更有效地学习长期依赖。

该架构解决了梯度消失的问题，因为一个隐藏状态会看见超出前一个隐藏状态的更早的过去，因此，很容易将梯度通过时间传递到更长的距离。

如果压缩 DRNN 架构，它能表示同时处理多个输入的标准 RNN。因此，重新设计后，与标准 RNN 相比，DRNN 允许更大规模的并行化。图 11.12 显示了 DRNN 与标准 RNN 的不同之处。有一个实现可以在 https://github.com/code-terminator/DilatedRNN 中获取。

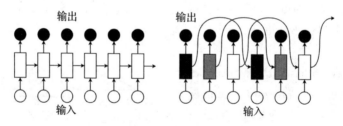

图 11.12　随时间展开的标准 RNN（左）和 DRNN（右）。不同灰度的展开 RNN
　　　　　　可以并行处理，因为它们没有任何共享的连接

## 11.7　总结

本章旨在介绍 NLP 的当前趋势以及 NLP 驱动下的未来发展方向。尽管这是一个非常广泛的主题，但是，我们仍然讨论了 NLP 最近取得的一些进展。作为当前的趋势，首先探讨了有关词嵌入的进展。我们看到了具有丰富解释功能的更加精确的嵌入（例如，概率嵌入）正在出现。然后，我们讨论了机器翻译中的改进，机器翻译是 NLP 中最受追捧的领域之一。我们看到，更好的注意力机制和更好的 MT 模型正在产生更逼真的翻译。

然后，我们介绍了一些正在进行的 NLP 新研究（主要是在 2017 年）。首先，我们讨论了 NLP 在其他领域的渗透：计算机视觉、强化学习和生成式对抗模型。我们探究了如何改进 NLP 系统，以便更接近实现 GAI。接下来，我们介绍了 NLP 在社交媒体上取得了哪些进展，例如，如何使用 NLP 来检测和揭穿谣言，以及检测情绪并分析政治局势。

我们还研究了一些近期在 NLP 社区中越来越受欢迎和有趣的任务，例如，学习使用编码器 - 解码器学习模型来检测讽刺，语言基础已经能够深入了解某些话语隐含的内容，并介绍了略读文本而不是从头到尾完整阅读。我们讨论了最近推出的一些最新的机器学习模型。阶段 LSTM 是一种先进的 LSTM 模型类型，它可以更好地控制如何更新单元状态和隐藏状态。此行为允许 LSTM 学习不规则的长期依赖关系。最后，我们讨论了另一种被称为 DRNN 的模型。DRNN 对标准 RNN 如何随时间展开做了简单修改。通过此修改，DRNN 能够对复杂的依赖关系进行建模，还能解决梯度消失问题，并能使数据处理并行化。

## 11.8　参考文献

[1] *Distributed representations of words and phrases and their compositionality*, T. Mikolov, I. Sutskever, K. Chen, G. S. Corrado, and J. Dean, *Advances in Neural Information Processing Systems*,pp. 3111–3119, 2013.

[2] *Semi-supervised convolutional neural networks for text categorization via region embedding*, Johnson, Rie and Tong Zhang, *Advances in Neural Information Processing Systems*, pp. 919-927, 2015.

[3] *A Generative Word Embedding Model and Its Low Rank Positive Semidefinite Solution*, Li, Shaohua, Jun Zhu, and Chunyan Miao, *Proceedings of the 2015 Conference on Empirical Methods in Natural Language Processing*, pp. 1599-1609, 2015.

[4] *Learning Word Meta-Embeddings*, Wenpeng Yin and Hinrich Schütze, *Proceedings of the 54th Annual Meeting of the Association for Computational Linguistics*, vol. 1, pp. 1351-1360, 2016.

[5] *Topical Word Embeddings*, Yang Liu, Zhiyuan Liu, Tat-Seng Chua, and Maosong Sun, *AAAI*, pp. 2418-2424, 2015.

[6] *Effective Approaches to Attention-based Neural Machine Translation*, Thang Luong, Hieu Pham, and Christopher D. Manning, *Proceedings of the 2015 Conference on Empirical Methods in Natural Language Processing*, pp. 1412-1421, 2015.

[7] *CKY-based Convolutional Attention for Neural Machine Translation*, Watanabe, Taiki, Akihiro Tamura, and Takashi Ninomiya, *Proceedings of the Eighth International Joint Conference on Natural Language Processing (Volume 2: Short Papers)*, vol. 2, pp. 1-6, 2017.

[8] *Neural Machine Translation*, Minh-Thang Luong. Stanford University, 2016.

[9] *Exploring Models and Data for Image Question Answering*, Ren, Mengye, Ryan Kiros, and Richard Zemel, *Advances in Neural Information Processing Systems*, pp. 2953-2961, 2015.

[10] *Learning to Reason: End-to-End Module Networks for Visual Question Answering,* Hu, Ronghang, Jacob Andreas, Marcus Rohrbach, Trevor Darrell, and Kate Saenko, CoRR, abs/1704.05526 3, 2017.

[11] *VQA: Visual Question Answering, Antol, Stanislaw, Aishwarya Agrawal, Jiasen Lu, Margaret Mitchell, Dhruv Batra, C. Lawrence Zitnick,* and *Devi Parikh, Computer Vision (ICCV), 2015 IEEE International Conference on, pp. 2425-2433, IEEE, 2015.*

[12] *Show, Attend and Tell: Neural Image Caption Generation with Visual Attention, Xu, Kelvin, Jimmy Ba, Ryan Kiros, Kyunghyun Cho, Aaron Courville, Ruslan Salakhudinov, Rich Zemel,* and *Yoshua Bengio, International Conference on Machine Learning, pp. 2048-2057, 2015.*

[13] *Multi-agent cooperation and the emergence of (natural) language, Lazaridou, Angeliki, Alexander Peysakhovich,* and *Marco Baroni, International Conference on Learning Representations, 2016.*

[14] *Towards End-to-End Reinforcement Learning of Dialogue Agents for Information Access, Dhingra, Bhuwan, Lihong Li, Xiujun Li, Jianfeng Gao, Yun-Nung Chen, Faisal Ahmed,* and *Li Deng, Proceedings of the 55th Annual Meeting of the Association for Computational Linguistics (Volume 1: Long Papers), vol. 1, pp. 484-495, 2017.*

[15] *A Network-based End-to-End Trainable Task-oriented Dialogue System, Wen, Tsung-Hsien, David Vandyke, Nikola Mrksic, Milica Gasic, Lina M. Rojas-Barahona, Pei-Hao Su, Stefan Ultes,* and *Steve Young, arXiv:1604.04562v3, 2017.*

[16] *Generating Text via Adversarial Training, Zhang, Yizhe, Zhe Gan,* and *Lawrence Carin, NIPS workshop on Adversarial Training, vol. 21, 2016.*

[17] *SeqGAN: Sequence Generative Adversarial Nets with Policy Gradient, Yu, Lantao, Weinan Zhang, Jun Wang,* and *Yong Yu, AAAI, pp. 2852-2858, 2017.*

[18] *One Model To Learn Them All, Kaiser, Lukasz, Aidan N. Gomez, Noam Shazeer, Ashish Vaswani, Niki Parmar, Llion Jones,* and *Jakob Uszkoreit, arXiv:1706.05137v1, 2017.*

[19] *A Joint Many-Task Model: Growing a Neural Network for Multiple NLP Tasks, Hashimoto, Kazuma, Yoshimasa Tsuruoka,* and *Richard Socher, Proceedings of the 2017 Conference on Empirical Methods in Natural Language Processing, pp. 1923-1933, 2017.*

[20] *Detect Rumors Using Time Series of Social Context Information on Microblogging Websites, Ma, Jing, Wei Gao, Zhongyu Wei, Yueming Lu,* and *Kam-Fai Wong, Proceedings of the 24th ACM International on Conference on Information and Knowledge Management, pp. 1751-1754, ACM, 2015.*

[21] *Emonet: Fine-Grained Emotion Detection with Gated Recurrent Neural Networks, Abdul-Mageed, Muhammad,* and *Lyle Ungar, Proceedings of the 55th Annual Meeting of the Association for Computational Linguistics (Volume 1: Long Papers), vol. 1, pp. 718-728, 2017.*

[22] *Leveraging Behavioral and Social Information for Weakly Supervised Collective Classification of Political Discourse on Twitter, Johnson, Kristen, Di Jin,* and *Dan Goldwasser, Proceedings of the 55th Annual Meeting of the Association for Computational Linguistics (Volume 1: Long Papers), vol. 1, pp. 741-752, 2017.*

[23] *Sarcasm SIGN: Interpreting Sarcasm with Sentiment Based Monolingual Machine Translation, Peled, Lotem,* and *Roi Reichart, Proceedings of the 55th Annual Meeting of the*

Association for Computational Linguistics (Volume 1: Long Papers), vol. 1, pp. 1690-1700, 2017.

[24] Verb Physics: Relative Physical Knowledge of Actions and Objects, Forbes, Maxwell, and Yejin Choi, Proceedings of the 55th Annual Meeting of the Association for Computational Linguistics (Volume 1: Long Papers), vol. 1, pp. 266-276, 2017.

[25] Learning to Skim Text, Yu, Adams Wei, Hongrae Lee, and Quoc Le, Proceedings of the 55th Annual Meeting of the Association for Computational Linguistics (Volume 1: Long Papers), vol. 1, pp. 1880-1890, 2017.

[26] Phased LSTM: Accelerating Recurrent Network Training for Long or Event-based Sequences, Neil, Daniel, Michael Pfeiffer, and Shih-Chii Liu, Advances in Neural Information Processing Systems, pp. 3882-3890, 2016.

[27] Dilated recurrent neural networks, Chang, Shiyu, Yang Zhang, Wei Han, Mo Yu, Xiaoxiao Guo, Wei Tan, Xiaodong Cui, Michael Witbrock, Mark A. Hasegawa-Johnson, and Thomas S. Huang, Advances in Neural Information Processing Systems, pp. 76-86, 2017.

附　录

# 数学基础与高级 TensorFlow

在这里，我们将介绍一些概念，这些概念有助于理解本附录的一些细节。首先，我们将介绍贯穿本书的几个数学数据结构，然后介绍在该数据结构上的各种操作，之后将讨论概率的概念。概率在机器学习中起着至关重要的作用，因为概率通常可以帮助我们把握模型预测的不确定性。之后，我们将了解一个 TensorFlow 的高级库，也就是人们所熟知的 Keras，以及如何使用 TensorFlow 中 seq2seq 库实现一个神经机器翻译器。最后，我们将为如何使用 TensorBoard 作为字嵌入的可视化工具提供指南。

## A.1　基本数据结构

### A.1.1　标量（Scalar）

标量就是一个不同于矩阵或向量的数。例如，1.3 是一个标量。标量的数学表达如下：

$$n \in R$$

这里，$R$ 属于实数空间。

### A.1.2　向量（Vector）

向量是一组数字，与集合的元素没有顺序的特性不同，向量的元素有一定的顺序。向量的示例是 [1.0, 2.0, 1.4, 2.3]，数学表达如下：

$$a = \left(a_0, a_1, \ldots, a_{\{n-1\}}\right)$$

$$a \in R^n$$

或者，我们可以这样写：

$$a \in R^{n \times 1}$$

这里，$R$ 是实数空间，$n$ 是向量中元素的个数。

### A.1.3　矩阵（Matrix）

可以将矩阵看作一组标量的二维排列，换而言之，矩阵可被看作向量的向量。矩阵的例子如下：

$$A = \begin{pmatrix} 1 & 4 & 2 & 3 \\ 2 & 7 & 7 & 1 \\ 5 & 6 & 9 & 0 \end{pmatrix}$$

一个 $m \times n$ 大小的常规矩阵的数学定义如下：

$$A = \begin{pmatrix} a_{0,0} & a_{0,1} & \cdots & a_{0,n-1} \\ a_{1,0} & a_{1,1} & \cdots & a_{1,n-1} \\ \vdots & \vdots & \ddots & \vdots \\ a_{m-1,0} & a_{m-1,1} & \cdots & a_{m-1,n-1} \end{pmatrix}$$

也可以这样表达：

$$A \in R^{m \times n}$$

这里，$m$ 为矩阵的行数，$n$ 为矩阵的列数，$R$ 是实数空间。

## A.1.4　矩阵索引

我们将使用零起始索引表示法（即矩阵的索引从 0 开始）。

若要从矩阵中检索 $(i, j)$ 位置的元素，则表达如下：

$$A_{i,j} = a_{i,j}$$

参照之前定义的矩阵，得到如下示例：

$$A = \begin{pmatrix} 1 & 4 & 2 & 3 \\ 2 & 7 & 7 & 1 \\ 5 & 6 & 9 & 0 \end{pmatrix}$$

从矩阵 $A$ 中检索元素：

$$A_{1,0} = 2$$

矩阵 $A$ 的任何一行表达如下：

$$A_{i,:} = (a_{i,0}, a_{i,1}, \ldots, a_{i,n})$$

对我们的示例矩阵来说，可以将矩阵的第二行（索引为 1）表示如下：

$$A_{1,:} = (2, 7, 7, 1)$$

任意矩阵 $A$ 从第 $(i, k)$ 个索引开始到 $(j, l)$ 个索引的切片表示如下：

$$A_{i:j,k:l} = \begin{pmatrix} a_{i,k} & \cdots & a_{i,l} \\ \vdots & \ddots & \vdots \\ a_{j,k} & \cdots & a_{j,l} \end{pmatrix}$$

在我们的示例矩阵中，从第 1 行第 3 列到第 2 行第 4 列的切片表达如下：

$$A_{0:1,2:3} = \begin{pmatrix} 2 & 3 \\ 7 & 1 \end{pmatrix}$$

## A.2 特殊类型的矩阵

### A.2.1 单位矩阵

单位矩阵的对角线元素等于 1，其他所有元素等于 0，其数学表达如下：

$$I_{i,j} = \begin{pmatrix} 1 & if\ i = j \\ 0 & otherwise \end{pmatrix}$$

示例如下：

$$A = \begin{pmatrix} 1 & 0 & \cdots & 0 \\ 0 & 1 & \cdots & 0 \\ \vdots & \vdots & \ddots & \vdots \\ 0 & 0 & \cdots & 1 \end{pmatrix}$$

这里，$I \in R^{n \times n}$。

当矩阵 $A$ 与单位矩阵相乘时，结果如下：

$$AI = A$$

### A.2.2 对角矩阵

对角矩阵是单位矩阵更为通用的例子，对角线元素可以为任意值，而其他元素值为 0：

$$A = \begin{pmatrix} a_{0,0} & 0 & \cdots & 0 \\ 0 & a_{1,1} & \cdots & 0 \\ \vdots & \vdots & \ddots & \vdots \\ 0 & 0 & \cdots & a_{n-1,n-1} \end{pmatrix}$$

### A.2.3 张量（Tensor）

一个 $n$ 维矩阵称为张量，换而言之，任意维数的矩阵都可称为张量。举例来说，一个 4 维张量表示如下：

$$T \in R^{k \times l \times m \times n}$$

这里，$R$ 是实数空间。

## A.3 张量 / 矩阵操作

### A.3.1 转置

转置是为矩阵或张量定义的重要操作。对于一个矩阵，转置定义如下：

$$\left( A_{i,j} \right)^{T} = A_{j,i}$$

这里，$A^{T}$ 记为矩阵 $A$ 的转置。

矩阵转置操作的例子如下：

$$A = \begin{pmatrix} 1 & 4 & 2 & 3 \\ 2 & 7 & 7 & 1 \\ 5 & 6 & 9 & 0 \end{pmatrix}$$

经转置操作后：

$$A^T = \begin{pmatrix} 1 & 2 & 5 \\ 4 & 7 & 6 \\ 2 & 7 & 9 \\ 3 & 1 & 0 \end{pmatrix}$$

对于一个张量，转置操作可被看作维度顺序的置换。例如，我们定义一个张量 $S$ 如下所示：

$$S \in R^{d_1, d_2, d_3, d_4}$$

现在，转置（多维张量）操作如下所示：

$$S^T \in R^{d_4, d_3, d_2, d_1}$$

## A.3.2　乘法

矩阵乘法是线性代数中经常出现的另一个重要操作。

给定矩阵 $A \in R^{m \times n}$ 和 $B \in R^{n \times p}$，$A$ 和 $B$ 的乘法定义如下：

$$C = AB$$

这里，$C \in R^{m \times p}$。

对于如下示例：

$$A = \begin{pmatrix} 1 & 2 \\ 4 & 5 \\ 7 & 8 \end{pmatrix}$$

$$B = \begin{pmatrix} 8 & 5 & 2 \\ 9 & 6 & 3 \end{pmatrix}$$

给定 $C = AB$，则 $C$ 的值如下：

$$C = \begin{pmatrix} 26 & 17 & 8 \\ 77 & 50 & 23 \\ 128 & 83 & 38 \end{pmatrix}$$

## A.3.3　逐元素乘积

逐元素矩阵乘法（或 Hadamard 乘积）用于计算具有相同形状的两个矩阵，给定矩阵 $A \in R^{m \times n}$ 和 $B \in R^{m \times n}$，$A$ 和 $B$ 的元素乘法定义如下：

$$C = A \circ B$$

这里，$C \in R^{m \times n}$。

对于如下示例：

$$A = \begin{bmatrix} 2 & 3 \\ 1 & 2 \\ 6 & 1 \end{bmatrix} B = \begin{bmatrix} 3 & 2 \\ 1 & 3 \\ 3 & 5 \end{bmatrix}$$

给定 $C = A \circ B$，则矩阵 $C$ 的值如下：

$$C = \begin{bmatrix} 6 & 6 \\ 1 & 6 \\ 18 & 5 \end{bmatrix}$$

## A.3.4 逆运算

矩阵 $A$ 的逆矩阵表示为 $A^{-1}$，它满足以下条件：

$$A^{-1}A = I$$

如果试图求解线性方程组，则逆运算是非常有用的。举例如下：

$$Ax = b$$

可以像这样求解 $x$：

$$A^{-1}(Ax) = A^{-1}b$$

使用结合律（即 $A(BC) = (AB)C$）。可以写成 $(A^{-1}A)x = A^{-1}b$

接下来，我们将得到 $Ix = A^{-1}b$，因为 $A^{-1}A = I$，其中 $I$ 为单位矩阵。

最后，$x = A^{-1}b$，因为 $Ix = x$。

举例来说，作为回归技术之一，多项式回归使用线性方程组来求解回归问题。回归与分类类似，但输出不是类别，回归模型输出一个连续的值。让我们看一个例子，给定房屋中卧室的数量，我们将计算房屋的真实评估价值。多项式回归问题表达式如下：

$$y_i = \beta_0 + \beta_1 x_i + \beta_2 x_i^2 + \cdots + \beta_m x_i^m + \varepsilon_i \, (i = 1, 2, \ldots, n)$$

这里，$(x_i, y_i)$ 是第 $i$ 个数据输入，$x_i$ 为输入，$y_i$ 为标签，$\varepsilon$ 为数据中的噪声。在我们的例子中，$x$ 是卧室的数量，$y$ 是房子的价格。可以写成如下所示的线性方程组：

$$\begin{bmatrix} y_1 \\ y_2 \\ y_3 \\ \vdots \\ y_n \end{bmatrix} = \begin{bmatrix} 1 & x_1 & x_1^2 & \cdots & x_1^m \\ 1 & x_2 & x_2^2 & \cdots & x_2^m \\ 1 & x_3 & x_3^2 & \cdots & x_3^m \\ \vdots & \vdots & \vdots & \ddots & \vdots \\ 1 & x_n & x_n^2 & \cdots & x_n^m \end{bmatrix} \begin{bmatrix} \beta_0 \\ \beta_1 \\ \beta_2 \\ \vdots \\ \beta_m \end{bmatrix} + \begin{bmatrix} \varepsilon_1 \\ \varepsilon_2 \\ \varepsilon_3 \\ \vdots \\ \varepsilon_n \end{bmatrix}$$

然而，并不是所有的矩阵 $A$ 都存在 $A^{-1}$。逆矩阵的存在需要满足某些特定的条件。例如，为了使 $A$ 的逆矩阵存在，矩阵 $A$ 必须是方阵（即 $R^{n \times n}$）。即使矩阵存在逆，我们也不能总是精确地找到它，有时只能用有限精度的计算近似地得到它。如果存在逆矩阵，则有几种算法可以找到它，我们将在下面进行讨论。

 **提示** 当我们说存在矩阵逆时，矩阵 $A$ 需为方阵。我们指的是标准的逆运算，其实逆运算存在变体（例如，Moore-Penrose 逆，也称为伪逆），可以对一般 $m \times n$ 矩阵执行矩阵求逆。

## A.3.5　求矩阵逆：奇异值分解（SVD）

现在来看看如何使用 SVD 找到矩阵 $A$ 的逆矩阵。SVD 将矩阵 $A$ 分解为三个不同的矩阵，如下所示：

$$A = UDV^T$$

这里，矩阵 $U$ 的列称为左奇异向量，$V$ 的列称为右奇异向量，$D$ 的对角值（对角矩阵）称为奇异值。左奇异向量是 $AA^T$ 的特征向量，右奇异向量是 $A^T A$ 的特征向量。最终，奇异值是 $AA^T$ 和 $A^T A$ 的特征值的平方根。特征向量 $v$ 及其对应的方阵 $A$ 的特征值 $\lambda$ 满足以下条件：

$$Av = \lambda v$$

然后，如果 SVD 存在，则给定矩阵 $A$ 的逆矩阵如下：

$$A^{-1} = VD^{-1}U^T$$

由于矩阵 $D$ 是对角矩阵，$D^{-1}$ 只是矩阵 $D$ 的非零元素的逐元素倒数。SVD 是一种重要的矩阵分解技术，在很多机器学习场景中都有应用。例如，SVD 用于计算主成分分析（PCA），PCA 是一种流行的数据降维技术（其目标类似于我们在第 4 章中提到的 t-SNE）。此外，SVD 在 NLP 场景中的另一个应用是文档排名，如果你想得到最相关的文档，并根据某些词条（例如，足球）的相关性对文档进行排名，则可以使用 SVD 来实现。

## A.3.6　范数

范数用于衡量矩阵的大小（即矩阵中的值的大小）。计算第 $p$ 个范数的表达式如下：

$$\|A\|_p = \left( \sum_i |A_i|^p \right)^{1/p}$$

举例来说，L2 范数如下所示：

$$\|A\|_2 = \sqrt{\sum_i |A_i|^2}$$

## A.3.7　行列式

方阵 $A$ 的行列式（记为 det(A)）是矩阵的所有特征值的乘积。行列式在许多方面非常有用。例如，当且仅当行列式非零时，$A$ 是可逆的。以下等式显示 $3 \times 3$ 矩阵的行列式计算：

$$\begin{vmatrix} a & b & c \\ d & e & f \\ g & h & i \end{vmatrix} = a\begin{vmatrix} e & f \\ h & i \end{vmatrix} - b\begin{vmatrix} d & f \\ g & i \end{vmatrix} + c\begin{vmatrix} d & e \\ g & h \end{vmatrix}$$

$$= a(ei - fh) - b(di - fg) + c(dh - eg)$$

$$= aei + bfg + cdh - ceg - bdi - afh$$

## A.4　概率

接下来，我们将讨论与概率论相关的术语。概率论是机器学习的重要组成部分，因为它通过概率对数据建模，得到的模型能让我们得出关于模型预测结果的不确定性的结论。举个例子，我们在第 11 章中进行了情感分析，其中得到了给定电影评论的输出值（正向 / 负向）。尽管对于我们输入的任何样本，模型均输出 0 ～ 1 之间的某个值（0 表示负向，1 表示正向），但模型并不知道输出结果的不确定性。

让我们来看看模型预测的不确定性是如何有助于做出更好预测的。举例来说，确定性模型可能会错误地将评论"*I never lost interest*"的正向得分设为 0.25（也就是说，更可能是负向评论）。然而，概率模型将对预测给出平均值和标准偏差。例如，它会说，这个预测的平均值为 0.25，标准差为 0.5。使用这样的模型，我们就会知道由于标准差较高，预测结果可能是错误的。然而，在确定性模型中，我们得不到概率信息。这个属性对一些重要的机器系统至关重要（例如，恐怖主义风险评估模型）。

要开发这种概率机器学习模型（例如，贝叶斯逻辑回归、贝叶斯神经网络或高斯过程），你应该熟悉基本概率论。因此，我们在此介绍一些基本的概率知识。

### A.4.1　随机变量

随机变量是一个可以随机取值的变量。随机变量可表示为 $x_1$、$x_2$ 等。随机变量有两种类型：离散型和连续型。

### A.4.2　离散型随机变量

离散型随机变量是一个取值可以为离散随机值的变量。例如，掷硬币的试验可以被模拟为随机变量，也就是说，当你掷硬币时硬币的一面是离散变量，因为值只能是正面或反面。此外，掷骰子时获得的值也是离散的，因为值只能来自集合 {1，2，3，4，5，6}。

### A.4.3　连续型随机变量

连续型随机变量是可以取任何实数值的变量，也就是说，如果 $x$ 是连续型随机变量：

$$x \in R$$

这里，$R$ 为实数空间。

举例来说，一个人的身高为一个连续型随机变量，身高可取任意值。

## A.4.4　概率质量/密度函数

概率质量函数（PMF）或概率密度函数（PDF）是一种展示随机变量不同取值的概率分布的方式。对于离散型变量，可以为其定义 PMF；对于连续型变量，则定义 PDF。图 A.1 展示了 PMF 一个示例。

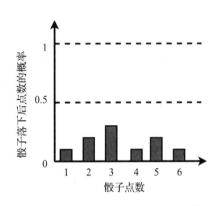

前面的 PMF 图可能是用有一定偏置性的骰子得出的。在这张图中，我们可以看到用这枚骰子有很大可能得到 3。可以通过做很多次试验（例如，100 次）然后对每次朝上的面进行计数来获得这样的图表。最后，将每个计数项除以试验总次数来计算归一化概率。请注意，所有项的概率加起来为 1，如下所示：

$$P\left(X \in \{1,2,3,4,5,6\}\right)=1$$

图 A.1　概率质量函数（PMF）离散

把相同的概念扩展到连续型随机变量即可获得概率密度函数 PDF。假设正在尝试模拟给定人口身高的概率，与离散的情况不同，我们用来计算概率的不是独立的值，而是连续的值范围（在示例中，身高取值从 0 到 2.4 米）。如果要绘制图 A.1 中的图形，则需要用微小的分箱数来考虑。例如，我们发现人的身高的概率密度在 0.0m ～ 0.01m，0.01 ～ 0.02m，......，1.8m ～ 1.81m，...... 等等之间。可以使用以下公式计算概率密度

$$分箱后的概率密度 = \frac{身高在分箱中的概率}{分箱数}$$

然后，我们将绘制相近的条形图以获得连续曲线，如图 A.2 所示。请注意，给定分箱的概率密度可以大于 1（因为它是密度），但曲线下面积必须为 1。

图 A.2 所示的形状称为正态（或高斯）分布，也称为钟形曲线。我们之前只是直观地解释了如何看待连续概率密度函数。正式来讲，正态分布的连续型概率密度函数（PDF）的方程式定义如下。假设连续型随机变量 $X$ 有平均值为 $\mu$ 和标准差为 $\sigma$ 的正态分布。对于任何 $x$ 值，$X = x$ 的概率可通过以下公式计算：

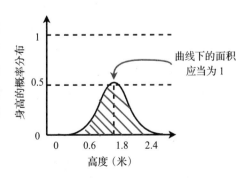

曲线下的面积应当为 1

$$P(X=x)=\frac{1}{\sqrt{2\pi\sigma^2}}\,\mathrm{e}^{-\frac{(x-\mu)^2}{2\sigma^2}}$$

图 A.2　连续变量的概率密度函数（PDF）

如果在所有可能的极小 d$x$ 值上进行积分，就会得到该区域的值（对于有效的概率密度函数 PDF，需要为 1），公式如下所示：

$$\int_{-\infty}^{\infty} \frac{1}{\sqrt{2\pi\sigma^2}} e^{-\frac{(x-\mu)^2}{2\sigma^2}} \, dx$$

任意 $a$，$b$ 值的正态积分可通过如下公式计算：

$$\int_{-\infty}^{\infty} e^{-a(x+b)^2} \, dx = \sqrt{\frac{\pi}{a}}$$

你可以在网址 http://mathworld.wolfram.com/GaussianIntegral.html 获得更多信息，更复杂的讨论可以访问 https://en.wikipedia.org/wiki/Gaussian_integral。）

使用以上公式，可以得到 $a = 1/2\sigma^2$ 和 $b = -\mu$ 情况下正态分布的积分：

$$\int_{-\infty}^{\infty} \frac{1}{\sqrt{2\pi\sigma^2}} e^{-\frac{(x-\mu)^2}{2\sigma^2}} \, dx = \frac{1}{\sqrt{2\pi\sigma^2}} \sqrt{\frac{\pi}{1/2\sigma^2}} = \frac{1}{\sqrt{2\pi\sigma^2}} \sqrt{2\pi\sigma^2} = 1$$

对于 $x$ 的所有取值，其所有取值的概率累积为 1。

### A.4.5　条件概率

条件概率表示给定发生另一个事件的情况下某事件发生的概率。例如，给定两个随机变量 $X$ 和 $Y$，给定 $Y = y$，$X = x$ 的条件概率公式表示如下：

$$P(X = x \mid Y = y)$$

现实当中的条件概率例子如下：

$$P(\textit{Bob going to school} = \textit{Yes} \mid \textit{It rains} = \textit{Yes})$$

### A.4.6　联合概率

给定两个随机变量 $X$ 和 $Y$，我们将 $X = x$ 的概率与 $Y = y$ 的概率一起称为 $X = x$ 和 $Y = y$ 的联合概率。公式表示如下：

$$P(X = x, Y = y) = P(X = x)P(Y = y \mid X = x)$$

如果 $X$ 和 $Y$ 是互斥事件，则此表达式简化如下：

$$P(X = x, Y = y) = P(X = x)P(Y = y)$$

现实当中的联合概率例子如下：

$$P(\textit{It Rains} = \textit{yes}, \textit{Play Golf} = \textit{yes}) = P(\textit{It Rains} = \textit{Yes})P(\textit{Play Golf} = \textit{yes} \mid \textit{It Rains} = \textit{Yes})$$

### A.4.7　边际概率

在给定所有变量的联合概率分布的情况下，边际概率分布是随机变量概率分布的子集。例如，存在两个随机变量 $X$ 和 $Y$，我们已经知道了 $P(X = x, Y = y)$ 我们想要计算 $P(x)$：

$$P(X=x)=\sum_{\forall y'}P(X=x,Y=y')$$

直观上，我们将对 $Y$ 的所有可能值进行求和，实际上是求 ($Y=1$) 的概率，因此 $P(X=x,Y=1)=P(X=x)$。

## A.4.8　贝叶斯法则

贝叶斯法则给出了一种在已知 $P(X=x|Y=y)$、$P(X=x)$ 和 $P(Y=y)$ 前提下，计算 $P(Y=y|X=x)$ 的方法，如下所示：

$$P(X=x,Y=y)=P(X=x)P(Y=y|X=x)=P(Y=y)P(X=x|Y=y)$$

现在让我们来看看贝叶斯法则中间和右边的部分：

$$P(X=x)P(Y=y|X=x)=P(Y=y)P(X=x|Y=y)$$

$$P(Y=y|X=x)=\frac{P(X=x|Y=y)P(Y=y)}{P(X=x)}$$

这就是贝叶斯的法则。简而言之，如下所示：

$$P(y|x)=\frac{P(x|y)P(y)}{P(x)}$$

## A.5　Keras 介绍

这里将详细介绍 Keras。Keras 是 TensorFlow 的子库，它提供了更多实现深度学习算法的高级函数。Keras 底层使用 TensorFlow 的基本操作，但是，它为用户提供了更高级别并且更适合初学者的 API。要了解如何使用 Keras，我们来看一个简单的例子，我们将概述如何使用 Keras 创建 CNN。完整的实践代码可以在 appendix 文件夹中的 keras_cnn.ipynb 内找到。

首先确定要定义的模型类型。Keras 有两种不同的模型 API：sequential 和 functional。sequential API 更简单，它允许逐层设计模型。但是，sequential API 在设计和组织网络层间的连接方面灵活性欠佳。另一方面，functional API 具有更大的灵活性，并允许用户更精细化地设计神经网络。为了演示，我们将使用 Keras 中的 sequential API 实现 CNN。在这种情况下，sequential 模型是一系列网络层的堆积（例如，输入层、卷积层和池化层）：

```
model = Sequential()
```

接下来，我们将逐层定义 CNN。首先，我们将定义一个具有 32 个滤波器的卷积层，内核大小为 $3\times3$，非线性函数为 ReLU。该层的输入尺寸为 $28\times28\times1$（即 MNIST 图像的尺寸）：

```
model.add(Conv2D(32, 3, activation='relu', input_shape=[28, 28, 1]))
```

接下来，我们来定义最大池化层。如果未定义内核大小和步长，则默认为 2（内核大小）和 1（步长）：

```
model.add(MaxPool2D())
```

然后，我们添加一个批标准化层：

```
model.add(BatchNormalization())
```

批标准化层（参考 "Batch Normalization: Accelerating Deep NetworkTraining by Reducing Internal Covariate Shift"，作者是 Ioffe 和 Szegedy, International Conferenceon Machine Learning，2015 年）对上一层输出进行标准化（也就是说，激活以使其零均值和方差为单位方差），这一步主要用于提升 CNN 的效果，尤其是在计算机视觉应用中。值得注意的是，我们并没有在章节练习中使用批标准化，因为与计算机视觉应用场景相比，批标准化尚未广泛用于 NLP 任务。

接下来，我们将添加两个卷积层，然后是最大池化层和批标准化层：

```
model.add(Conv2D(64, 3, activation='relu'))
model.add(MaxPool2D())
model.add(BatchNormalization())
model.add(Conv2D(128, 3, activation='relu'))
model.add(MaxPool2D())
model.add(BatchNormalization())
```

接下来，我们对输入进行展平，因为需要将输出馈送至全连接层：

```
model.add(Flatten())
```

然后，我们将添加一个具有 256 个隐藏单元的全连接层，激活函数为 ReLU，以及一个具有 10 个 softmax 单元的 softmax 输出层（即 MNIST 的 10 个不同类别）：

```
model.add(Dense(256, activation='relu'))
model.add(Dense(10, activation='softmax'))
```

最后，我们将编译模型，我们还要告诉 Keras 使用 Adam 作为优化器，以分类交叉熵计算损失，并以准确率作为模型的度量指标。

```
model.compile(optimizer='adam', loss='categorical_crossentropy',
metrics=['accuracy'])
```

一旦定义模型、损失和优化器，就可以按如下方式运行 Keras 模型。

可以使用如下命令来训练模型：

```
model.fit(x_train, y_train, batch_size = batch_size)
```

这里，x_train 和 y_train 是训练数据。而 batch_size 定义批次大小。运行时，训练进度将在下面看到。

之后若要评估模型，代码如下：

```
test_acc = model.evaluate(x_test, y_test, batch_size=batch_size)
```

该行代码将再次输出进度条以及测试集每轮的损失和准确率。

## A.6　TensorFlow seq2seq 库简介

在本书的所有实验中，我们均使用了原始 TensorFlow API，以清楚展示模型的实际功能，并让读者获得更好的学习体验。然而，TensorFlow 有各种库，它们隐藏了所有细粒度的实现细节，这就允许用户使用更少的代码实现序列到序列模型，比如我们在第 10 章中看到的神经机器翻译（NMT）模型，而无须担心它们如何具体工作的技术细节。了解这些库的知识非常重要，因为它们提供了一种更清晰的方法，便于在生产或研究中使用这些模型，因此，我们将快速介绍如何使用 TensorFlow seq2seq 库。此代码可在 seq2seq_nmt.ipynb 文件中获取并用于练习。

### A.6.1　编码器和解码器的嵌入

首先定义编码器输入、解码器输入和解码器输出的占位符：

```
enc_train_inputs = []
dec_train_inputs, dec_train_labels = [],[]
for ui in range(source_sequence_length):
    enc_train_inputs.append(tf.placeholder(tf.int32, shape=[batch_
size],name='train_inputs_%d'%ui))

for ui in range(target_sequence_length):
    dec_train_inputs.append(tf.placeholder(tf.int32, shape=[batch_
size],name='train_inputs_%d'%ui))
    dec_train_labels.append(tf.placeholder(tf.int32, shape=[batch_
size],name='train_outputs_%d'%ui))
```

接下来，我们将为所有编码器和解码器输入定义嵌入查找功能，以获得单词嵌入：

```
encoder_emb_inp = [tf.nn.embedding_lookup(encoder_emb_layer, src) for
src in enc_train_inputs]
encoder_emb_inp = tf.stack(encoder_emb_inp)

decoder_emb_inp = [tf.nn.embedding_lookup(decoder_emb_layer, src) for
src in dec_train_inputs]
decoder_emb_inp = tf.stack(decoder_emb_inp)
```

### A.6.2　定义编码器

编码器由 LSTM 单元用作其基本构建块。然后，我们将定义 dynamic_rnn，它接受 LSTM 单元作为输入，其初始化状态为零。然后，我们将 time_major 参数设置为 True，因为我们的数据将时间轴作为第一个轴（即轴为 0）。换言之，我们的数据形状为 [sequence_length，batch_size，embeddings_size]，其中与时间相关的 sequence_length 为第一个轴。dynamic_rnn 的好处是它能够处理动态大小的输入。你可以使用可选参数 sequence_length 来定义批次中每个句子的长度。例如，你有一批次大小为 [3，30]，其中三个句子的长度为 [10，20，30]（注意，我们用一个特殊标记填充短句，使其长度最多为 30）。传入值为 [10，20，30] 的张量作为 sequence_length 将使超出每个句子长度的 LSTM 输出归零。对于 LSTM 单元状态，它不会归零，而是采用在句子长度内计算的最后一个单元状态，并将该值复制到句子的长度之外，直到 30 为止。

```
encoder_cell = tf.nn.rnn_cell.BasicLSTMCell(num_units)

initial_state = encoder_cell.zero_state(batch_size, dtype=tf.float32)

encoder_outputs, encoder_state = tf.nn.dynamic_rnn(
    encoder_cell, encoder_emb_inp, initial_state=initial_state,
    sequence_length=[source_sequence_length for _ in range(batch_
size)],
    time_major=True, swap_memory=True)
```

swap_memory 选项允许 TensorFlow 交换 GPU 和 CPU 之间推理过程中产生的张量，以防模型太复杂而无法完全适配 GPU。

## A.6.3   定义解码器

解码器的定义类似于编码器，但额外有一个名为 projection_layer 的层，该层表示 softmax 输出，用于对解码器的预测进行采样。我们还将定义一个 TrainingHelper 函数，该函数将解码器的输入正确地馈送到解码器。我们还在示例中定义了两种类型的解码器：BasicDecoder 和 BahdanauAttention 解码器（在第 10 章中讨论过注意力机制）该库中还有很多其他解码器，例如 BeamSearchDecoder 和 BahdanauMonotonicAttention：

```
decoder_cell = tf.nn.rnn_cell.BasicLSTMCell(num_units)

projection_layer = Dense(units=vocab_size, use_bias=True)

helper = tf.contrib.seq2seq.TrainingHelper(
    decoder_emb_inp, [target_sequence_length for _ in range(batch_
size)], time_major=True)

if decoder_type == 'basic':
    decoder = tf.contrib.seq2seq.BasicDecoder(
        decoder_cell, helper, encoder_state,
        output_layer=projection_layer)

elif decoder_type == 'attention':
    decoder = tf.contrib.seq2seq.BahdanauAttention(
        decoder_cell, helper, encoder_state,
        output_layer=projection_layer)
```

我们将使用动态解码来获得解码器的输出：

```
outputs, _, _ = tf.contrib.seq2seq.dynamic_decode(
    decoder, output_time_major=True,
    swap_memory=True
)
```

接下来，我们将定义 logits、交叉熵损失、训练、预测操作：

```
logits = outputs.rnn_output

crossent = tf.nn.sparse_softmax_cross_entropy_with_logits(
```

```
        labels=dec_train_labels, logits=logits)
loss = tf.reduce_mean(crossent)

train_prediction = outputs.sample_id
```

然后，我们将定义两个优化器，我们在前 10 000 步中使用 AdamOptimizer 优化器，其余部分使用随机 GradientDescentOptimizer 优化器。这是因为，一直使用 Adam 优化器会产生一些意想不到的结果。因此，我们将使用 Adam 为 SGD 优化器提供一个良好的初始化，之后再使用 SGD：

```
with tf.variable_scope('Adam'):
    optimizer = tf.train.AdamOptimizer(learning_rate)
with tf.variable_scope('SGD'):
    sgd_optimizer = tf.train.GradientDescentOptimizer(learning_rate)
gradients, v = zip(*optimizer.compute_gradients(loss))
gradients, _ = tf.clip_by_global_norm(gradients, 25.0)
optimize = optimizer.apply_gradients(zip(gradients, v))

sgd_gradients, v = zip(*sgd_optimizer.compute_gradients(loss))
sgd_gradients, _ = tf.clip_by_global_norm(sgd_gradients, 25.0)
sgd_optimize = optimizer.apply_gradients(zip(sgd_gradients, v))
```

 Bahar 和其他人的一篇论文对各种优化器在 NMT 训练中的效果进行了严格的评估："EmpiricalInvestigation of Optimization Algorithms in Neural MachineTranslation"（The Prague Bulletin of Mathematical Linguistics，2017）。

## A.7　TensorBoard 对词嵌入进行可视化

当我们想要对第 3 章中的词嵌入进行可视化时，我们使用 t-SNE 算法手动实现了可视化，但是，你也可以使用 TensorBoard 来对词嵌入进行可视化，TensorBoard 是 TensorFlow 提供的可视化工具。你可以使用 TensorBoard 在程序中可视化 TensorFlow 变量，这样可以查看各种变量随时间推移的表现（例如，模型损失 / 准确率），以便发现模型中的潜在问题。

TensorBoard 可以把标量值和向量可视化为直方图，此外，TensorBoard 还能可视化词嵌入。因此，如果需要对词嵌入进行分析，它将使你完成所有必需的代码实现。接下来，我们将看到如何使用 TensorBoard 可视化词嵌入。练习的代码在 appendix 文件夹中的 tensorboard_word_embeddings.ipynb 内。

### A.7.1　开始使用 TensorBoard

首先，我们列出启动 TensorBoard 的步骤。TensorBoard 充当服务并在特定端口上运行（默认情况下，在 6006 端口上）。要启动 TensorBoard，需要执行以下步骤：

1. 打开命令提示符（Windows）或终端（Ubuntu/macOS）。

2. 进入项目主目录。

3. 如果正在使用 python 虚拟环境，请激活已安装 TensorFlow 的虚拟环境。

4. 确保可以通过 Python 查看 TensorFlow 库。为了达到这个目的，请按照下列步骤操作：

　　（1）输入 python3，你将看到 >>> 提示符

　　（2）输入 import tensorflow as tf

　　（3）如果能成功运行，说明一切顺利

　　（4）键入 exit() 退出 python 提示符（即 >>>）

5. 输入 tensorboard --logdir = models：

　　● --logdir 选项指向一个目录，你将在其中创建要可视化的数据

　　●（可选）可以使用 --port = < 端口号 > 来更改运行 TensorBoard 的端口

6. 你应该收到以下信息：

```
TensorBoard 1.6.0 at <url>;:6006 (Press CTRL+C to quit)
```

7. 在 Web 浏览器中输入 <url>: 6006。此时应该能够看到橙色仪表板，但无法显示任何内容，因为我们尚未生成数据。

## A.7.2　词嵌入保存以及通过 TensorBoard 可视化

首先，我们将下载并加载在第 9 章中使用的 50 维 GloVe 嵌入。这需要先从 https://nlp.stanford.edu/projects/glove/ 下载 GloVe 嵌入文件（glove.6B.zip），并将其放在 appendix 文件夹中。我们将从该文件中加载前 50 000 个词向量，然后使用它们初始化 TensorFlow 变量。我们还将标记每个单词的单词串，因为稍后会将这些单词作为 TensorBoard 上每个点的标签来显示：

```
vocabulary_size = 50000
pret_embeddings = np.empty(shape=(vocabulary_size,50),dtype=np.
float32)

words = []

word_idx = 0
with zipfile.ZipFile('glove.6B.zip') as glovezip:
    with glovezip.open('glove.6B.50d.txt') as glovefile:
        for li, line in enumerate(glovefile):
            if (li+1)%10000==0: print('.',end='')
            line_tokens = line.decode('utf-8').split(' ')
            word = line_tokens[0]

            vector = [float(v) for v in line_tokens[1:]]
            assert len(vector)==50
            words.append(word)
            pret_embeddings[word_idx,:] = np.array(vector)
            word_idx += 1
            if word_idx == vocabulary_size:
                break
```

现在，我们来定义与 TensorFlow 相关的变量和操作。在此之前，我们将创建一个名为

models 的目录，该目录将用于存储变量：

```
log_dir = 'models'

if not os.path.exists(log_dir):
    os.mkdir(log_dir)
```

然后，我们将定义一个变量，并用先前从文件复制的词嵌入将其初始化：

```
embeddings = tf.get_variable('embeddings',shape=[vocabulary_size, 50],
                             initializer=tf.constant_initializer(pret_
embeddings))
```

接下来，我们将创建一个会话，并初始化我们之前定义的变量：

```
session = tf.InteractiveSession()
tf.global_variables_initializer().run()
```

之后，我们将创建一个 tf.train.Saver 对象。Saver 对象可用于将 TensorFlow 变量保存到内存，以便随后可以根据需要进行变量恢复。在下面的代码中，我们将词嵌入变量以 model.ckpt 保存到 models 目录中：

```
saver = tf.train.Saver({'embeddings':embeddings})
saver.save(session, os.path.join(log_dir, "model.ckpt"), 0)
```

我们还需要保存元数据文件。元数据文件包含与词嵌入相关的标签 / 图像或其他类型的信息，以便当你将鼠标悬停在词嵌入可视化上时，相应的点将显示它们所代表的单词 / 标签。元数据文件应该是 .tsv（制表符分隔值）格式，并且文件的行数为 vocabulary_size + 1 行，其中第一行包含信息的标题。在下面的代码中，我们将保存两部分信息：单词字符串和每个单词的唯一标识符（即行索引）：

```
with open(os.path.join(log_dir,'metadata.tsv'), 'w',encoding='utf-8')
as csvfile:
    writer = csv.writer(csvfile, delimiter='\t',
                        quotechar='|', quoting=csv.QUOTE_MINIMAL)
    writer.writerow(['Word','Word ID'])
    for wi,w in enumerate(words):
      writer.writerow([w,wi])
```

然后，我们需要告诉 TensorFlow 在哪里可以找到我们保存到磁盘的嵌入数据的元数据。为此，我们需要创建一个 ProjectorConfig 对象，该对象维护我们想要显示的嵌入的各种相关配置细节，存储在 ProjectorConfig 文件夹中的配置细节，将保存到 models 目录中名为 projector_config.pbtxt 的文件内：

```
config = projector.ProjectorConfig()
```

在这里，我们将填写我们创建的 ProjectorConfig 对象的必需字段。首先，我们将告诉它要可视化的变量的名称。接下来，我们将告诉它在哪里可以找到与该变量对应的元数据：

```
embedding_config = config.embeddings.add()
embedding_config.tensor_name = embeddings.name
embedding_config.metadata_path = 'metadata.tsv'
```

我们现在把摘要写入 projector_config.pbtxt 文件，TensorBoard 将在启动时读取此文件。

```
summary_writer = tf.summary.FileWriter(log_dir)
projector.visualize_embeddings(summary_writer, config)
```

现在，如果加载 TensorBoard，你会看到类似于图 A.3 的信息：

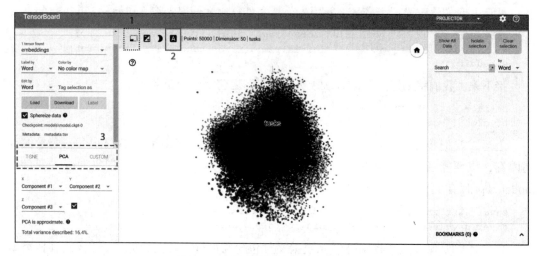

图 A.3　词嵌入的 TensorBoard 视图

当你将鼠标悬停在展示的散点云上时，将显示你当前正在悬停的单词的标签，因为我们在元数据（tsv 文件）中提供了标签信息。此外，会出现几个选项，第一个选项（用虚线显示并标记为 1）将允许你选择嵌入空间的子集。你可以在你感兴趣的嵌入空间区域上绘制一个边界框，如图 A.4 所示。我已在右下角选择了一片嵌入子集。

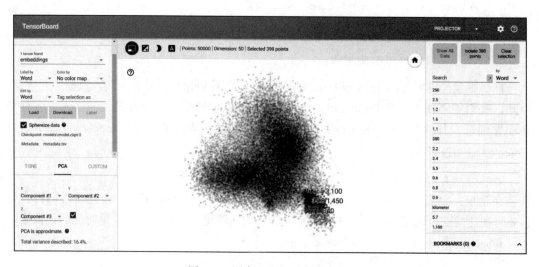

图 A.4　词嵌入空间子集的选择

另一个选项是能够查看单词而不是点，可以选择图 A.3 中的第二个选项（在实心框内显示并标记为 2）来完成此操作，结果看起来如图 A.5 所示。此外，你可以根据自己的喜好平移 / 缩放 / 旋转视图。如果单击帮助按钮（显示在实心框中并在图 A.5 中标记为 1），它将显示控制视图的指南：

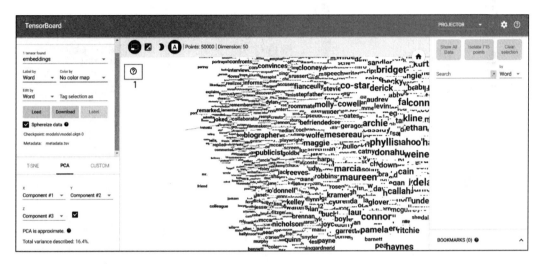

图 A.5 词嵌入向量以单词云的形式展示，而非散点

最后，你可以从左侧的面板更改可视化算法（用虚线显示并在图 A.3 中标记为 3）。

## A.8 总结

在附录中，我们介绍了一些数学背景知识以及一些未在其他章节中介绍的应用。首先，我们讨论了标量、向量、矩阵和张量的数学表达。然后我们介绍了在这些数据结构上执行的各种操作，如矩阵乘法和矩阵逆。接下来，我们讨论了有助于理解概率机器学习的各种术语，例如概率密度函数、联合概率、边际概率和贝叶斯法则。之后，我们介绍了未在其他章节中介绍的各种技术实现。我们学会了如何使用 Keras，这是一个用于实现 CNN 的高级 TensorFlow 库。然后我们讨论了如何在 TensorFlow 中使用 seq2seq 库有效地实现神经机器翻译器，并与在第 10 章中的实现相对比。最后，我们介绍了如何使用 TensorFlow 附带的可视化平台 TensorBoard 来可视化词嵌入。

# 推荐阅读

# 推荐阅读

## Web安全之深度学习实战

作者：刘焱 编著 ISBN：978-7-111-58447-6 定价：79.00元

　　本书从深度学习的基本概念、常用工具入手，展示了在错综复杂的Web安全中如何智能化地掌控信息安全。本书作者在安全领域有多年的研发经验，对数据驱动的安全检测技术有丰富的经验，他在书中用风趣幽默的语言，描述了11个Web安全问题如何用深度学习方式来解决，每个案例都使用互联网公开的数据集并配有基于Python的代码，代码和数据集可以在本书配套的GitHub网站下载，能帮助入门读者降低学习成本，快速进入深度学习的技术实践中。

## Web安全之机器学习入门

作者：刘焱 编著 ISBN：978-7-111-57642-6 定价：79.00元

　　本书从机器学习的基本概念入手，展示了在错综复杂的Web安全中如何智能化地掌控信息安全。机器学习算法丰富多彩，在形形色色的应用场景中有着各自独特的价值，只有熟悉并用好这些算法，才能在安全领域的实战中游刃有余。本书作者在安全领域有多年的研发经验，对数据驱动的安全检测技术有丰富的经验，他在书中用风趣幽默的语言诠释了超过15种的机器学习算法，收集整理了大量或知名、或在真实环境下出现过的案例，并一一给出了使用机器学习算法进行分析的方法。书中还包含了丰富的数据集以及大量的实例，能帮助读者降低学习成本，快速进入技术实践中。

# 推 荐 阅 读

**TensorFlow深度学习实战**

作者：Antonio Gulli 等 ISBN：978-7-111-61575-0 定价：99.00元

**TensorFlow神经网络编程**

作者：Manpreet Singh Ghotra 等 ISBN：978-7-111-61178-3 定价：69.00元

**自然语言处理Python进阶**

作者：Krishna Bhavsar ISBN：978-7-111-61643-6 定价：59.00元

**面向自然语言处理的深度学习**

作者：Palash Goyal ISBN：978-7-111-61719-8 定价：69.00元